建筑施工企业"安管人员"培训系列教材

建设工程安全生产管理知识

（建筑施工企业土建类专职安全生产管理人员）

中国建设教育协会继续教育委员会　组织编写

中国建筑工业出版社

图书在版编目（CIP）数据

建设工程安全生产管理知识（建筑施工企业土建类专职安全生产管理人员）/中国建设教育协会继续教育委员会组织编写. —北京：中国建筑工业出版社，2018.11

建筑施工企业"安管人员"培训系列教材

ISBN 978-7-112-22550-7

Ⅰ.①建…　Ⅱ.①中…　Ⅲ.①建筑工程-安全生产-生产管理-岗位培训-教材　Ⅳ.①TU714

中国版本图书馆 CIP 数据核字（2018）第 184206 号

本书依据住房和城乡建设部《建筑施工企业主要负责人、项目负责人和专职安全生产管理人员安全生产管理规定》（住房城乡建设部令第 17 号）和《住房城乡建设部关于印发〈建筑施工企业主要负责人 项目负责人和专职安全生产管理人员安全生产管理规定〉实施意见的通知》（建质〔2015〕206 号）等规定编写。主要内容包括建设工程安全生产管理的基本理论知识，工程建设各方主体的安全生产法律义务与法律责任，建筑施工企业、工程项目的安全生产责任制，建筑施工企业、工程项目的安全生产管理制度，危险性较大的分部分项工程，施工现场安全检查及隐患排查，事故应急救援和事故报告、调查与处理。

本书可用于建筑业企业各类"安管人员"、施工管理人员和建筑安全监管机构有关人员的业务培训和考核培训，也可作为专业院校和培训机构施工安全教学用书。

责任编辑：李　阳　李　明　朱首明
责任校对：党　蕾

建筑施工企业"安管人员"培训系列教材
建设工程安全生产管理知识
（建筑施工企业土建类专职安全生产管理人员）
中国建设教育协会继续教育委员会　组织编写
*
中国建筑工业出版社出版、发行（北京海淀三里河路 9 号）
各地新华书店、建筑书店经销
北京红光制版公司制版
北京富生印刷厂印刷
*
开本：787×1092 毫米　1/16　印张：18¼　字数：456 千字
2018 年 9 月第一版　2018 年 9 月第一次印刷
定价：49.00 元
ISBN 978-7-112-22550-7
（32568）

《建筑施工企业"安管人员"培训系列教材》
编 委 会

主 任： 高延伟　张鲁风

副主任： 邵长利　李　明　陈　新

成 员： （按姓氏笔画为序）

王兰英　王学士　王建臣　王洪林　王海兵　王静宇

邓德安　汤玉军　李运涛　易　军　赵子萱　袁　渊

韩　冬　熊　涛

编 写 组

主　　编：王学士

副主编：韩　冬　王洪林　陈燕鹏

成　　员：（按姓氏笔画为序）

丁齐钰　王　伟　王良超　王武岳　王茂辉　孔留全

邓玉明　田　昊　边立夫　邢建海　刘凤涛　刘乐前

刘更伟　刘景昆　许福新　杜　斌　李　伟　李　晋

李建林　李海斌　邱　慧　汪　军　汪阳春　张大鹏

张新强　明宪永　胡正法　逄　伟　贺庆涛　贺晓红

郭　戎　郭清明　谈庆伟　陶　云　董　鹏　蒲保军

翟羽鹏　穆　健

前　　言

　　建筑行业是我国经济发展的支柱行业之一，同时也是危险性较大的行业。建筑行业的安全生产不仅关系到人民的生命安全和健康，关系到经济的健康发展和社会稳定，也直接关系到建筑施工企业的形象和生存发展。随着经济社会的发展和我国安全生产法制的不断健全，安全生产成为国家、建筑行业和所有建筑施工企业面临的一项迫切任务。

　　为了提升建筑施工的安全管理水平，规范建筑施工企业的安全管理，中国建设教育协会继续教育委员会组织编写了《建筑施工企业"安管人员"培训系列教材》，系列教材包括综合性教材 1 本，专业性教材 4 本。本教材为《建设工程安全生产管理知识（建筑施工企业土建类专职安全生产管理人员）》，由中建八局负责编写。

　　本教材主要内容包括：建设工程安全生产管理的基本理论知识；工程建设各方主体的安全生产法律义务与法律责任；建筑施工企业、工程项目的安全生产责任制；建筑施工企业、工程项目的安全生产管理制度；危险性较大的分部分项工程；施工现场安全检查及隐患排查；事故应急救援和事故报告、调查与处理。此外，本教材还在附录中介绍了其他国家建筑施工安全生产管理情况。

　　本教材可用于建筑施工企业和工程项目土建类专职安全生产管理人员的教育培训，也可用作企业和项目安全生产管理的参考用书。

　　由于编者的水平有限，本书中难免有疏漏与不妥之处，恳请读者批评指正。

目　　录

第一章 建设工程安全生产管理的基本理论知识

一、建筑施工安全生产管理的基本理论知识

（一）安全管理的基本概念

1. 安全及安全管理的定义

"无危则安，无损则全"。一般来说，安全就是使人保持身心健康，避免危险有害因素影响的状态。

《现代汉语词典（第6版）》中对安全的解释是："没有危险；平安"。总的来说，安全是一个相对的概念，是指客观事物的危险程度能够为人们普遍接受的状态。

安全管理是管理科学的一个重要分支。它是为实现安全目标而进行的有关决策、计划、组织和控制等方面的活动；主要运用现代安全管理原理、方法和手段，分析和研究各种不安全因素，从技术上、组织上和管理上采取有力的措施，解决和消除各种不安全因素，防止事故的发生。

2. 安全管理的基本原理

安全管理是一门综合性的系统科学，主要是遵循管理科学的基本原理，从生产管理的共性出发，通过对生产管理中安全工作的内容进行科学分析、综合、抽象及概括而得出的安全生产管理规律，对生产中一切人、物、环境实施动态的管理与控制。

（1）系统原理

系统原理是人们在从事管理工作时，运用系统的观点、理论和方法对管理活动进行充分的分析，以达到优化管理的目标，即从系统论的角度来认识和处理管理中出现的问题。运用系统原理进行安全管理时，主要依据以下四个原则：

1）整分合原则。在整体规划下明确分工，在分工基础上有效综合，从而实现高效的现代安全生产管理。

2）反馈原则。反馈是控制过程中对控制机构的反作用。成功、高效的管理，离不开灵活、准确、快速的反馈。

3）封闭原则。任何一个管理系统内部，其管理手段、管理过程都必须构成一个连续封闭的回路，方能形成有效的管理活动。

4）动态相关性原则。任何企业管理系统的正常运转，不仅要受到系统本身条件的限制和制约，还要受到其他有关系统的影响和制约，并随着时间、地点以及人们的不同努力程度而发生变化。

（2）人本原理

在管理中必须把人的因素放在首位，体现"以人为本"的指导思想，这就是人本原

理。运用人本原理进行安全管理时，主要依据以下四个原则：

1）动力原则。人是进行管理活动的基础，管理必须有能够激发人的工作能力的动力。动力主要包括物质动力、精神动力和信息动力。

2）能级原则。现代管理学认为，单位和个人都具有一定能量，并可按照能量的大小顺序排列，形成管理的能级。在管理系统中建立一套合理能级，根据单位和个人能量的大小安排其工作，发挥不同能级的能量，能够保证结构的稳定性和管理的有效性。

3）激励原则。利用某种外部诱因的刺激调动人的积极性和创造性，以科学手段激发人的内在潜力，使其充分发挥出积极性、主动性和创造性，就是激励原则。人的工作动力主要来源于内在动力、外部压力和工作吸引力。

4）行为原则。行为是指人们所表现出来的各种动作，是人们思想、感情、动机、思维能力等因素的综合反映。运用行为科学原理，根据人的行为规律来进行有效管理，就是行为原则。

（3）预防原理

安全管理工作应当做到预防为主，通过有效的管理和技术手段，减少和防止人的不安全行为和物的不安全状态，从而使事故发生概率降到最低。运用预防原理进行安全管理时，主要依据以下三个原则：

1）偶然损失原则。事故后果及后果的严重程度都是随机的，难以预测的。反复发生的同类事故并不一定产生完全相同的后果。

2）因果关系原则。事故的发生是许多因素互为因果连续发生的最终结果，只要诱发事故的因素存在，发生事故是必然的。

3）3E原则。造成人的不安全行为和物的不安全状态的原因，主要是技术原因、教育原因、身体原因、态度原因以及管理原因。针对这些原因，可采取3种预防对策：工程技术（Engineering）对策、教育（Education）对策和强制（Enforcement）对策，即3E原则。

（4）强制原理

采取强制管理的手段控制人的意愿和行为，使个人的活动、行为等受到安全生产管理要求的约束，从而实现有效的安全生产管理。这主要依据以下两个原则：

1）安全第一原则。安全第一就是要求在进行生产和其他工作时应把安全工作放在首要位置。当其他工作与安全发生矛盾时，要以安全为主，其他工作要服从于安全。

2）监督原则。在安全工作中，必须明确安全生产监督职责，对企业生产中的守法和执法情况进行监督，使安全生产法律法规得到落实。

（二）事故及事故致因理论

1. 事故的基本概念

（1）事故的定义

事故，一般是指造成死亡、疾病、伤害、损坏或者其他损失的意外情况。在事故的种种定义中，伯克霍夫（Berckhoff）的说法较著名。他认为，事故是人（个人或集体）在为实现某种意图而进行的活动过程中，突然发生的、违反人的意志的、迫使活动暂时或永久停止，或迫使之前存续的状态发生暂时或永久性改变的事件。

（2）未遂事故

未遂事故是指有可能造成严重后果，但由于偶然因素，事实上没有造成严重后果的事件。

1941 年海因里希（W. H. Heinrich）对 55 万起机械事故进行了调查统计，发现其中死亡及重伤事故 1666 件，轻伤事故 48334 件，其余为未遂事故。可以看出，在机械事故中，伤亡、轻伤和未遂事故的比例为 1：29：300，即每发生 330 起事故，有 300 起没有产生伤害，29 起造成轻伤，1 起引发重伤或死亡，这就是海因里希法则，又叫作事故法则，如图 1-1 所示。

2. 事故致因理论

事故的发生都是有因果性和规律特点的，要想对事故进行有效的预防和控制，必须以此为基础，制定相应措施。这种阐述事故发生的原因和经过，以及预防事故发生的理论，就是事故致因理论。具有代表性的事故致因理论如下：

（1）海因里希事故因果连锁理论

1931 年海因里希第一次提出了事故因果连锁理论。他认为，事故的发生不是单一的事件，而是一连串事件按照一定顺序相继发生的结果。他将事故发生过程概括为：①遗传及社会环境。遗传因素及社会环境是造成人性格上缺点的原因。遗传因素可能造成鲁莽、固执等不良性格；社会环境可能妨碍教育，助长性格上的缺点发展。②人的缺点。人的缺点是使人产生不安全行为或造成机械、物质

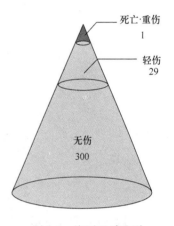

图 1-1　海因里希法则

不安全状态的原因。③人的不安全行为或物的不安全状态。这是指那些曾经引起过事故，或可能引起事故的人的行为或机械、物质的状态。它们是造成事故的直接原因。④事故。事故是由于物体、物质、人或放射线的作用或反作用，使人员受到伤害或可能受到伤害的、出乎意料的、失去控制的事件。⑤伤害。直接由事故产生的人身伤害。

海因里希用多米诺骨牌来形象地描述这种事件的因果连锁关系（图 1-2）。在多米诺骨牌中，一块骨牌被碰到了，将发生连锁反应，使其余的几块骨牌相继被推倒。因此，海因里希的事故因果连锁理论也称为多米诺骨牌理论（The dominoes theory）。

该理论认为如果移去因果连锁中的任意一个骨牌，都能够破坏连锁，进而预防事故的发生。他特别强调防止人的不安全行为和物的不安全状态，是企业安全工作的重点。

（2）能量意外释放理论

1961 年吉布森（Gibson）提出事故是一种不正常的或不希望的能量释放，各种形式的能量释放是构成伤害的直接原因。1966 年哈登（Haddon）对能量意外释放理论作了进一步研究，提出"人受伤害的原因只能是某种能量的转移"，并将伤害分为两类：第一类是由于施加了局部或全身性损伤阈值的能量引起的；第二类是影响了局部或全身性能量交换引起的，主要指中毒窒息和冻伤。

能量意外释放理论认为，在一定条件下，某种形式的能量能否产生造成人员伤亡事故的伤害取决于能量大小、接触能量时间长短和频率以及力的集中程度。因此，可以利用屏蔽措施阻断能量的释放而防止事故发生。

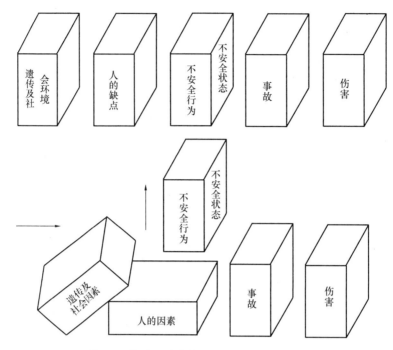

图 1-2 海因里希事故因果连锁理论事故模型

美国矿山局的扎别塔基斯 (Micllael Zabetakis) 依据能量意外释放理论，建立了新的事故因果连锁模型（图 1-3）。

1）事故。事故是能量或危险物质的意外释放，是伤害的直接原因。

2）不安全行为和不安全状态。人的不安全行为和物的不安全状态是导致能量意外释放的直接原因。

3）基本原因。基本原因包括三个方面的问题：①企业领导者的安全政策及决策。它涉及生产及安全目标，职员的配置，信息利用，责任及职权范围，职工的选择、教育训练、安排、指导和监督，信息传递，设备、装置及器材的采购，正常时和异常时的操作规程，设备的维修保养等。②个人因素。包括能力、知识、训练，动机、行为，身体及精神状态，反应时间，个人兴趣等。③环境因素。

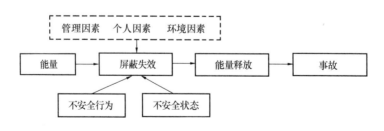

图 1-3 能量意外释放理论事故模型

（3）轨迹交叉理论

轨迹交叉理论是基于事故的直接原因和间接原因提出的，认为在事故的发展进程中，人的不安全行为与物的不安全状态一旦在时间、空间上发生运动轨迹交叉，就会发生事故

（图 1-4）。轨迹交叉理论将人的不安全行为和物的不安全状态放到了同等重要的位置，即通过控制人的不安全行为、消除物的不安全状态，或避免二者的运动轨迹发生交叉，都可以有效地避免事故发生。

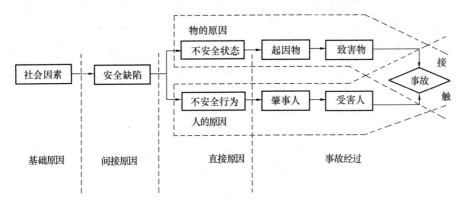

图 1-4 轨迹交叉理论事故模型

轨迹交叉理论将事故的发生发展过程描述为：基础原因→间接原因→直接原因 →事故经过→伤害。这样的过程被形容为事故致因因素导致事故的运动轨迹，包括了人的不安全行为运动轨迹和物的不安全状态运动轨迹。

人的不安全行为基于如下几个方面而产生：①生理、先天身心缺陷；②社会环境、企业管理的缺陷；③后天的心理缺陷；④视、听、嗅、味、触等感官能量分配上的差异；⑤行为失误。

在物的运动轨迹中，生产过程各阶段都可能产生不安全状态：①设计上的缺陷，如用材不当、强度计算错误、结构完整性差；②制造、工艺流程的缺陷；③维修保养的缺陷，降低可靠性；④使用的缺陷；⑤作业场所环境的缺陷。

但是，很多时候人和物互为因果，即人的不安全行为可能促进物的不安全状态的发展，也可能引起新的不安全状态，而物的不安全状态也可能导致人的不安全行为。因此，事故发生的轨迹是一个复杂、多元的过程，并不是单一的人或物的轨迹，需要根据实际情况作具体分析。

（三）系统安全理论

1. 系统安全的定义

系统安全是指在系统生命周期内应用系统安全工程和系统安全管理方法，识别危险源并最大限度地降低其危险性，使系统在规定的功能、时间和成本范围内达到最佳的安全程度。系统安全是人们为解决复杂系统的安全性问题而开发、研究出来的安全理论、方法体系，是系统工程与安全工程的有机结合。

按照系统安全的观点，世界上不存在绝对安全的事物。任何人类活动都潜伏着危险因素。系统安全的基本原则是在一个新系统的构思阶段就必须考虑其安全性的问题，制定并执行安全工作规划（系统安全活动），属于事前分析和预先的防护，与传统的事后分析并积累事故经验的思路截然不同。系统安全活动贯穿于整个系统生命周期，直到系统终结为止。

系统安全理论与传统安全理论的区别，主要包括以下几点：①系统安全理论不仅强调人的不安全行为，同时重视物的不安全状态在事故中的作用，开始研究物的全生命周期的安全，在研发、设计、制造过程中就引入安全管理，提高物的可靠性和本质安全性。②没有绝对的安全，安全是存在可接受风险的相对稳定的状态。③不可能根除所有风险和危险源，只能控制和减少其危险性和发生概率。④由于人的认识能力有限，有时不能完全认识危险源和危险，即使认识了现有的危险源，随着生产技术的发展和新技术、新工艺、新材料、新能源的出现，又会产生新的危险源；受技术、资金、劳动力等因素的限制，对于认识了的危险源也不可能完全根除，只能把危险降低到可接受的程度。

2. 系统安全分析的基本内容及方法

系统安全分析是从安全角度对系统中的危险因素进行分析，通常包括以下内容：①对可能出现的初始的、诱发的及直接引起事故的各种危险因素及其相互关系进行调查和分析。②对与系统有关的环境条件、设备、人员及其他有关因素进行调查和分析。③对能够利用适当的设备、规程、工艺或材料控制或根除某种特殊危险因素的措施进行分析。④对可能出现的危险因素的控制措施及实施这些措施的最优方法进行调查和分析。⑤对不可能根除的危险因素失去或减少控制可能出现的后果进行调查和分析。⑥对危险因素一旦失去控制，为防止伤害和损害的安全防护措施进行调查和分析。

常用的系统安全分析方法，可分为归纳法和演绎法。归纳法是从原因推导结果的方法，演绎法则是从结果推导原因的方法。在实际工作中，多把两种方法结合起来使用。常用的系统安全分析方法主要有：①安全检查表法；②预先危险性分析法；③故障类型和影响分析；④危险性和可操作性研究；⑤事件树分析；⑥事故树分析；⑦因果分析。

二、工程项目施工安全生产管理的基本理论知识

（一）风险控制理论及方法

1. 风险、隐患及危险源的定义

（1）风险的定义

风险是指在某一特定环境下，在某一特定时间段内，事故发生的可能性和后果的组合。风险主要受两个因素的影响：一是事故发生的可能性，即发生事故的概率；二是事故发生后产生的后果，即事故的严重程度。

工程项目一般投资大、周期长、环境复杂、技术难度高，且在施工过程中不确定性因素较多，在工程施工的整个生命周期中将不可避免地面临多种风险，需要综合考虑风险的不确定性和危险性。

工程风险就是在工程建设过程中可能发生，并影响工程项目目标［费用（资金）、进度（工期）、质量和安全］实现的事件。要控制工程风险的发生，应对产生工程风险的原因及其导致的后果有清晰认识。工程风险来自于具体的隐患或危险源。

（2）隐患的定义

隐患是指在生产经营活动中存在可能导致事故发生的人的不安全行为、物的不安全状

态或者管理上的缺陷。

安全生产事故隐患，是指生产经营单位违反安全生产法律、法规、规章、标准、规程和安全生产管理制度的规定，或者因其他因素在生产经营活动中存在可能导致事故发生的物的危险状态、人的不安全行为和管理上的缺陷。

事故隐患分为一般事故隐患和重大事故隐患。一般事故隐患，是指危害和整改难度较小，发现后能够立即整改排除的隐患。重大事故隐患，是指危害和整改难度较大，应当全部或者局部停产停业，并经过一定时间整改治理方能排除的隐患，或者因外部因素影响致使生产经营单位自身难以排除的隐患。

（3）危险源的定义

危险源是指可能导致人身伤害和（或）健康损害的根源、状态或行为，或其组合。广义的危险源，包括危险载体和事故隐患。狭义的危险源，是指可能造成人员死亡、伤害、职业病、财产损失、环境破坏或其他损失的根源和状态。

危险源是事故发生的根本原因。它是一个系统中具有潜在能量和物质释放危险的，可造成人员伤害、财产损失或环境破坏的，在一定的触发因素作用下可转化为事故的部位、区域、场所、空间、岗位、设备及其位置。危险源存在于确定的系统中。不同的系统范围，其危险源的区域也不同。在工程项目中，某个生产环节或某台机械设备都可能是危险源。一般来说，危险源可能存在事故隐患，也可能不存在事故隐患；对于存在事故隐患的危险源一定要及时排查整改，否则随时都可能导致事故。

2. 危险源的分类

安全科学理论把危险源划分为两大类，即第一类危险源和第二类危险源。

（1）第一类危险源

在生产过程或系统中存在的，可能发生意外释放的能量或危险物质称作第一类危险源。在实际工作中，往往把产生能量的能量源或拥有能量的能量载体看作是第一类危险源，如高温物体、使用中的压力容器等。

（2）第二类危险源

导致能量或危险物质约束、限制措施失效或破坏的各种不安全因素，称作第二类危险源。它包括人、物、环境三个方面的问题。在生产活动中，为了利用能量并让能量按照人们的意图在生产过程中流动、转换和做功，必须采取屏蔽措施约束或限制能量，即必须控制危险源。

第一类危险源的存在是第二类危险源出现的前提。第二类危险源的出现是第一类危险源导致事故的必要条件。第二类危险源出现得越频繁，发生事故的可能性越大。

我国的《生产过程危险和有害因素分类与代码》GB/T 13861—2009 中，将生产过程中的危险、有害因素分为 6 类：①物理性危险、有害因素；②化学性危险、有害因素；③生物性危险、有害因素；④心理、生理性危险、有害因素；⑤行为性危险、有害因素；⑥其他危险、有害因素。

在《企业职工伤亡事故分类》GB 6441—86 中，则将事故分为 20 类，其中与建筑施工相关的有 16 类：①物体打击；②车辆伤害；③机械伤害；④起重伤害；⑤触电；⑥淹溺；⑦灼烫；⑧火灾；⑨高处坠落；⑩坍塌；⑪放炮；⑫火药爆炸；⑬化学性爆炸；⑭容器爆炸；⑮中毒和窒息；⑯其他伤害。

3. 风险管理的主要方法

风险管理是指如何在项目或者企业一个肯定有风险的系统中把风险减至最低的管理过程。它是通过对风险的认识、衡量和分析，选择最有效的方式，主动地、有目的地、有计划地处理风险，以最小成本争取获得最大安全保证的管理方法。在实际工作中，对隐患的排查治理总是同一定的风险管理联系在一起。简言之，风险管理就是识别、分析、消除生产过程中存在的隐患或防止隐患的出现。

风险管理主要包括以下四个基本程序：

（1）风险识别

风险识别是单位和个人对所面临的以及潜在的风险加以识别，并确定其特性的过程。

风险识别的方法主要有以下几种：①安全检查表法。将系统分成若干单元或层次，列出各单元或层次的危险源，确定检查项目，按照相应顺序编制检查表，以现场询问或观察的方式确定检查项目的状况，并填写表格。②现场观察。对作业活动、设备运转或系统活动进行观察，分析存在的风险。③座谈。召集安全管理人员、专业技术人员、操作人员等，对生产经营活动中存在的风险进行分析。④作业条件风险性评价。对具有潜在风险的作业环境或条件，采用半定量的方式评价其风险性。⑤预先危险性分析。新系统、新设备、新工艺在投入使用前，预先对可能存在的危险源及其产生条件、事故后果等情况进行类比分析。

（2）风险分析

风险分析是指在风险识别的基础上，通过对所收集的资料加以分析，运用概率论和数理统计，估计和预测事故发生的概率和事故的后果。

根据控制措施的状态（M）和人体暴露的时间（E）可以确定事故发生的概率（L），即 $L=ME$。根据事故发生的概率和事故的后果（S），可以确定风险程度（R）：①发生人身伤害事故时，$R=MES$；②发生财产损失事故时，$R=MS$。

（3）风险控制

风险控制是根据风险分析的结果，制定相应的风险控制措施，并在需要时选择和实施适当的措施，以降低事故发生概率或减轻事故后果的过程。

风险控制主要包括以下几种方法：①风险回避，是指生产经营主体有意识地消除危险源，以避免特定的损失风险。②损失控制，是指通过制定计划和采取措施的方式，降低事故发生的可能性或者减轻事故后果。③风险转移，是指通过契约，将让渡人的风险转移给受让人承担的行为，主要形式是合同和保险。④风险隔离，是指通过分离或复制风险单位，使风险事故的发生不至于导致所有财产损毁或灭失。

（4）风险管理效果评价

风险管理效果评价，是通过分析、比较已实施的风险控制措施的结果与预期目标的契合程度，以评判管理方案的科学性、适应性和收益性。

在风险评估人员、风险管理人员、生产经营单位和其他有关的团体之间，就与风险有关的信息和意见进行相互交流和反馈，从而对已实施的措施进行优化。

（二）重大危险源辨识理论

1. 重大危险源的定义

重大危险源，是指长期或者临时生产、搬运、使用或者储存危险物品，且危险物品的数量等于或者超过临界量的单元（包括场所和设施）。所谓临界量，是指对某种或某类危险物品规定的数量，若单元中的危险物品数量等于或者超过该数量，则该单元应定为重大危险源。临界量是确定重点危险源的核心要素。

建设工程重大危险源是指在建设工程施工过程中，风险属性（风险度）等于或超过临界量，可能造成人员伤亡、财产损失、环境破坏的施工单元，如危险性较大的分部分项工程。

2. 重大危险源控制的主要方法

重大危险源控制的目的，不仅是预防重大事故的发生，而且要做到一旦发生事故能将事故危害降到最低程度。由于建设工程施工的复杂性，有效地控制重大危险源需要采用系统工程的思想和方法，建立起一个完整的控制系统（图 1-5）。

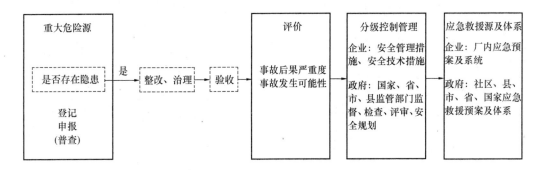

图 1-5　重大危险源控制系统

（1）重大危险源辨识

要防止事故发生，必须先辨识和确认重大危险源。重大危险源辨识，是通过对系统的分析，界定出系统的哪些区域、部分是危险源，其危险的性质、程度、存在状况、危险源能量、事故触发因素等。重大危险源辨识的理论方法主要有系统危险分析、危险评价等方法和技术。

（2）重大危险源评价

重大危险源辨识确定后，应进行重大危险源安全评价。安全评价的基本内容是以实现系统安全为目的，按照科学的程序和方法，对系统中存在的危险因素、发生事故的可能性及其损失和伤害程度进行调查研究与分析论证，从而确定是否需要改进技术路线和防范措施，整改后危险性将得到怎样的控制和消除，技术上是否可行，经济上是否合理，以及系统是否最终达到社会所公认的安全指标。

一般来说，安全评价包括以下几个方面：①分析各类危险因素及其存在的原因；②评价已辨识的危险事件发生的概率；③评价危险事件的后果，估计发生火灾、爆炸或毒物泄漏的物质数量，事故影响范围；④进行风险评价与分级，即评价危险事件发生概率与发生后果的联合作用，将评价结果与安全目标值进行比较，检查风险值是否达到可接受水平，是否需进一步采取措施，以降低风险水平。

常用的评价方法有安全检查及安全检查表、预先危险性分析、故障类型和影响分析、危险性和可操作性研究、事故树分析等。

（3）重大危险源分级管控

在对重大危险源进行辨识和评价的基础上，应对每一个重大危险源制定出一套严格的安全管理制度，通过安全技术措施（包括设施设计、建造、安全监控系统、维修以及有关计划的检查）和组织措施（包括对人员培训与指导，提供保证安全的设施，工作人员技术水平、工作时间、职责的确定，以及对外部合同工和现场临时工的管理），对重大危险源进行严格控制和管理。

（4）重大危险源应急救援预案及体系

应急救援预案及体系是重大危险源控制系统的重要组成部分之一。企业应负责制定现场应急救援预案，并且定期检查和评估现场应急救援预案和体系的有效程度，在必要时进行修订。

第二章　工程建设各方主体的安全
生产法律义务与法律责任

工程项目建设是一个系统工程，涉及诸多相关方。除了建设单位、勘察单位、设计单位、监理单位等主要参建方以外，还包括政府有关部门（政府监管方）、为项目建设提供机械设备、机具的供应商以及提供检验、检测（监测）服务的技术服务单位等。本章将介绍各方建设主体在工程建设活动应承担的安全生产责任和法律义务。

一、建设单位的安全生产法律义务与法律责任

（一）概述

建设单位作为建设工程的投资主体，不仅是建筑产品的购买者和所有者，也是整个建设过程和工程项目全生命周期的深度参与者，在建筑活动中居于主导地位。

据住房和城乡建设部统计，由于建设单位未按规定办理建设审批手续、未按规定拨付或减少工程定额规定的安全措施费而造成施工方安全设施投入减少、工程肢解发包给不符合相关资质的企业、建设资金不到位等违规行为，已成为工程建设事故频发的源头之一，直接影响工程建设的安全生产。

建设单位应依法履行法律规定的安全生产法律义务，并承担相应的法律责任。

（二）主要法律义务

1. 提供建设相关资料

建设单位应与有关部门协调，向施工单位提供建设相关资料，帮助施工单位制定合理的施工方案和安全技术措施，保证施工生产安全。这些资料包括：施工现场及毗邻区域内供水、排水、供电、供气、供热、通信、广播电视等地下管线资料；气象和水文观测资料；相邻建筑物和构筑物、地下工程的有关资料。

建设单位提供的有关资料应保证及时、真实、准确、完整，能够满足施工需要。

2. 制定并执行合理的合同工期

建设单位不得对勘察、设计、施工、监理等单位提出不符合建设工程安全生产法律、法规和强制性标准规定的要求，不得压缩合同规定的工期。

如工期确需调整，应当对安全影响进行论证和评估，提出相应的施工组织措施和安全保障措施。若建设单位随意压缩施工工期，迫使施工单位采取不科学、不合理、违反施工工艺和操作规程的行为，必然会提升工程项目安全生产管理的风险。

3. 提供安全生产投入所需费用

建设单位在编制工程概算时，应当确定建设工程安全作业环境及安全施工所需要

费用。

建设单位与施工单位应当在施工合同中明确安全防护、文明施工措施项目总费用，以及费用预付、支付计划，使用要求，调整方式等条款。

4. 禁止使用不合格的材料设备

建设单位不得明示或者暗示施工单位购买、租赁、使用不符合安全施工要求的安全防护用具、机械设备、施工机具及配件、消防设施及器材。

5. 办理有关施工手续

（1）办理施工许可证

工程项目开工前，建设单位应申领施工许可证，同时提供建设工程有关安全技术措施资料。对于依法批准开工报告的建设工程，建设单位应当自开工报告批准之日起 15 日内，将保证安全施工的措施报送建设工程所在地的县级以上地方人民政府建设行政主管部门或者其他有关部门备案。

（2）办理施工安全监督手续

施工前，建设单位应当申请办理施工安全监督手续，并提供以下资料：

1）危险性较大的分部分项工程清单。

2）施工合同约定的安全防护、文明施工措施费用支付计划。

3）建设、施工、监理单位法定代表人及项目负责人的安全生产承诺。

（3）拆除工程相关手续

建设单位应当将拆除工程发包给具有相应资质等级的施工单位，并且在拆除工程施工前 15 日将施工单位的资质等级证明、拆除工程施工组织方案，毗邻建筑的说明、堆放、清除废弃物的措施报送建设工程所在地县级以上地方人民政府建设行政主管部门或者其他有关部门备案。

（三）主要法律责任

建设单位违反安全生产有关规定，需要承担的法律责任包括：

1. 责令（限期）改正

例如：建设单位违反《建筑法》规定，要求建筑设计单位或者建筑施工企业违反建筑工程安全标准的，责令改正。

2. 停止施工

例如：违反《建设工程安全生产管理条例》规定，建设单位未提供建设工程安全生产作业环境及安全施工措施所需费用，逾期未改正的，责令该建设工程停止施工。

3. 罚款或经济赔偿

例如：违反《建设工程安全生产管理条例》，对勘察、设计、施工、工程监理等单位提出不符合安全生产法律、法规和强制性标准规定的要求，责令限期改正，处 20 万元以上 50 万元以下的罚款……造成损失的，依法承担赔偿责任。

4. 追究刑事责任

例如：建设单位违反《建筑法》规定，要求建筑设计单位或者建筑施工企业违反建筑工程质量、安全标准，降低工程质量，构成犯罪的，依法追究刑事责任；建设单位违反《建设工程安全生产管理条例》规定，对勘察、设计、施工、工程监理等单位提出不符合安全生产法律、法规和强制性标准规定的要求的；要求施工单位压缩合同约定的工期的；将拆除工程发包给不具有相应资质等级的施工单位的，等等。造成重大安全事故，构成犯罪的，对直接责任人员，依照刑法有关规定追究刑事责任。

二、勘察、设计、监理单位的安全生产法律义务与法律责任

（一）概述

勘察、设计、监理单位作为建设工程的主要责任主体，在工程建设安全生产中起着至关重要的作用。

勘察单位的勘察文件是设计和施工的基础材料和重要依据，勘察文件的质量不但关系着工程质量和安全性能，还直接影响施工过程的安全生产。

设计单位在工程设计过程中，也应充分考虑施工过程中作业人员的人身安全。

监理单位是保证建设工程安全生产的关键相关方，安全生产是监理合同的重要内容之一。

（二）主要法律义务

1. 勘察单位的安全生产法律义务

勘察单位应当按照法律、法规和工程建设强制性标准进行勘察，提供的勘察文件应当真实、准确，满足建设工程安全生产的需要。

勘察单位在勘察作业过程中，应当严格执行操作规程，采取措施保证各类管线、设施和周边建筑物、构筑物的安全。

2. 设计单位的安全生产法律义务

设计单位应当按照法律、法规和工程建设强制性标准进行设计，防止因设计不合理导致生产安全事故的发生。

设计单位应当考虑施工安全操作和防护的需要，在设计文件中注明涉及施工安全的重点部位和环节，并对防范生产安全事故提出指导意见；采用新结构、新材料、新工艺的建设工程和特殊结构的建设工程，设计单位应当在设计中提出保障施工作业人员安全和预防安全生产事故的措施建议。

设计文件选用的建筑材料、建筑构配件和设备，应当注明其规格、型号、性能等技术指标，其质量要求必须符合国家规定的标准。

建筑设计单位对设计文件选用的建筑材料、建筑构配件和设备，不得指定生产厂、供应商。

3. 监理单位的安全生产法律义务

建筑工程监理应当依照法律、行政法规及有关的技术标准、设计文件和建筑工程承包合同，对承包单位在施工质量、建设工期和建设资金使用等方面，代表建设单位实施监督。

工程监理单位应当在其资质等级许可的监理范围内，承担工程监理业务。应当根据建设单位的委托，客观、公正地执行监理任务。工程监理单位不得转让工程监理业务。

工程监理单位应当审查施工组织设计中的安全技术措施或者专项施工方案是否符合工程建设强制性标准。在实施监理过程中，发现存在安全事故隐患的，应当要求施工单位整改；情况严重的，应当要求施工单位暂时停止施工，并及时报告建设单位。施工单位拒不整改或者不停止施工的，工程监理单位应当及时向有关主管部门报告。

（三）主要法律责任

勘察、设计、监理单位违反有关安全生产法律、法规规定，应承担的法律责任包括：责令限期改正、罚款、经济赔偿、没收违法所得、停业整顿、降低资质等级、吊销资质证书、刑事责任等。

例如：勘察、设计单位违反《建设工程安全生产管理条例》规定，未按照法律、法规和工程建设强制性标准进行勘察、设计，责令限期改正。

工程监理单位发现安全事故隐患未及时要求施工单位整改或者暂时停止施工的，责令限期改正；逾期未改正的，责令停业整顿，并处 10 万元以上 30 万元以下的罚款；情节严重的，降低资质等级，直至吊销资质证书；造成重大安全事故，构成犯罪的，对直接责任人员，依照刑法有关规定追究刑事责任；造成损失的，依法承担赔偿责任。

三、机械设备、施工机具、自升式架设设施及检验检测机构等的安全生产法律义务与法律责任

（一）概述

为施工现场提供机械设备、施工机具、自升式架设设施的单位以及检验检测机构，关系到工程建设设备设施的安全运行，对施工生产安全具有重要影响，需履行相关的安全生产法律义务，并承担相关的安全生产法律责任。

（二）主要法律义务

根据有关法律法规，施工现场提供机械设备、施工机具、自升式架设设施的单位以及检验检测机构等单位的安全生产法律义务包括：

为建设工程提供机械设备和配件的单位，应当按照安全施工的要求配备齐全有效的保险、限位等安全设施和装置。

出租的机械设备和施工机具及配件，应当具有生产（制造）许可证、产品合格证。

出租单位应当对出租的机械设备和施工机具及配件的安全性能进行检测，在签订租赁协议时，应当出具检测合格证明。禁止出租检测不合格的机械设备和施工机具及配件。

在施工现场安装、拆卸施工起重机械和整体提升脚手架、模板等自升式架设设施，必须由具有相应资质的单位承担。

安装、拆卸施工起重机械和整体提升脚手架、模板等自升式架设设施，应当编制拆装方案、制定安全施工措施，并由专业技术人员现场监督。

施工起重机械和整体提升脚手架、模板等自升式架设设施安装完毕后，安装单位应当

自检，出具自检合格证明，并向施工单位进行安全使用说明，办理验收手续并签字。

施工起重机械和整体提升脚手架、模板等自升式架设设施的使用达到国家规定的检验检测期限的，必须经具有专业资质的检验检测机构检测。经检测不合格的，不得继续使用。

检验检测机构对检测合格的施工起重机械和整体提升脚手架、模板等自升式架设设施，应当出具安全合格证明文件，并对检测结果负责。

（三）主要法律责任

施工现场提供机械设备、施工机具、自升式架设设施的单位以及检验检测机构等相关单位应承担的主要法律责任包括：责令限期改正、罚款、停业整顿、降低资质等级或吊销资质证书、经济赔偿、追究刑事责任。

例如：施工起重机械和整体提升脚手架、模板等自升式架设设施安装、拆卸单位未编制拆装方案、制定安全施工措施的，责令限期改正，处5万元以上10万元以下的罚款；情节严重的，责令停业整顿，降低资质等级，直至吊销资质证书；造成损失的，依法承担赔偿责任。

经有关部门或者单位职工提出后，对事故隐患仍不采取措施，因而发生重大伤亡事故或者造成其他严重后果，构成犯罪的，对直接责任人员，依照刑法有关规定追究刑事责任。

四、施工单位的安全生产法律义务与法律责任

（一）概述

施工单位是工程施工的直接实施者，承担具体施工任务，在建筑安全生产中承担主体责任。我国《安全生产法》、《建筑法》、《建设工程安全生产管理条例》等法律、法规中明确了施工单位的一系列安全生产义务，并规定了所应承担的法律责任。

（二）主要法律义务

1. 建立安全生产管理机构

《安全生产法》和《建设工程安全生产管理条例》等法律法规都明确规定，建筑施工单位应当设置安全生产管理机构，配备专职安全生产管理人员。

施工单位的安全生产管理机构以及安全生产管理人员应履行下列职责：

1）组织或者参与拟订本单位安全生产规章制度、操作规程和生产安全事故应急救援预案。

2）组织或者参与本单位安全生产教育和培训，如实记录安全生产教育和培训情况。

3）督促落实本单位重大危险源的安全管理措施。

4）组织或者参与本单位应急救援演练。

5）检查本单位的安全生产状况，及时排查生产安全事故隐患，提出改进安全生产管理的建议。

6）制止和纠正违章指挥、强令冒险作业、违反操作规程的行为。

7）督促落实本单位安全生产整改措施。

2. 建立安全生产责任制

1）施工单位必须遵守本法和其他有关安全生产的法律、法规，加强安全生产管理，建立、健全本单位安全生产责任制。

2）施工单位主要负责人应依法组织建立健全安全生产责任制度，施工单位的项目负责人应组织落实安全生产责任制度。

3）施工单位的安全生产责任制应当明确各岗位的责任人员、责任范围和考核标准等内容。施工单位应当建立相应的机制，加强对安全生产责任制落实情况的监督考核，保证安全生产责任制的落实。

3. 开展安全事故隐患排查治理

施工单位应当建立健全生产安全事故隐患排查治理制度，采取技术、管理措施，及时发现并消除事故隐患。事故隐患排查治理情况应当如实记录，并向从业人员通报。

施工单位的安全生产管理人员应当根据本单位的生产经营特点，对安全生产状况进行经常性检查；对检查中发现的安全问题，应当立即处理；不能处理的，应当及时报告本单位有关负责人，有关负责人应当及时处理。

检查及处理情况应当如实记录在案。施工单位的安全生产管理人员在检查中发现重大事故隐患，依照前款规定向本单位有关负责人报告，有关负责人不及时处理的，安全生产管理人员可以向主管的负有安全生产监督管理职责的部门报告，接到报告的部门应当依法及时处理。

4. 实施安全生产教育和培训

施工单位应履行以下职责：

1）施工单位的主要负责人、项目负责人、专职安全生产管理人员应当经建设行政主管部门或者其他有关部门考核合格后方可任职。

2）施工单位的主要负责人、项目负责人、专职安全生产管理人员应当通过其受聘企业，向企业工商注册地的省、自治区、直辖市人民政府住房城乡建设主管部门申请安全生产考核，并取得安全生产考核合格证书。

安全生产考核包括安全生产知识考核和管理能力考核，其中安全生产知识考核内容包括：建筑施工安全的法律法规、规章制度、标准规范，建筑施工安全管理基本理论等；安全生产管理能力考核内容包括：建立和落实安全生产管理制度、辨识和监控危险性较大的分部分项工程、发现和消除安全事故隐患、报告和处置生产安全事故等方面的能力。

对安全生产考核合格的，考核机关应当在20个工作日内核发安全生产考核合格证书，并予以公告；对不合格的，应当通过"安管人员"所在企业通知本人并说明理由。安全生产考核合格证书有效期为3年，证书在全国范围内有效。证书式样由国务院住房城乡建设主管部门统一规定。

3）施工单位应当对管理人员和作业人员每年至少进行一次安全生产教育培训，其教育培训情况记入个人工作档案。安全生产教育培训考核不合格的人员，不得上岗。

4）作业人员进入新的岗位或者新的施工现场前，应当接受安全生产教育培训。未经教育培训或者教育培训考核不合格的人员，不得上岗作业。

施工单位在采用新技术、新工艺、新设备、新材料时，应当对作业人员进行相应的安全生产教育培训。

5. 建筑起重机械管理

起重机械的使用单位具有以下职责：

1）建筑起重机械使用单位和安装拆卸单位应当在签订的建筑起重机械安装、拆卸合同中明确双方的安全生产责任。实行施工总承包的，施工总承包单位应当与安装拆卸单位签订建筑起重机械安装、拆卸工程安全协议书。

2）建筑起重机械安装完毕后，使用单位应当组织出租、安装、监理等有关单位进行验收，或者委托具有相应资质的检验检测机构进行验收。建筑起重机械经验收合格后方可投入使用，未经验收或者验收不合格的不得使用。实行施工总承包的，由施工总承包单位组织验收。

建筑起重机械在验收前应当经有相应资质的检验检测机构监督检验合格。检验检测机构和检验检测人员对检验检测结果、鉴定结论依法承担法律责任。

3）使用单位应当自建筑起重机械安装验收合格之日起30日内，将建筑起重机械安装验收资料、建筑起重机械安全管理制度、特种作业人员名单等，上报工程所在地县级以上地方人民政府建设主管部门，办理建筑起重机械使用登记，并将登记标志置于或者附着于该设备的显著位置。

4）使用单位应当对在用的建筑起重机械及其安全保护装置、吊具、索具等进行经常性和定期的检查、维护和保养，并作好记录。使用单位在建筑起重机械租期结束后，应当将定期检查、维护和保养记录移交出租单位。建筑起重机械租赁合同对建筑起重机械的检查、维护、保养另有约定的，从其约定。

5）应当建立建筑起重机械安全技术档案。建筑起重机械安全技术档案应当包括以下资料：

① 购销合同、制造许可证、产品合格证、制造监督检验证明、安装使用说明书、备案证明等原始资料；

② 定期检验报告、定期自行检查记录、定期维护保养记录、维修和技术改造记录、运行故障和生产安全事故记录、累计运转记录等运行资料；

③ 历次安装验收资料。

6. 落实安全生产投入

施工单位应履行以下职责：

1）施工单位应当具备的安全生产条件所必需的资金投入，由施工单位的决策机构、主要负责人或者个人经营的投资人予以保证，并对由于安全生产所必需的资金投入不足导致的后果承担责任。

2）有关施工单位应当按照规定提取和使用安全生产费用，专门用于改善安全生产条件。

3）安全生产费用在成本中据实列支。安全生产费用提取、使用和监督管理的具体办法由国务院财政部门会同国务院安全生产监督管理部门征求国务院有关部门意见后制定。

7. 报告生产安全事故

事故发生后，事故现场有关人员应当立即向本单位负责人报告；单位负责人接到报告后，应当于 1h 内向事故发生地县级以上人民政府安全生产监督管理部门和负有安全生产监督管理职责的有关部门报告。

情况紧急时，事故现场有关人员可以直接向事故发生地县级以上人民政府安全生产监督管理部门和负有安全生产监督管理职责的有关部门报告。

事故发生单位负责人接到事故报告后，应当立即启动事故相应应急预案，或者采取有效措施，组织抢救，防止事故扩大，减少人员伤亡和财产损失。

事故发生后，有关单位和人员应当妥善保护事故现场以及相关证据，任何单位和个人不得破坏事故现场、毁灭相关证据。

因抢救人员、防止事故扩大以及疏通交通等原因，需要移动事故现场物件的，应当做出标志，绘制现场简图并作出书面记录，妥善保存现场重要痕迹、物证。

（三）主要法律责任

1. 未建立安全生产管理机构

施工单位未按照规定设置安全生产管理机构或者配备安全生产管理人员的，责令限期改正，可以处五万元以下的罚款；逾期未改正的，责令停产停业整顿，并处五万元以上十万元以下的罚款，对其直接负责的主管人员和其他直接责任人员处一万元以上二万元以下的罚款。

2. 未建立安全生产责任制

施工单位的主要负责人未履行《安全生产法》规定的安全生产管理职责的，责令限期改正；逾期未改正的，处二万元以上五万元以下的罚款，责令施工单位停产停业整顿。

施工单位的主要负责人未履行《安全生产法》规定的安全生产管理职责，导致发生生产安全事故的，由安全生产监督管理部门依照下列规定处以罚款：

1）发生一般事故的，处上一年年收入 30％的罚款。

2）发生较大事故的，处上一年年收入 40％的罚款。

3）发生重大事故的，处上一年年收入 60％的罚款。

4）发生特别重大事故的，处上一年年收入 80％的罚款。

3. 未开展安全事故隐患排查治理

施工单位有下列行为之一的，责令限期改正并予以罚款：

1）生产经营单位未建立事故隐患排查治理制度的。

2）生产经营单位未将事故隐患排查治理情况如实记录或者未向从业人员通报的。

3）生产经营单位未采取措施消除事故隐患的。

以上行为逾期未改正的，责令停产停业整顿并加大罚款力度；构成犯罪的，依照刑法有关规定追究刑事责任。

4. 未实施安全生产教育和培训

施工单位有下列行为之一的，责令限期改正，可以处五万元以下的罚款；逾期未改正的，责令停产停业整顿，并处五万元以上十万元以下的罚款，对其直接负责的主管人员和其他直接责任人员处一万元以上二万元以下的罚款。

1）施工单位未按照规定对从业人员、被派遣劳动者、实习学生进行安全生产教育和培训，或者未按照规定如实告知有关的安全生产事项的。

2）未如实记录安全生产教育和培训情况的。

按照《建筑施工企业主要负责人 项目负责人和专职安全生产管理人员安全生产管理规定》，"安管人员"以欺骗、贿赂等不正当手段取得安全生产考核合格证书的，由原考核机关撤销安全生产考核合格证书；"安管人员"3年内不得再次申请考核。

"安管人员"涂改、倒卖、出租、出借或者以其他形式非法转让安全生产考核合格证书的，由县级以上地方人民政府住房城乡建设主管部门给予警告，并处1000元以上5000元以下的罚款。

5. 未进行建筑起重机械管理

起重机械使用单位有下列行为之一的，由县级以上地方人民政府建设主管部门责令限期改正，予以警告，并处以5000元以上3万元以下罚款：

1）未履行根据不同施工阶段、周围环境以及季节、气候的变化，对建筑起重机械采取相应的安全防护措施职责。

2）未履行制定建筑起重机械生产安全事故应急救援预案职责。

3）未履行建筑起重机械出现故障或者发生异常情况的，立即停止使用，消除故障和事故隐患后，方可重新投入使用职责。

4）未履行设置相应的设备管理机构或者配备专职的设备管理人员职责。

5）未指定专职设备管理人员进行现场监督检查的。

6）擅自在建筑起重机械上安装非原制造厂制造的标准节和附着装置的。

施工总承包单位有下列行为之一的，由县级以上地方人民政府建设主管部门责令限期改正，予以警告，并处5000元以上3万元以下罚款。

1）向安装单位提供拟安装设备位置的基础施工资料，确保建筑起重机械进场安装、拆卸所需的施工条件。

2）审核安装单位、使用单位的资质证书、安全生产许可证和特种作业人员的特种作业操作资格证书。

3）审核安装单位制定的建筑起重机械安装、拆卸工程专项施工方案和生产安全事故应急救援预案。

4）审核使用单位制定的建筑起重机械生产安全事故应急救援预案。

5）施工现场有多台塔式起重机作业时，应当组织制定并实施防止塔式起重机相互碰撞的安全措施。

起重机械的使用单位未按照规定建立建筑起重机械安全技术档案的，由县级以上地方人民政府建设主管部门责令限期改正，予以警告，并处以5000元以上1万元以下罚款。

6. 未落实安全生产投入

施工单位的决策机构、主要负责人或者个人经营的投资人不依照本法规定保证安全生产所必需的资金投入，致使施工单位不具备安全生产条件的，责令限期改正，提供必需的资金；逾期未改正的，责令施工单位停产停业整顿。

有前款违法行为，导致发生生产安全事故的，对施工单位的主要负责人给予撤职处分，对个人经营的投资人处二万元以上二十万元以下的罚款；构成犯罪的，依照刑法有关规定追究刑事责任。

7. 未及时报告生产安全事故

事故发生单位主要负责人有下列行为之一的，处上一年年收入 40%～80% 的罚款；属于国家工作人员的，并依法给予处分；构成犯罪的，依法追究刑事责任：

1) 不立即组织事故抢救的。

2) 迟报或者漏报事故的。

3) 在事故调查处理期间擅离职守的。

事故发生单位及其有关人员有下列行为之一的，对事故发生单位处 100 万元以上 500 万元以下的罚款；对主要负责人、直接负责的主管人员和其他直接责任人员处上一年年收入 60%～100% 的罚款；属于国家工作人员的，并依法给予处分；构成违反治安管理行为的，由公安机关依法给予治安管理处罚；构成犯罪的，依法追究刑事责任：

1) 谎报或者瞒报事故的。

2) 伪造或者故意破坏事故现场的。

3) 转移、隐匿资金、财产，或者销毁有关证据、资料的。

4) 拒绝接受调查或者拒绝提供有关情况和资料的。

5) 在事故调查中作伪证或者指使他人作伪证的。

6) 事故发生后逃匿的。

事故发生单位对事故发生负有责任的，依照下列规定处以罚款：

1) 发生一般事故的，处 10 万元以上 20 万元以下的罚款。

2) 发生较大事故的，处 20 万元以上 50 万元以下的罚款。

3) 发生重大事故的，处 50 万元以上 200 万元以下的罚款。

4) 发生特别重大事故的，处 200 万元以上 500 万元以下的罚款。

事故发生单位主要负责人未依法履行安全生产管理职责，导致事故发生的，依照下列规定处以罚款；属于国家工作人员的依法给予处分；构成犯罪的，依法追究刑事责任：

1) 发生一般事故的，处上一年年收入 30% 的罚款。

2) 发生较大事故的，处上一年年收入 40% 的罚款。

3) 发生重大事故的，处上一年年收入 60% 的罚款。

4) 发生特别重大事故的，处上一年年收入 80% 的罚款。

五、政府主管部门的监督管理

（一）概述

政府有关主管部门是安全生产的监督主体，依法对职责范围内的有关企业实施监督管理，并承担相应的法律责任。

（二）主要法律责任

1. 安全生产监督

安全生产监督管理部门和其他负有安全生产监督管理职责的部门依法开展安全生产行

政执法工作，对施工单位执行有关安全生产的法律、法规和国家标准或者行业标准的情况进行监督检查，行使以下职权：

1）进入施工单位进行检查，调阅有关资料，向有关单位和人员了解情况。

2）对检查中发现的安全生产违法行为，当场予以纠正或者要求限期改正；对依法应当给予行政处罚的行为，依照本法和其他有关法律、行政法规的规定作出行政处罚决定。

3）对检查中发现的事故隐患，应当责令立即排除；重大事故隐患排除前或者排除过程中无法保证安全的，应当责令从危险区域内撤出作业人员，责令暂时停产停业或者停止使用相关设施、设备；重大事故隐患排除后，经审查同意，方可恢复生产经营和使用。

4）对有根据认为不符合保障安全生产的国家标准或者行业标准的设施、设备、器材以及违法生产、储存、使用、经营、运输的危险物品予以查封或者扣押，对违法生产、储存、使用、经营危险物品的作业场所予以查封，并依法作出处理决定。

负有安全生产监督管理职责的部门可以依法采取停止供电措施，除有危及生产安全的紧急情形外，应当提前24h通知施工单位。

2. 生产安全事故报告与调查处理

安全生产监督管理部门和负有安全生产监督管理职责的有关部门接到事故报告后，应当依照下列规定上报事故情况，并通知公安机关、劳动保障行政部门、工会和人民检察院。

1）特别重大事故、重大事故逐级上报至国务院安全生产监督管理部门和负有安全生产监督管理职责的有关部门。

2）较大事故逐级上报至省、自治区、直辖市人民政府安全生产监督管理部门和负有安全生产监督管理职责的有关部门。

3）一般事故上报至设区的市级人民政府安全生产监督管理部门和负有安全生产监督管理职责的有关部门。

4）安全生产监督管理部门和负有安全生产监督管理职责的有关部门依照前款规定上报事故情况，应当同时报告本级人民政府。国务院安全生产监督管理部门和负有安全生产监督管理职责的有关部门以及省级人民政府接到发生特别重大事故、重大事故的报告后，应当立即报告国务院。

必要时，安全生产监督管理部门和负有安全生产监督管理职责的有关部门可以越级上报事故情况。

5）安全生产监督管理部门和负有安全生产监督管理职责的有关部门逐级上报事故情况，每级上报的时间不得超过2h。

6）事故报告后出现新情况的，应当及时补报。自事故发生之日起30日内，事故造成的伤亡人数发生变化的，应当及时补报。道路交通事故、火灾事故自发生之日起7日内，事故造成的伤亡人数发生变化的，应当及时补报。

（三）主要法律责任

1. 安全生产监管部门

负有安全生产监督管理职责的部门的工作人员，有下列行为之一的，给予降级或者撤职的处分；构成犯罪的，依照刑法有关规定追究刑事责任：

1）对不符合法定安全生产条件的涉及安全生产的事项予以批准或者验收通过的。

2）发现未依法取得批准、验收的单位擅自从事有关活动或者接到举报后不予取缔或者不依法予以处理的。

3）对已经依法取得批准的单位不履行监督管理职责，发现其不再具备安全生产条件而不撤销原批准或者发现安全生产违法行为不予查处的。

4）在监督检查中发现重大事故隐患，不依法及时处理的。

2. 县级以上人民政府建设主管部门

县级以上人民政府建设行政主管部门或者其他有关行政管理部门的工作人员，有下列行为之一的，给予降级或者撤职的行政处分；构成犯罪的，依照刑法有关规定追究刑事责任：

1）对不具备安全生产条件的施工单位颁发资质证书的。

2）对没有安全施工措施的建设工程颁发施工许可证的。

3）发现违法行为不予查处的。

4）不依法履行监督管理职责的其他行为。

【事故案例】江西某施工平台坍塌特别重大事故

1. 事故基本情况

江西某发电厂项目发生冷却塔施工平台坍塌特别重大事故，造成 73 人死亡、2 人受伤，直接经济损失 10197.2 万元。

2. 事故经过

混凝土班组、钢筋班组先后完成第 52 节混凝土浇筑和第 53 节钢筋绑扎工作，离开作业面。5 个木工班组共 70 人先后上施工平台，分布在筒壁四周施工平台上拆除第 50 节模板并安装第 53 节模板。此外，与施工平台连接的平桥上有 2 名平桥操作人员和 1 名施工升降机操作人员，在 7 号冷却塔底部中央竖井、水池底板处有 19 名工人正在作业。

7 号冷却塔第 50～52 节筒壁混凝土从后期浇筑完成部位（西偏南 $15°～16°$，距平桥前桥端部偏南弧线距离约为 28m 处）开始坍塌，沿圆周方向向两侧连续倾塌坠落，施工平台及平桥上的作业人员随同筒壁混凝土及模架体系一起坠落，在筒壁坍塌过程中，平桥晃动、倾斜后整体向东坍塌，事故持续时间 24s。

3. 事故原因

经调查认定，事故的直接原因是施工单位在 7 号冷却塔第 50 节筒壁混凝土强度不足的情况下，违规拆除第 50 节模板，致使第 50 节筒壁混凝土失去模板支护，不足以承受上部荷载，从底部最薄弱处开始坍塌，造成第 50 节及以上筒壁混凝土和模架体系连续倾塌坠落。坠落物冲击与筒壁内侧连接的平桥附着拉索，导致平桥也整体倒塌。

4. 事故性质

调查认定，该起特别重大事故是一起生产安全责任事故。

5. 事故处理结果

根据事故原因调查和事故责任认定，依据有关法律法规和党纪政纪规定，建设单位、勘察设计单位、监理单位、施工单位及政府相关主管部门受到了严厉处罚，其中：司法机关拟追究刑事责任人员 31 人；给予党纪政纪处分、诫勉谈话、通报、批评教育人员 48

人；给予行政处罚的有关企业 5 家；建议给予罚款处罚有 3 家单位，合计 5000 万元罚款；吊销（降低）资质、营业执照和安全生产许可证合计 5 家。

　　工程建设过程的各参建方包括建设、设计、施工、监理、政府主管部门等单位及个人都受到了有关刑事、党纪政纪处罚。该事故的处理结果无疑给建设工程参建各方敲响了一记警钟，各参建单位应履行哪些责任，如何落实这些责任，是不得不思考的问题。

第三章　建筑施工企业、工程项目的安全生产责任制

建筑施工企业的安全生产是一项"全员工作"，只有企业内部所有层级、部门和岗位各司其职，相互协作，才能做好安全生产工作。建立、健全安全生产责任制度，是建筑施工企业和工程项目安全生产工作的基础与前提，也是最基本的安全管理制度。本章将从建筑施工企业和工程项目两个角度介绍安全生产责任制，以及安全生产责任制的组织和落实。

一、建筑施工企业的安全生产责任制

（一）概述

"责任"是指社会中的个体在其分内应做的事，并因其未做好分内事而应承担的过失。企业在生产经营活动中，也应承担诸如提供安全的工作环境、防止和减少生产安全事故等责任，即企业的安全生产责任。

安全生产责任制是建筑施工企业最基本的安全制度，在企业的安全生产、劳动保护管理制度中居于核心位置。我国《安全生产法》中明确指出了企业的安全生产主体责任，并要求企业"建立、健全安全生产责任制和安全生产规章制度"，以"改善安全生产条件，推进安全生产标准化建设，提高安全生产水平，确保安全生产。"

大量施工生产实践表明，只有建立、健全安全生产责任制度，让企业内部的安全生产责任清晰、明确，才能真正保障企业的安全生产；反之，就会职责不清，相互推诿，使安全生产工作无法顺利进行。

（二）建筑施工企业安全生产责任制的制定

1. 制定原则

建筑施工企业制定安全生产责任制应遵循以下原则：

（1）安全第一、预防为主原则

"安全第一，预防为主，综合治理"是我国安全生产的基本方针，也是建筑施工企业制定安全生产责任制的基本原则。

建筑施工企业在制定其安全生产责任制时，应首先着眼于施工生产过程中可能发生的安全生产问题，以完善安全生产条件、避免生产安全事故为第一要务；各岗位在履行其工作职责之前，应首先考虑安全因素，避免"重生产、轻安全"的情况出现。

安全生产应以预防为先，建筑施工企业安全生产责任制的制定目的即是要预防各类生产安全事故和不安全事件的出现。安全生产责任制在制定时，需要着重考虑责任的划分、履行应能预防生产安全事故的发生。

（2）"党政同责、一岗双责"原则

安全生产"一岗双责"，就是要建立、健全各级领导班子安全生产责任制，主要负责人负总责，其他副职领导既要对分管业务工作负责，又要对分管领域内的安全生产工作负责。各级职能部门按照"谁主管、谁负责"，"谁审批、谁负责"的原则，做好主管范围内的安全生产工作，建立"关口前移，重心下移"的安全生产管理机制。

党委负责人和企业负责人均为本企业安全生产工作第一责任人，对安全生产工作负同等领导责任。企业党委要把安全生产工作列入党委重要议事日程，定期听取安全生产工作汇报，研究部署和推进安全生产工作措施的落实，强化安全生产考核，加大安全生产指标考核权重，严格实行安全生产"一票否决"。

（3）"依法制定、权责统一"原则

建筑施工企业的安全生产责任制定必须符合国家有关法律、法规和政策、方针、相关文件的基本要求，并结合企业安全的社会效益、经济效益最终制定。

建筑施工企业安全生产"权责统一"的原则中，"权"是指企业中各部门和岗位的工作职权，"责"指的是各部门和岗位的安全职责。"权责统一"即企业各部门和岗位在行使其岗位职权的同时，必须履行相应的保障安全生产的岗位职责。

（4）"横向到边，纵向到底"原则

安全生产责任是"全员责任"，即企业中每个部门和岗位均应履行相应的安全生产责任，当安全生产责任未尽到位时应承担相应的代价。建筑施工企业的安全生产责任应覆盖企业各部门、各层级、各岗位，最终落实到企业每一位员工身上，各司其职，各尽其力，才能真正确保建筑施工企业的安全生产。

（5）系统性和可操作性原则

企业的安全生产不是孤立于施工生产之外的活动，更不是一种孤立的制度。一方面，安全生产责任制是企业责任体系的一部分，应与企业各项管理责任融合，共同构成企业责任管理体系；另一方面，安全生产责任制应与企业各项安全管理体系融合，形成企业的安全生产管理体系。

企业的安全生产责任制应考虑到实操性，并建立专门的考核机构，形成监督、检查和考核机制，保证安全生产责任制度得到真正落实。

2. 建筑施工企业的主要安全生产责任

明确建筑施工企业应承担的安全生产责任是企业建立和健全安全生产责任制的前提工作。我国《安全生产法》、《建筑法》、《建设工程安全生产管理条例》等一系列法律法规和标准规范规定了建筑施工企业主要应承担以下安全生产责任：

（1）资质资格管理

1）建筑施工企业应依法取得资质证书，在其资质等级许可的范围内承揽工程，不得违法发包、转包、违法分包及挂靠等。

2）建筑施工企业应当依法取得安全生产许可证。

3）建筑施工企业的主要负责人、项目负责人、专职安全生产管理人员等"三类人员"应当经建设主管部门或者其他有关部门考核合格后方可任职。

4）建筑施工特种作业人员必须按照国家有关规定经过专门的安全作业培训，取得特种作业操作资格证书后，方可上岗作业。

（2）安全管理机构建设

建筑施工企业应当依法设置安全生产管理机构，配备相应专职人员，在企业主要负责人的领导下开展安全生产管理工作。

（3）安全管理制度建设

建筑施工企业应当依据法律法规，结合企业的安全管理目标、生产经营规模、管理体制，建立各项安全生产管理制度，明确工作内容、职责与权限、工作程序与标准，保障企业各项安全生产管理活动的顺利进行。

（4）安全投入保障

建筑施工企业要保证本单位安全生产条件所需资金的投入，制定保证安全生产投入的规章制度，完善和改进安全生产条件。对列入建设工程概算的安全作业环境及安全施工措施费用，实行专款专用，不得挪作他用。

（5）安全教育培训

建筑施工企业应当建立、健全安全生产教育培训制度，保证从业人员具备必要的安全生产知识，熟悉有关的安全生产规章制度和安全操作规程，掌握本岗位的安全操作技能。未经安全生产教育培训合格的从业人员，不得上岗作业。

建筑施工企业应当建立安全生产教育和培训档案，如实记录安全生产教育和培训的时间、内容、参加人员以及考核结果等情况。

（6）安全技术管理

建筑施工企业应建立安全技术管理制度，指导项目"危大工程"方案编制、交底、验收等一系列安全管理。

建筑施工企业应当定期进行技术分析，改造、淘汰落后的施工工艺、技术和设备，推行先进、适用的工艺、技术和装备，不得使用国家明令淘汰、禁止使用的危及生产安全的工艺、设备。

（7）现场安全管理

建筑施工企业应制定施工现场机械设备、防护设施、"危大工程"管理、消防管理等一系列管理制度，指导工程项目的现场安全管理。建筑施工企业还应建立现场安全检查和隐患排查制度，掌握所属项目安全生产情况，指导项目安全生产。

（8）事故报告与应急救援

发生生产安全事故，建筑施工企业应当按照国家有关规定，及时、如实地向安全生产监督管理部门、建设主管部门或者其他有关部门报告；特种设备发生事故的，还应当向特种设备安全监督管理部门报告。建筑施工企业还应采取措施防止事故扩大，并按要求保护好事故现场。

建筑施工企业应当制定本单位生产安全事故应急救援预案，并指导工程项目建立施工现场应急救援预案，建立应急救援体系。

（9）环境保护

建筑施工企业应当遵守有关环境保护法律、法规的规定，制定相关环境保护管理制度。

3. 制定流程

建筑施工企业应将所承担的一系列安全生产责任，通过制度的形式，层层分解到企业每个层级、部门和岗位，保证安全生产责任的真正落实。建筑施工企业制定安全生产责任制，分解并落实安全生产责任，可按以下流程进行：

（1）成立编制机构

建筑企业的安全生产责任制应由本企业安全管理委员会组织制定，企业安委会可组织制度编写组，由专人进行责任制的一系列编写工作，以企业文件的形式予以明确。

制度编写组应由企业内部各部门主要管理人员组成，并可邀请企业内外部专家参与。

（2）充分调研、梳理责任分类

安全责任制编制前，制度编写组应充分调研国家、行业及相关地方的法律法规要求，确认企业的安全生产责任；同时还可以调研同行业及相关行业企业、研究机构等对安全生产责任制体系的实践案例、经验介绍等，提炼关于建立体系的要素、条件、标准。

另一方面，制度编写组还应结合本企业的组织架构、业务流程等，对本企业的安全管理状况和各岗位风险进行识别、评估、定位，归纳本企业安全生产责任的分类与分工，逐级逐项分解落实到具体业务、具体岗位，形成责任分工清单。

（3）组织编制

编制安全生产责任制要确保安全生产责任内容切实符合企业各级部门、岗位的实际情况，制度编写组应与企业各部门充分沟通，考量其业务职责与安全职责的关系，避免空而不实、不切实际。

（4）广泛征求意见

安全生产责任制编制完成后，应充分考虑包括企业负责人、业务部门主管、基层组织负责人、一线员工在内的各级人员对责任内容的看法，并通过沟通协调，不断修改完善，使责任内容符合企业要求和大多数人的看法。

（5）批准、发布

建筑施工企业的安全生产责任制应经过企业主要负责人审核、由企业安全生产委员会批准后，以企业正式文件的形式发布。

（6）持续改进与完善

在安全生产责任制的制定、执行过程中，可能会存在岗位责任不准确、不全面，自身运行的方式、方法存在缺陷或不足，相关的法律法规、上级要求出现变化，以及企业自身业务拓展、机构调整、规模变化等情况，需要企业根据自身情况及时调整和完善安全生产责任体系。

（三）实例

建筑施工企业安全生产责任制包括企业各层级、各部门、各岗位的安全生产责任，以及配套的履责要求、责任培训交底、责任考核等制度。以下是某建筑施工企业安全生产责任划分实例，以供参考。

1. 安全生产决策机构（安全生产委员会）

1）认真、及时地贯彻落实国家、省市安全生产的方针、政策和有关法律、法规。

2）定期召开安全生产工作会议，研究分析安全生产工作形势，安排布置安全工作，分析解决安全重点问题。

3）综合管理全公司安全生产工作，分析和预测全公司安全生产形势，组织制定、实施安全生产规章制度、工作计划和工作措施。

4）指导研究解决存在的重大安全生产问题，协调并监督、检查本公司安全隐患排查整改工作。

5）发布公司安全生产信息，负责伤亡事故统计，组织、协调重大事故调查处理，接受市安监局、地方政府的指导与监督，完成公司委托的对相关事项的调查和提出处理意见。

6）负责公司安全生产目标管理和培训考核工作。

7）负责组织检查公司安全生产责任制的落实情况，组织、督导公司安全责任制考核工作。

8）监督公司各部门贯彻执行安全生产法律和安全生产条件、有关设备、材料和劳动防护用品的安全管理工作。

9）组织、指导和开展安全生产方面的经验交流工作。

10）表彰、奖励安全工作先进部门和岗位人员。

2. 关键岗位的安全职责

（1）企业负责人（董事长/总经理）

1）建立、健全本单位安全生产责任制。

2）组织制定本单位安全生产规章制度和操作规程。

3）组织制定并实施本单位安全生产教育和培训计划。

4）保证本单位安全生产投入的有效实施。

5）督促、检查本单位的安全生产工作，及时消除生产安全事故隐患。

6）组织制定并实施本单位的生产安全事故应急救援预案。

7）及时、如实报告生产安全事故。

（2）企业分管安全生产工作领导

1）统筹组织实施生产过程中安全生产措施，对安全生产负直接领导责任。

2）协助企业负责人组织制定安全生产规章制度和操作规程。

3）组织编制公司年度安全生产安排计划，审核年度安全生产工作目标，组织落实安全生产责任制。

4）定期组织召开安全生产工作会议，分析安全生产动态，及时解决安全生产中存在的问题。

5）组织制定安全投入使用计划。

6）组织企业安全生产检查，及时解决生产过程中的安全问题，落实重大事故隐患的整改。

7）组织开展安全生产工作的创优、评优工作。

8）协助组织开展安全生产教育、培训与考核工作。

9）组织企业安全应急救援预案演练。

10）及时、如实报告生产安全事故，组织对事故的内部调查处理。

（3）企业技术负责人

1）负责企业安全生产技术工作，对安全生产负技术领导责任。

2）组织建立安全技术保证体系，开展安全技术研究，推广先进的安全生产技术。

3）组织审核并批准公司安全技术规程及危险性较大的分部分项工程安全专项方案。

4）组织建立"四新"技术推广应用体系和培训体系。

5）组织制定处置重大安全隐患和应急抢险中的技术方案。

6）参加重大工程项目、特殊结构工程安全防护设施的验收。

7）参加生产安全事故的调查分析，确定技术处理方案和改进措施。

（4）企业总会计师

1）负责安全投入管理，对安全生产负重要领导责任。

2）贯彻落实有关安全生产投入的规定，组织制定并实施安全生产费用管理办法；负责公司安全管理经费、安全技术措施经费和安全生产教育经费的提取、使用管理，定期向公司安全生产委员会报告安全生产费用的支出情况。

3）组织建立安全费用投入保障体系，统筹安排安全生产费用的筹集和使用。

4）组织分析安全生产费用投入使用情况，提出加强安全生产费用管理的措施。

5）组织落实安全生产责任书奖罚兑现。

6）负责事故应急处理、危害应急处置过程中所需资金的筹集与拨付，并对使用情况实施过程监督，审核各类事故费用支出。

7）审批公司年度安全技术措施计划，对所属各单位的安全生产投入情况实施监督，保证安全技术措施和隐患整改项目费用到位，对因挪用或延误安全措施费用而导致的生产安全事故负领导责任。

（5）企业安全部门负责人

1）协助总经理建立、健全公司安全生产监督保障体系，并组织实施。

2）配合分管生产副总经理开展安全生产监督管理，对安全生产工作负监督管理责任。

3）配合分管生产副总经理组织落实安全生产规章制度、操作规程。

4）组织编制公司年度安全生产工作计划。

5）负责公司安全生产监督管理工作的总体策划与部署，并督促实施。

6）协助分管生产副总经理定期召开安全生产工作会议，及时解决安全生产工作中存在的问题。

7）组织开展安全生产检查，及时排查生产安全事故隐患，督促各单位做好对生产安全事故隐患的整改与落实。

8）组织安全生产宣传、教育、培训工作，督促相关岗位人员持证上岗。

9）组织领导公司安全生产管理部开展工作，指导督促下属单位开展安全生产工作。

10）协助分管生产副总经理开展"安全生产月"、安全生产创优活动，组织现场观摩会以及安全生产、文明施工竞赛活动，总结推广先进经验。

11）督促落实本单位重大危险源的安全管理措施。

12）制止和纠正违章指挥、强令冒险作业、违反操作规程的行为。

13）组织制定对临时板房及工具化临时设施管理的相关制度和措施。

14）组织对下属单位的安全生产目标完成情况进行考核，提出奖罚意见。

15）负责制定安全队伍建设的中、长期规划，并组织实施。

16）对安全生产费用的落实情况进行监督。

17）组织并督促公司各单位开展应急救援演练。

18）参加因工伤亡事故的调查、分析和处理。

19）负责制定生产安全事故后的危机应对措施，并组织实施。

（6）特种作业人员

1）接受特种作业上级主管部门的系统培训，并经考核合格领取合格证后，才能上岗作业。

2）按国家现行有关规定，接受定期复审、培训与考核，并取得合格证。

3）应保持身体健康，上岗前进行体检，上岗后定期体检，确保没有妨碍从事特殊工种的疾病和缺陷。

4）努力学习安全技术知识，不断提高本特种作业的技能，使自己能够适应安全生产发展的要求。

5）严格遵守本特种作业的各项管理制度，安全操作规程，不违章作业。

6）遵守劳动纪律，认真作业，确保生产和人身安全。

3. 关键部门的安全职责

（1）安全监督管理部门

1）组织或者参与拟订本单位安全生产规章制度、操作规程和生产安全事故应急救援预案。

2）组织或者参与本单位安全生产教育和培训，如实记录安全生产教育和培训情况。

3）督促落实本单位重大危险源的安全管理措施。

4）组织或者参与本单位应急救援演练。

5）检查本单位的安全生产状况，及时排查生产安全事故隐患，提出改进安全生产管理的建议。

6）制止和纠正违章指挥、强令冒险作业、违反操作规程的行为。

7）督促落实本单位安全生产整改措施。

（2）技术管理部门

1）负责设备的安全技术鉴定，开展安全技术研究，推广先进技术。

2）负责对新技术、新材料、新设备、新工艺使用过程中相应安全技术措施和安全操作规程的制定，并组织实施。

（3）施工管理部门

1）负责安全生产的归口管理，组织落实生产计划、布置、实施活动的安全管理，制定、更新安全生产管理制度。

2）坚持"管生产必须管安全"的原则，在计划、布置、检查、总结、评比生产工作的同时，同时计划、布置、检查、总结、评比安全工作。

3）不违章指挥，不强令冒险作业，对违反安全生产管理制度的生产活动及时予以制止。

4）组织实施安全生产技术措施和专项施工方案。

5）分管生产副总经理带班检查项目工作时，负责检查资料的收集并送安全生产管理部门存档整理。

6）参加安全生产检查，组织落实隐患整改。

7）参加应急救援，组织实施相应的抢险抢救措施，参加事故调查处理。

8）负责对劳务队伍实施管理，确保施工现场的工人接受安全教育。

（4）物资管理部门

1）负责对各类安全材料、劳动防护用品及板房材料的采购管理，并监督进场验收，建立相关台账。

2）负责安全物资费用的 ERP 录入工作。

3）负责对供应商提出安全及其他管理行为要求。

4）参加应急救援，负责所需设备、材料、用品等物资的及时供应。

（5）设备（动力）管理部门

1）贯彻执行有关设备法律、法规和相关规定。

2）建立、健全相关设备安全管理制度和操作规程。

3）负责人员的安全教育和培训工作，特种设备作业人员必须持证上岗。

4）定期组织设备安全检查，及时消除设备事故隐患。

5）负责组织对机械设备的安装和验收。

6）定期召开设备安全工作会议，分析、解决存在的问题和隐患。

7）制定设备应急救援预案，组织开展演练。

8）及时、如实上报设备事故。

9）建立、健全设备安全技术档案。

（6）财务管理部门

1）制定安全生产费用管理办法，及时提取安全生产措施费用，保证专款专用。

2）按财务制度对审定的安全生产费用列入年度预算，统一资金调度。

3）按照会计科目对实际发生的安全生产费用进行统计，并按规定上报。

4）负责对安全保证金收取、使用情况进行监督管理。

5）负责安全生产监督管理奖罚的兑现。

（7）行政办公管理部门

负责总部办公区域的职业健康安全与消防管理，以及应急准备和响应管理，负责组织总部员工体检，建立员工健康档案。

（8）党群管理部门

1）认真宣传、贯彻落实国家有关安全生产方针、政策和法律法规。

2）负责建立本企业安全生产思想政治保障体系，并检查督促实施。

3）配合相关部门组织职工遵纪守法教育，总结推广安全生产先进经验。

（9）工会

1）贯彻安全卫生方针政策，对忽视安全生产和违反劳动保护的现象提出批评和建议，督促和配合有关部门及时改进。

2）督促企业完善安全生产条件，依法维护职工合法权益，预防职业危害。

3）监督劳动保护费用的使用，对有碍安全生产、危害职工安全健康的行为有权抵制、纠正。

4）督促落实安全生产宣传教育工作，支持企业安全生产奖励，对违反安全生产的给予批评并提出处罚建议。

5）组织开展安全、职业健康有关竞赛、安全生产合理化建议活动。

6）负责组织总部员工体检，建立总部员工健康档案。

7）参加事故的调查、处理。

二、工程项目的安全生产责任制

（一）概述

工程项目的安全生产责任制是项目安全管理的基本制度，在项目的各项安全生产和劳动保护制度中同样处于核心位置。工程项目的安全生产责任制应在企业安全生产责任体系的框架内进行编制，还应结合项目自身组织机构、管理要求和环境特点等因素，不断完善安全生产责任制。

（二）工程项目安全生产责任制的制定

1. 基本要求

（1）明确与各相关单位的安全生产责任划分

工程项目的建设涉及建设单位、施工单位、监理单位、设计单位等多个单位。施工单位作为施工现场安全生产活动的主要承担者，应严格落实安全生产法律法规规定的各项责任；其他相关单位应各自承相应的安全生产责任，落实安全生产义务（相关单位的法律义务可参见本书第二章内容）。

工程项目实行施工总承包的，由总承包单位对施工现场的安全生产负总责。总承包单位和分包单位对分包工程的安全生产承担连带责任。分包单位应当服从总承包单位的安全生产管理，分包单位不服从管理导致生产安全事故的，由分包单位承担主要责任。

总承包单位与分包单位应签订安全生产协议，或在分包合同中明确各自的安全生产方面的权利、义务。

（2）明确项目各岗位安全生产责任

工程项目应根据项目自身组织结构和生产流程，结合本项目危险源辨识与评价情况，合理安排各部门、各岗位安全生产责任，确保安全生产责任落实到位。

2. 工程项目的主要安全生产责任

（1）建立安全管理组织机构

工程项目应按相关法律法规要求和建筑施工企业的规定，建立本项目的安全生产管理组织机构，配备专职安全管理部门或岗位，在项目负责人的领导下开展安全管理工作；设立项目安全管理领导小组，负责项目的具体安全管理工作。

（2）制定安全管理制度

工程项目应依据施工企业的安全管理制度，结合项目实际建立本项目的各项安全管理制度。

（3）保障安全生产有效投入

工程项目应依据企业的安全生产投入管理制度，制定安全生产相关投入保障机制，明确本项目的安全生产投入的适用范围、提取标准、采买程序等相关要求。安全生产投入应专款专用，不得挪作他用。

（4）伤害保险

工程项目必须依法参加工伤保险，为从业人员缴纳保险费；根据情况为从事危险作业的职工办理意外伤害保险，支付保险费。

（5）安全教育培训

工程项目应依据企业安全教育培训制度，建立本项目的安全生产教育培训制度，编制教育培训计划，对从业人员组织开展安全生产教育培训，未经安全生产教育培训合格的从业人员，不得上岗作业。工程项目使用被派遣劳动者的，应当对被派遣人员进行岗位安全操作规程和安全操作技能的教育和培训。

工程项目还应按要求建立安全教育培训档案。

（6）安全技术管理

工程项目应按照企业安全技术管理的要求，在施工组织设计中编制安全技术措施，对危险性较大的分部分项工程编制专项施工方案，并按照有关规定审查、论证和实施，组织分级进行安全技术交底；在施工过程中组织新技术的运用，淘汰落后技术。

（7）机械设备及防护用品管理

工程项目应对采购、租赁的安全防护用具、机械设备、施工机具及配件进行管理，收集相关合格证等材料，并按照有关规定组织分包单位、出租单位和安装单位对进场的施工设备、机具及配件进行进场验收、检测检验、安装验收，验收合格的方可使用。

工程项目应当按照有关规定办理起重机械和整体提升脚手架、模板等自升式架设设施使用登记手续。施工现场的安全防护用具、机械设备、施工机具及配件须安排专人管理，确保其可靠的安全使用性能。

工程项目应当向作业人员提供安全防护用具和安全防护服装。

（8）消防安全管理

工程项目应当建立消防安全责任制度，确定消防安全责任人，制定用火、用电、使用易燃易爆材料等消防安全管理制度和操作规程，在施工现场设置消防通道、消防水源，配备消防设施和灭火器材，并按要求设置有关消防安全标志。

（9）现场安全防护

工程项目应对工程施工可能造成损害的毗邻建筑物、构筑物和地下管线等采取专项防护措施，根据施工阶段、场地周围环境、季节以及气候的变化，采取相应的安全施工措施。暂时停止施工时，应当作好现场防护。

工程项目应按要求设置施工现场临时设施，不得在尚未竣工的建筑物内设置员工集体宿舍，并为职工提供符合卫生标准的膳食、饮水、休息场所。

工程项目应当在危险部位设置明显的安全警示标志。

（10）事故报告与应急救援

工程项目应建立应急管理体系，设置应急预案，组织应急教育培训和应急演练。发生生产安全事故时，工程项目应当按照国家有关规定，及时、如实地向安全生产监督管理部门、建设主管部门或者其他有关部门报告；特种设备发生事故的，还应当向特种设备安全监督管理部门报告。

发生生产安全事故后，工程项目应当采取措施防止事故扩大，并按要求保护好事故现场。

（11）环境保护

工程项目应当遵守有关环境保护法律、法规的规定，在施工现场采取措施，防止或者减少粉尘、废气、废水、固体废物、噪声、振动和施工照明对人和环境的危害和污染。在城市市区内的建设工程，应当对施工现场采取封闭管理措施。

3. 制定流程

工程项目的安全生产责任制可参考企业的安全生产责任制的制定，按一定的流程建立：

（1）组建编制小组

工程项目的负责人应负责组织项目各部门有关管理人员，组成安全生产责任制编制小组，必要时还可邀请本企业内外部专家参与编制责任制。

（2）收集资料、梳理责任分类

安全责任制编制前，制度编写组应充分收集国家、行业、项目所在地相关法律法规，以及本企业的相关安全管理规定，确认本项目的安全生产责任；结合项目的危险源辨识与评价，确认项目安全管理任务。

编制小组还应结合本项目的组织架构、生产流程等，归纳本项目的安全生产责任的分类与分工，逐级逐项分解划分各岗位安全生产责任。

（3）组织编制

编制安全生产责任制应与项目各部门、岗位充分沟通，考量其业务职责与安全职责的关系，合理划分责任，并建立责任落实机制。

（4）广泛征求意见

安全生产责任制编制完成后，应广泛征求项目负责人、各部门、岗位、各相关单位及一线施工作业人员的意见，通过沟通协调、不断修改完善。

（5）批准、发布

项目的安全生产责任制应经过项目负责人审核、由项目安全领导小组批准后，以正式文件的形式发布。

（6）持续改进与完善

项目的安全生产责任制应根据相关的法律法规、上级要求变化，以及项目施工条件和状态的变化等情况，及时调整和完善。

（三）实例

1. 项目安全生产工作领导小组安全职责

1）依据公司有关安全生产的各项管理制度，结合本项目自身实际要求，组织制定有针对性的安全生产各项管理规定。

2）综合管理本项目的安全生产工作，分析和预测本项目安全生产形势，对项目的安全生产管理工作实施领导，协调安全事故的调查与处理。

3）组织制定本项目安全管理目标计划，制定措施，并监督实施。

4）组织制定本项目各职能部门、各管理岗位的安全生产责任制，并定期组织对其责任制的落实情况进行考核。

5）组织本项目安全生产方面的宣传教育，做好对职工的安全技术培训。

6）定期和不定期地组织安全生产检查，组织制定隐患整改方案，落实对隐患的整改。

7）做好对本项目职业健康安全管理和环境管理体系运行情况的监督，落实对重大危险源、重要环境因素的监控和重大事故隐患的整改工作。

8）做好本项目对安全生产法律、法规及规章制度的贯彻落实及有关设备、材料和劳动防护用品的安全管理。

2. 项目关键岗位的安全职责

（1）项目负责人

1）项目安全生产第一责任人，对项目的安全生产工作负全面责任。

2）建立项目安全生产责任制，与项目管理人员签订安全生产责任书，组织对项目管理人员的安全生产责任考核。

3）组织制定和完善项目安全生产制度和操作规程。

4）按照相关规定建立项目安全管理机构、配备安全管理人员，并依据公司相关制度，建立和完善项目安全管理实施细则。

5）重大危险源项目施工过程中带班作业，每月带班生产时间不得少于本月施工时间的 80%。

6）组织制定施工安全措施计划，组织项目危险源的辨识和评价，确定重大风险，组织编制项目职业健康安全管理方案，并贯彻落实。

7）参与确定项目安全生产管理目标，并组织制定实施计划、实现创建目标。

8）负责安全生产措施费用的足额投入，保证专款专用。

9）组织并参加项目定期的安全生产检查，落实隐患整改，保证生产设备、安全装置、消防设施、防护器材和急救器具等处于完好状态。

10）组织召开安全生产领导小组会议、安全生产例会，研究解决安全生产中的难题。

11）组织应急预案的编制、评审及演练。

12）及时、如实报告生产安全事故，负责事故现场保护和伤员救护工作，配合事故调查和处理。

（2）项目分管安全生产工作领导

1）组织项目施工生产，对项目的安全生产负主要领导责任。

2）组织实施工程项目总体和施工各阶段安全生产工作规划，组织落实工程项目人员的安全生产责任制。

3）组织落实安全生产法律法规、标准规范及规章制度，定期检查落实情况。

4）组织实施安全专项方案和技术措施，检查指导安全技术交底。

5）组织对安全防护设施、临时用电设施、消防设施及中小型机械设备的验收，参与危险性较大的分部分项工程的安全验收。

6）配合项目经理组织定期安全生产检查，组织或督促专业工程师做好每日安全检查，对发现的问题组织或督促专业工程师落实整改。

7）协助组织项目管理人员和作业工人的安全教育，提高安全意识。

8）组织项目积极参加各项安全生产、文明施工达标活动。

9）负责组织编制安全物资需求计划。

10）发生伤亡事故时，按照应急预案处理，组织抢救人员、保护现场。

（3）项目技术负责人

1）对项目安全生产负技术领导责任。

2）严格落实安全技术标准规范，根据项目实际配备有关安全技术标准、规范。

3）组织编制危险性较大的分部分项工程安全专项施工方案，负责审核起重机械设备、整体提升脚手架等专业方案，组织超过一定规模的危险性较大的分部分项工程的专项方案专家论证。

4）组织施工组织设计（专项施工方案）技术交底，检查施工组织设计或施工方案中安全技术措施的落实情况。

5）组织对危险性较大的分部分项工程作业前的安全技术交底，组织对危险性较大分部分项工程以及脚手架工程、模板工程、基坑支护工程、临电工程的验收，参与安全防护设施、大型机械设备及特殊结构防护的验收。

6）对施工方案中安全技术措施的变更或采用新材料、新技术、新工艺等要及时上报，审批后方可组织实施，并做好培训和交底。

7）参加安全检查工作，对发现的重大隐患提出整改技术措施。

8）参与项目安全策划，组织危险源的识别、分析和评价，编制危险源清单。

9）参加事故应急和调查处理，分析技术原因，制定预防和纠正技术措施。

（4）财务负责人

1）确定工程合同中安全生产措施费，在业主支付工程款时确保安全生产措施费同时得到支付。

2）明确安全生产、文明施工措施费范围、比例（或数量）及支付方式。

3）保证安全生产措施费的及时支付，做到专款专用，优先保证现场安全防护和安全隐患整改的资金。

4）审核项目安全生产措施费清单，对该费用的统筹、统计工作负责。

（5）安全负责人

1）对项目的安全生产、文明施工和消防保卫等工作进行监督检查。

2）监督项目安全生产费用的落实，审核项目安全投入的落实情况。

3）参与项目安全生产、文明施工和消防保卫实施细则的编制，对落实情况进行监督。

4）协助制定项目有关安全生产管理制度、生产安全事故应急预案。

5）参与编制项目安全设施和消防设施配备布置方案，参与并监督现场安全警示标志的合理布置。

6）参与安全生产技术交底及各类安全验收，负责验收记录资料的存档。

7）参与定期安全生产检查，组织专职安全管理人员每天开展安全巡查，督促隐患整改；对存在重大安全隐患的分部分项工程，有下达停工整改决定，并直接向上级单位报告的权利。

8）落实员工安全教育、培训、持证上岗的相关规定，协助项目经理组织作业人员入场三级安全教育。

9）组织开展安全生产月、安全达标、安全文明工地创建活动，督促主责部门及时上报有关活动资料。

10）协助项目负责人组织项目日常安全教育、节假日安全教育、季节性安全教育、特殊时期安全教育等，督促班组开展班前安全活动并保存活动记录资料。

11）发生事故应立即向项目负责人、上级安全生产管理部门报告，并迅速参与抢救。

12）归口管理有关安全资料，每周上报项目安全管理情况。

（6）施工管理人员

1）对其管理的单位工程（施工区域或专业）范围内的安全生产、文明施工全面负责。

2）严格执行制定的安全施工方案，按照施工技术措施和安全技术操作规程要求，结合工程特点，以书面方式向班组进行安全技术交底，履行签字手续。

3）监督班组开展班前安全活动，督促班组作好班前安全活动记录。

4）组织做好每日安全巡查，检查施工人员执行安全技术操作规程的情况，制止违章冒险蛮干行为，作好相关记录。

5）负责管理范围内临边、洞口防护、消防器材配备等安全设施的验收，参与危险性较大的安全分项工程、机械设备的验收。

6）参加项目安全生产、文明施工检查，对管辖范围内的事故隐患制定整改措施，落实整改。

7）负责对危险性较大工程施工的现场指导和管理。

8）单独编制安全物资计划。

9）发生生产安全事故，立即向项目经理报告，组织抢救伤员和人员疏散，并保护好现场，配合事故调查，认真落实防范措施。

（7）劳务管理人员

1）在项目负责人的领导下负责劳务作业人员的三级安全教育，确保进入现场的劳务作业人员均接受相应的安全教育。

2）参与对劳务作业人员的日常安全教育。

3）建立劳务作业人员花名册，按当地政府主管部门要求办理劳务作业人员备案登记和有关保险的缴纳。

4）监督劳务公司及时与作业人员签订用工合同，监督劳务作业人员工资按时发放，并收集工资发放记录。

（8）材料管理人员

1）负责物资、劳动防护用品的安全管理，所有料具用品均应符合国家或有关行业规定，并组织进场验收，建立台账。

2）负责安全物资费用的 ERP 录入工作。

3）负责对供应商进入施工现场的安全行为提出要求，必要时，应通知项目安全负责人组织进行安全教育。

4）参加应急救援，负责所需设备、材料、用品等的及时供应。

（9）机械工程师

1）负责现场机具设备和临时用电的安全管理。

2）负责对进场机械设备的技术档案进行验证，并督促操作人员及时填写设备运转使用记录。

3）参加对起重机械设备安装完成后的检查和验收，督促安装单位及时检测、办理使用登记。

4）参加对项目机械设备的验收，建立验收台账。

5）定期对项目机械设备的运行情况进行一次检查，并负责对整改落实情况复查。

6）对起重机械设备安装、拆卸及顶升、加节、附墙等特殊过程现场监督。

7）督促设备出租商对起重机械设备及其安全保护装置、吊具、索具等进行经常性和定期的检查、维护和保养。

8）负责机械设备管理资料的归档管理，负责对机械设备人员证件的审查、收集、和管理。

（10）综合管理员

1）依照法律法规规定，负责有毒有害作业人员的健康检查，负责对职工进行体检普查。

2）监测有毒有害作业场所的尘毒浓度和噪声治理，做好职业病预防工作，负责施工现场防暑降温工作。

3）负责食堂的管理工作，对施工现场生活卫生设施进行监督管理，预防疾病、食物中毒的发生。

（11）班组长

作为班组的第一责任人，其职责是督促本班组贯彻执行本单位对安全生产的规定和要求，督促工人遵守有关安全生产规章制度和安全操作规程，切实做到三不违反。经常检查生产中的不安全因素，发现问题及时解决，对不能根本解决的问题，要采取临时控制措施，并及时上报。

（12）岗位工人

岗位工人的主要职责是遵守有关安全生产规章制度和安全操作规程，遵守劳动纪律。同时要注意在工作中做到"四不伤害"（不伤害自己，不伤害他人，不被他人伤害，保护他人不受伤害）。

三、安全生产责任制的组织落实

（一）细化与分解

建筑施工企业和工程项目的安全生产责任制将安全生产责任初步分解到企业和项目的各部门和岗位，还应对各部门和岗位的安全生产责任进行进一步的细化和分解，对安全生产责任的各项履责指标进行量化，制定相关履责指导手册，指导人员履责和责任考核。

（二）培训与交底

安全生产责任经过细化、分解，最终需要人来执行和落实。建筑施工企业和工程项目的相关岗位人员的安全生产履责意识和履责能力将直接决定安全生产责任是否能真正落实到位。因此，建筑施工企业和工程项目应对安全履责人员进行安全培训及交底，使履责人员了解自身的安全生产责任，并具备履责的知识与能力。

通过安全生产责任培训，一方面是对履责人员履责能力的培训，使其了解如何履行安全生产责任；另一方面也要提升履责人员的履责意识，使履责人员了解到不履行责任的后果，加强其责任感和履责的主动性。

通过安全生产责任交底，可以将安全生产责任要求逐级落实，形成从企业负责人、管理部门及其工作人员，到一线管理人员、一线作业人员"人人管安全"的安全生产责任体系。

（三）监督与检查

安全生产责任的落实，还需要严格的责任监督制度，加强对履责行为的监督和检查，及时纠正安全生产责任履行过程中的不足。

落实责任监督，首先应根据建筑施工企业和工程项目的生产特点，做好日常安全生产检查工作。在排查安全隐患的同时，还应加深隐患分析，找出每条隐患的责任人，督促责任整改落实，避免隐患重复发生。

其次，应丰富拓展监督手段。一方面，企业和项目应加强安全监管部门与其他部门的系统联动，建立联动、立体的监督体系；另一方面，要充分发挥全员安全监督管理，制定合理的制度激发全体员工参与安全管理的积极性，让每个员工在确保履行自身安全管理责任的前提下，自觉监督、帮助他人履行安全生产责任，制造全员安全履责的安全文化氛围。

（四）考核与奖惩

安全生产责任的落实，还需要对履行责任的后果加以确认，即通过"考核"的方式，明确认定每个责任人对其自身安全生产责任的履责情况。

建筑施工企业和工程项目应制定合理的安全生产责任履责奖惩措施。对认真履行安全生产责任的人员，应制定科学、合理的鼓励政策，比如进行一定的物质奖励及精神嘉奖，或者在提职等方面给予加分；对于不认真履责或者明显失责的人员，要科学分析其失责原因，严肃处理其失责行为，并可予以一定的惩罚措施，加强安全教育，提升其自觉履责的意识，督促其认真改正不履责行为。

安全生产责任履责奖惩措施不仅需要严格执行，也需要随着企业的发展科学调整，奖罚适当；还应当听取员工的合理意见，满足员工的合理诉求，避免造成抵触情绪。

第四章 建筑施工企业、工程项目的安全生产管理制度

随着我国建筑行业安全管理水平的提高，安全生产工作逐步好转，但是整体的安全形势仍然严峻，特别是建筑规模和施工难度都在不断增加，一些超级、特级项目频繁出现，给建筑施工安全管理带来了新挑战。建筑施工企业应建立健全安全生产管理体系，厘清安全生产责任，保障安全生产投入，完善并落实各项安全管理制度，不断提升安全生产管理能力，保障建筑施工安全生产。

一、安全生产保证体系

(一) 概述

安全生产保证体系是基于安全管理，用以保证企业安全、有序、高效运行的一整套体系。所谓体系，又可以叫作系统，指由两个及以上有机联系、相互作用的要素组成，具有特定结构和功能的有机整体。建筑施工企业和工程项目本身就是一个体系，为了保证建筑施工安全生产而进行的安全管理，同样也应形成一套有效的管理体系。

建筑施工企业和工程项目应依据安全科学的基本方法和原理，结合自身特点，建立健全安全生产保证体系。

(二) 构建安全生产保证体系的总体要求

1. 运行模式

安全生产保证体系的运行模式遵循著名的"戴明循环"，即策划（Plan）、实施（Do）、检查（Check）、处理（Action）动态循环的"PDCA"现代管理模式。如图 4-1 所示。

策划（P）包括方针和目标的确定，以及活动规划的制定；执行（D）是指根据已知的信息，进行具体运作，实现计划中的内容；检查（C）是总结执行计划的结果，明确效

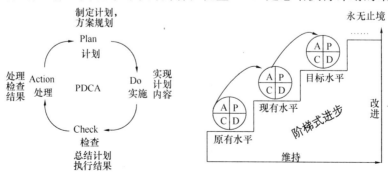

图 4-1 戴明循环示意

果，找出问题；处理（A）是对检查的结果进行处理，对成功的经验加以肯定，并予以标准化，对于失败的教训引以为戒。

PDCA四个过程不是运行一次就完结，一次循环解决了一部分的问题，还有其他问题尚未解决，或者又出现了新的问题，就需要再进行下一次循环，促进整个系统不断改进。

2. 管理核心要求

构建安全生产保证体系的根本在于预防事故的发生。安全生产保证体系应依据企业自身特点，以持续改进企业安全生产绩效为目标，以危险源辨识、风险评价和控制为基础，以遵守国家安全生产法律法规和标准规范为准则，通过体系的自我检查、自我纠正和完善，促进安全生产管理的持续改进。

3. 设计要素

安全生产保证体系是由多种安全管理要素组成的，具有保障建筑施工企业和工程项目安全生产的功能，是企业生产经营系统的重要组成部分。OHSAS180001体系依据PDCA管理模式，将构成职业健康安全管理体系的要素分为5个一级要素和17个二级要素，见表4-1。

职业健康安全管理体系要素一览表　　　　　　　　　　　　　　表4-1

序号	一级要素	二级要素
1	职业健康安全方针	职业健康安全方针
2	策划	危险源辨识、风险评价和控制措施的确定
3		法律法规和其他要求
4		目标和方案
5	实施和运行	资源、作用、职责、责任和权限
6		能力、培训和意识
7		沟通、参与和协商
8		文件
9		文件控制
10		运行控制
11		应急准备和响应
12	检查	绩效测量和监视
13		合规性评价
14		事件调查、不符合、纠正措施和预防措施
15		记录控制
16		内部审核
17	管理评审	管理评审

（三）建筑施工企业如何建立安全生产保证体系

参照上文所述的安全生产体系运行模式和设计要素，建筑施工企业的安全生产保证体系可以按照确定安全生产方针、策划、实施、检查和管理评审几个步骤进行设计。

1. 确定安全生产方针

安全生产方针是企业最高管理层对安全生产作出的总承诺，是企业安全生产活动的总方向。确定安全生产方针是企业建立安全生产保证体系的前提。

建筑施工企业应依据国家相关安全生产法律法规、方针政策的要求，结合企业自身特点提出安全生产方针，并形成文件、付诸实施和予以保持。建筑施工企业应将安全生产方针传达至每一个员工，并告知企业相关方。安全生产方针应定期评审，与企业本身发展相适应。

2. 策划

建筑施工企业在安全生产保证体系策划阶段应做到以下几点：

（1）危险源辨识、风险评价和控制措施的确定

建筑施工企业的危险源主要出现在工程项目的施工过程中，建筑施工企业应建立危险源辨识程序和制度，指导工程项目的危险源辨识和评价，并依据危险源的辨识结果和危险源在不同时期的状态，制定不同的风险管控措施，并配备相应的资源。危险源辨识和控制措施的确定结果应形成文件、及时更新、实时监控管理。

根据可能发生生产安全事故的后果，建筑施工企业和工程项目应对危险源进行分级管理，对危险性较低的危险源由工程项目监管；对危险性较大的危险源，由工程项目进行日常管理的同时，建筑施工企业及其相关负责人也应监督管理。

危险源辨识、风险评价和控制措施的确定可参考本书第五章相关内容。

（2）法律法规收集

建筑施工企业应制定相应的法律法规收集管理办法或制度，对本企业在生产活动所涉及的法律法规进行识别、收集和及时更新，确保法律法规的有效性。建筑施工企业应及时向企业员工传达这些法律法规的相关要求。

随着我国建筑行业的发展，大量建筑施工企业走向国外，这就要求有国外业务的建筑施工企业应对业务所在国家的法律法规、风俗习惯等进行充分的识别和收集，按照所在国的法律法规要求进行安全管理，保障自身的合法权益。

（3）明确安全生产管理目标

安全生产管理目标是建筑施工企业在一定时期内开展安全工作所要达到的预期效果，是安全管理工作追求的宗旨。安全生产管理目标是企业管理目标的一部分，建筑施工企业应依据国家相关安全生产法律法规、方针政策的要求，以及企业自身的总体发展规划和安全生产方针，制定企业年度及中长期安全生产管理目标。

安全生产管理目标应包括事故负伤频率、各类生产安全事故发生率、企业安全生产标准化管理要求、安全创优目标等具体的控制指标，能被分解并层层安排到各个管理层和相关的职能部门及岗位。

为了实现安全生产管理目标，建筑施工企业应制定实施方案和管理制度，配置相应的资源、制定目标评价考核方案、奖惩措施等。建筑施工企业应结合以往安全生产管理目标的完成情况和企业自身发展的情况，改进、制定新的安全生产管理目标。

3. 实施

（1）组织机构与责任

建筑施工企业应建立一种以安全生产责任制为核心的安全生产组织体系，依法设立安

全管理部门或岗位，明确企业安全生产工作的决策机构；建立实施和监督的机构或岗位，并配置相关的人员；确定各部门、岗位和负责人的安全生产责任。安全生产保证体系需要企业内部各部门以及所有员工的共同努力才能正常、有序地发挥作用。

安全生产组织机构与责任的相关要求，可参考本书第三章相关内容。

（2）完善安全生产管理制度

安全生产管理制度是建筑施工企业为贯彻落实国家有关安全生产的各项法律法规而制定的、约束人员与企业行为的文件，是安全生产保证体系的重要部分。企业的各项安全生产管理活动必须依据本企业的安全生产管理制度开展。

安全生产管理制度应规定工作内容、职责与权限、工作程序及标准，并随有关法律法规以及企业生产经营、管理体制的变化，适时更新、修订完善。

建筑施工企业的基本安全生产管理制度应包括：安全生产责任制，安全生产教育培训管理制度，施工设施、设备安全管理制度，劳动防护用品安全管理制度，安全技术管理制度，安全生产费用管理制度，分包方安全生产管理制度，施工现场消防安全管理制度，施工现场安全管理制度，应急救援管理制度，生产安全事故管理制度，安全检查和隐患排查制度，安全考核和奖惩制度等。

建筑施工企业还可以另行制定相关的安全生产管理制度来辅助管理，如：职业病管理制度，绿色施工管理制度，安全例会制度，班组安全管理制度，定期安全分析会制度，定期安全预警制度，安全信息公布制度等。

（3）安全文化建设

企业的安全文化是企业对安全和健康的一系列理解和价值观及其组合，是企业对安全和健康的价值观，也是企业中每个员工对自己和他人的安全责任感。安全文化在企业中被认同和分享，能够影响企业全体员工对生命和安全的看法，以及员工和相关方的行为习惯。

安全文化一般可分为三个层次：物质层、制度层和精神层。

物质层是企业安全文化的表层部分，是企业创造的器物文化，如企业的安全标志、安全歌曲、安全旗、代表安全的雕塑等。

制度层是企业安全文化的中间层次，主要指对企业职工和企业组织行为产生规范性、约束性影响的部分。如企业的安全管理体系、组织结构和安全规章制度等。

精神层是指企业领导和职工共同信守的安全准则、信念、安全价值观和标准、人的安全行为规范、安全意识、安全态度、职业道德等，是安全文化建设的核心和灵魂，是企业员工对安全问题的个人响应和情感认同。如象征企业精神的口号、安全理念等。

建筑施工企业应在长期的安全管理活动中总结、建设具有企业特色的安全文化，并通过安全宣传、教育和培训来形成良好的安全氛围，促进企业员工对安全文化的认同感，保证企业安全文化的传承和提升。

4. 检查

检查是安全管理的重要内容，建筑施工企业可以通过安全检查和隐患排查的方式，查找安全问题和隐患，以保持安全生产的合法合规性，预防生产安全事故的发生，保障施工人员的安全健康，提升安全管理水平。建筑施工企业应制定安全生产检查管理制度，明确安全生产检查的类型、检查内容和检查程序等。

（1）安全生产检查的类型

安全生产检查种类多样。按检查周期，安全生产检查可分为定期检查、经常性检查、季节性检查和节假日检查等。其中，定期安全检查一般可分为周检查、月检查和季度检查等，经常性检查一般是指每日巡查。

按检查性质，安全生产检查可分为综合检查和专项检查。综合检查是针对安全生产工作多个方面或全方面进行的检查；专项检查是针对安全生产工作某个方面进行的检查，如机械专项安全检查、专项安全检查等。

按检查的实施者，安全生产检查可分为领导带班检查、安全管理人员检查、管理人员综合安全检查、作业人员自查与互查等。

《国务院关于进一步加强企业安全生产工作的通知》（国发〔2010〕23号）和《建筑施工企业负责人及项目负责人施工现场带班暂行办法》（建质〔2011〕111号）等相关文件规定，建筑施工企业负责人每月带班检查时间不少于其工作日的25％，项目经理每月带班生产时间不得少于本月施工时间的80％。

（2）检查的内容

从总体上看，安全检查的主要内容，一是查软件，即查思想、查管理、查隐患、查整改、查事故处理；二是查硬件，即查生产设备、查辅助设备、查安全设施、查作业环境。

具体的检查内容，可参见《建筑施工安全检查标准》JGJ 59—2011或参考本书第六章相关内容。

（3）检查的程序

安全生产检查包括以下几个程序：

1）检查准备：包括确定检查对象和项目，选择检查人员，法律法规收集，制定检查标准，准备检查工具等内容。

2）检查实施：包括现场施工实体检查和内业资料检查，排查现场隐患。

3）检查总结与提出整改意见：依据检查标准和现场检查情况，找出检查中发现的不合格项和隐患，并提出整改意见和措施。

4）整改措施落实：提出整改意见与措施后，还应按照"谁检查，谁签字，谁负责"的原则，由检查人员督促安全生产不合格项和生产安全事故隐患的整改落实，完成安全检查闭环。

5. 评价与改进

建筑施工企业应建立安全生产评价和考核制度以及相应的操作程序，定期对自身安全管理行为和生产情况的合法合规性进行评价和记录。企业还应对一段生产运行时间内发生的事故、事件及不安全行为等情况进行评价，并提出纠正和预防措施。

建筑施工企业应建立与员工、相关方的沟通和协商渠道，听取企业员工和相关方的建议，改善安全生产保证体系，并可以建立奖励制度，鼓励员工参与和改善企业的安全管理。

（四）工程项目如何建立安全生产保证体系

工程项目安全生产体系的构建既要落实建筑施工企业安全生产保证体系的要求，也应结合项目自身的特点，按照PDCA循环的方式进行。

1. 建立工程项目安全生产组织机构与职责

工程项目的项目部应针对项目管理的组织结构，建立工程项目安全生产组织体系，明确并落实项目主要负责人、现场施工各层级（总承包单位、专业分包单位和各施工班组）、各职能部门和岗位的安全职责、权限和相互关系，构建安全生产组织与职责体系，并形成文件，记录相应的履职过程。

2. 确立工程项目安全生产目标

项目部应依据施工企业的安全生产管理目标，针对工程施工的风险和特点制定本项目的安全生产目标。项目安全生产目标应包括生产安全事故控制指标和安全生产、文明施工达标目标。项目部应制定目标实施方案并配备相应的资源，将目标分解到各部门和各层级，并定期对目标的完成情况进行评价考核。

3. 策划

危险源辨识、风险评价和确定控制措施是工程项目安全生产保证体系策划阶段的基础。项目部应充分识别并评价项目的施工过程、人员活动以及设备设施中可能存在的危险源以及危险性较大的分部分项工程，结合本企业的危险源管理制度，制定风险控制措施。需要进行审批和专家论证的，应按规定进行审批和组织专家论证。

项目部还应当依据风险控制措施和安全生产管理目标，制定相关的资源配置计划，其资源的配备可参见表4-2。

风险控制措施保障资源一览表　　　　　　　　　　　表 4-2

序号	保障类型	保障资源
1	人员保证	技术、管理人员，分包单位和作业班组
2	机械设备保证	各类设施、设备、检验器具等
3	物资材料保证	各类物资、费用、安全生产防护用品等
4	法律和制度保证	相关法律法规、标准规范，安全管理制度、操作规程、管理权限和程序
5	施工环境保证	施工场地、道路规划等

4. 实施和检查

工程项目安全生产保证体系的实施和检查应从以下几方面进行：

（1）教育培训

安全教育培训应贯穿施工全过程，有计划地分层次、分岗位、分工种对所有从业人员进行。未接受安全教育或不具备与其工作相适应的安全生产、文明施工能力的从业人员不得上岗作业。

（2）分包控制

工程项目应按照国家相关规定和企业相关要求，选择资质合格的分包单位或专业资质单位，依法与分包单位签订合同，并附有安全生产等协议文件，明确双方的责任和义务。总包项目部应制定对分包商的管理制度，做好对分包施工过程中的管控，并在分包合同履行完毕后，对分包单位现场施工安全管理状况进行评价。

（3）安全技术交底

工程项目应在施工前，依据风险控制措施的要求，组织对专业分包、施工作业班组的安全技术交底，并形成双方签字的交底记录。施工要求发生变化时，工程项目应对安全技术交底内容进行变更并补充交底。安全技术交底的相关要求可参考本书第五章相关内容。

（4）安全验收

工程项目应依据资源配置计划和风险控制措施，对现场人员、实物、资金、管理及其组合的相符性进行安全验收。工程项目应明确进行安全验收的阶段，以及验收程序、验收部门（或岗位）、验收人员。必要时，工程项目应委托相关机构检测合格后，再组织实施安全验收。

（5）安全检查、整改和复查

工程项目应依据风险控制措施的要求进行安全检查，安全检查应由项目负责人组织，安全生产管理人员和相关专业人员参加，并对检查情况进行记录。工程项目应明确安全检查的类型、周期和检查内容。

对检查中发现的安全隐患和不合格情况，工程项目应建立整改和复查制度，责令相关单位进行整改和采取纠正措施，确定时间、人员、措施和资金要求，并及时对整改情况进行复查。

对于相关方提出的整改要求，工程项目也应进行整改，并及时反馈整改情况和结果，整改通过后方可进行后续工序施工或使用。安全检查的相关要求可参考本书第六章相关内容。

（6）动态监控

工程项目应依据风险控制措施的要求，对易发生生产安全事故的部位、环节实施动态监控。动态监控包括旁站监控和远程监控。工程项目应明确监控人员的职责和权限，并明确在发现不安全行为时，监控人员应采取的措施及遵循的程序。

（7）应急和事故处理

工程项目应结合现场实际制定应急预案，并配备应急物资器材，开展事故应急预案的培训与演练，并在事故发生时立即启动实施。

事故发生后，工程项目应配合查清事故原因，处理责任人员、教育从业人员，吸取事故教训，落实整改防范措施，即落实事故处理"四不放过原则"（事故原因未查清不放过，责任人员未处理不放过，整改措施未落实不放过，有关人员未受到教育不放过）。

（8）考核和奖惩

工程项目部应制定安全生产考核奖惩办法，对安全生产职责履职情况进行考核。总承包项目部和分包项目部应各自制定安全生产考核奖惩办法，分别对各自的职能部门（岗位）、施工班组安全生产职责的履行情况进行考核。

5. 项目安全生产保证体系的审核和改进

工程项目应制定安全生产保证体系审核与改进制度，委托具有资格的人员组成审核组，在各主要施工阶段对安全生产保证体系建立和运行的符合性、有效性进行审核。

审核组对审核中发现的不合格项及相应的不符合审核准则的事实进行处置，提出改进要求，并分析原因，制定、实施并跟踪验证相应的纠正措施，促进安全生产保证体系持续改进。

二、安全生产资质资格管理

（一）概述

建筑施工企业以及从事建筑施工作业的人员应具有安全生产的条件和能力，国家对建筑施工企业和建筑行业从业人员进行资质和资格认证许可，只有具备相应资质的企业以及具有相应资格的人员，才能承揽相应的工程或从事相应的工作。

建筑施工企业和工程项目加强和完善安全生产资质资格管理，不仅是提高安全生产管理的有效手段，也是维护自身合法权益的需要。建筑施工企业和工程项目在完善自身资质的同时，也应加强在施工准入、操作人员资格等方面的管理。

（二）建筑施工企业的安全资质资格管理

1. 建筑施工企业资质管理

（1）企业资质

企业资质一般是指企业证明自身符合相关行业规定、具有相关生产能力的证明文件或证书。建筑施工资质分为施工总承包、专业承包和施工劳务三个序列。其中施工总承包序列设有 12 个类别，一般分为 4 个等级（特级、一级、二级、三级）；专业承包序列设有 36 个类别，一般分为 3 个等级（一级、二级、三级）；施工劳务序列不分类别和等级。

建筑施工企业在取得资质证书后，方可在资质许可范围内从事建筑施工活动。企业可申请一种或多种资质，资质证书有效期为 5 年。

（2）安全生产许可证

建筑施工企业在取得资质的同时，还应取得安全生产许可证，方可进行招标投标工作，承接相应的工程。安全生产许可证的有效期为 3 年。

按照《建筑施工企业安全生产许可证管理规定》的规定，建筑施工企业申请安全生产许可证应具备以下条件：

1）建立、健全安全生产责任制，制定完备的安全生产规章制度和操作规程。

2）保证本单位安全生产条件所需资金的投入。

3）设置安全生产管理机构，按照国家有关规定配备专职安全生产管理人员。

4）主要负责人、项目负责人、专职安全生产管理人员经住房城乡建设主管部门或者其他有关部门考核合格。

5）特种作业人员经有关业务主管部门考核合格，取得特种作业操作资格证书。

6）管理人员和作业人员每年至少进行一次安全生产教育培训并考核合格。

7）依法参加工伤保险，依法为施工现场从事危险作业的人员办理意外伤害保险，为从业人员交纳保险费。

8）施工现场的办公、生活区及作业场所和安全防护用具、机械设备、施工机具及配件符合有关安全生产法律、法规、标准和规程的要求。

9）有职业危害防治措施，并为作业人员配备符合国家标准或行业标准的安全防护用具和安全防护服装。

10）有对危险性较大的分部分项工程及施工现场易发生重大事故的部位、环节的预防、监控措施和应急预案。

11）有生产安全事故应急救援预案、应急救援组织或者应急救援人员，配备必要的应急救援器材、设备。

12）法律、法规规定的其他条件。

（3）企业资质管理

企业应建立严格的资质管理制度，明确规定不得承揽不具备资质或者超出本单位资质的工程，不得将资质证书转借、挂靠，不得允许其他企业或个人以本企业的名义承揽工程，不得将建设工程分包给不具备相应资质条件的单位。

建筑施工企业变更名称、地址、法定代表人等，应当及时依照相关法律法规的规定变更相应的资质和安全生产许可证。

2. 建筑施工企业从业人员资格管理

（1）建筑行业从业人员的资格要求

依据我国《安全生产法》等相关法律法规的规定，建筑施工企业从业人员安全资格应满足以下条件：

1）主要负责人和安全生产管理人员必须具备建筑施工生产经营活动的安全生产知识和管理能力，经建设主管部门考核合格后，方可任职。

2）特种作业人员必须按照国家有关规定，经专门的安全作业培训后，取得特种作业操作资格证书，方可上岗作业。

3）从业人员必须接受企业组织的安全生产教育培训，并经考核合格后，方可上岗。

（2）安全生产管理机构和人员的要求

建筑施工企业应设立专门的安全生产监督管理机构，并配备数量足够的专职安全生产管理人员。依据《建筑施工企业安全生产管理机构设置及专职安全生产管理人员配备办法》（建质〔2008〕91号）的规定，建筑施工企业专职安全生产管理人员配置要求见表4-3。

专职安全生产管理人员配备要求一览表　　　　　　　　　表 4-3

资质序列	资质等级	专职安全生产人员配备要求
建筑施工总承包	特级	≥6 人
	一级	≥4 人
	二级及以下	≥3 人
建筑施工专业承包	一级	≥3 人
	二级及以下	≥2 人
建筑施工劳务分包	不分级	≥2 人
建筑施工企业的分公司、区域公司等较大分支机构	—	≥2 人 并依据生产实际情况进行配备

建筑施工企业还可根据自身生产经营规模、设备管理和生产需要等，增加专职安全管理人员的数量。

（三）工程项目资质资格管理

1. 施工单位的资质管理

施工单位一般包括施工总承包、专业分包、劳务分包，还涉及材料供应商、设备租赁商等相关方。施工单位的资质管理，一方面要加强对自身资质的管理，另一方面还需加强对分包单位及相关方的资质管理。

（1）对本单位的资质管理

建筑施工企业应依据资质条件，承揽相应的工程项目。在承揽项目后，建筑施工企业应成立项目部，实施项目管理，建立安全生产管理机构，配备专职安全管理人员，并提供相应的企业资质和从业人员资格证明材料，签订安全协议，界定双方各自的安全责任。

（2）对分包及相关方的资质管理

项目部未经发包方同意，不得擅自将工程分包给其他单位，更不能将工程分包给不具备资质的分包单位。建筑施工企业和项目部在选择分包单位（包括供应商，下同）时，应对分包单位的资质和条件进行审查，并复印有关见证性材料备案，签订安全协议，界定双方安全管理责任。

项目部应要求分包单位在生产过程中采取安全技术措施和安全管理措施，并对分包单位的施工过程进行监控。对于分包单位的不安全或违反安全协议的行为，项目部可以作出警告、要求改正、处罚直至清退出场等措施，并明确处罚的标准。

2. 工程项目人员资格管理

项目部应加强对施工现场从事施工作业和管理人员的资格管理。

（1）一般要求

项目部应核查所有预备进入施工现场从事施工作业和管理的从业人员的身份信息，并组织对从业人员进行健康体检，了解其健康状况、精神状态和年龄情况。对不符合身体健康和年龄要求的人员，工程项目部应拒绝其进入施工现场作业。

项目部应及时组织对从业人员进行安全生产教育培训考核，保证从业人员具备相应的安全生产知识和能力。

（2）项目经理的资格要求

工程项目的负责人即项目经理，受企业委托管理工程项目，是本项目安全生产的第一责任人。项目经理应由取得相应执业资格的人员担任，且应经过主管部门安全生产考核合格，方可上岗。

（3）专职安全管理人员的资格要求

工程项目的专职安全管理人员必须由经过主管部门安全生产考核合格、取得安全生产考核合格证书的人员担任。国家提倡具有注册安全工程师执业资格的人员担任工程项目专职安全管理人员。

依据《建筑施工企业安全生产管理机构设置及专职安全生产管理人员配备办法》（建质〔2008〕91号）的规定，工程项目各单位的专职安全管理人员的配备数量应满足表4-4和表4-5的要求。

总承包单位专职安全管理人员配备要求一览表　　　　　　　　表 4-4

工程分类	工程分级	专职安全生产人员配备要求
建筑工程、装修工程	建筑面积 1 万 m² 以下	≥1 人
	建筑面积 1 万～5 万 m²	≥2 人
	建筑面积 5 万 m² 及以上	≥3 人　应按专业、规模和危险程度增加专职安全生产管理人员

续表

工程分类	工程分级	专职安全生产人员配备要求
土木工程、线路管道、设备安装工程	工程合同 5000 万元以下	≥1 人
	工程合同 5000 万~1 亿元	≥2 人
	工程合同 1 亿元及以上	≥3 人 应按专业、规模和危险程度增加专职安全生产管理人员

分包单位专职安全管理人员配备要求一览表　　　　　　表 4-5

分包资质序列	工程分级	专职安全生产人员配备要求
专业承包单位	—	≥1 人 并根据所承担的分部分项工程的工程量和施工危险程度增加
劳务分包	施工人员 50 人以下	1 人
	施工人员 50~200 人	2 人
	施工人员 200 人及以上	≥3 人 并根据所承担的分部分项工程施工危险实际情况增加，不得少于工程施工人员总人数的 5‰

（4）特种作业人员的资格要求

建筑施工行业特种作业人员主要包括建筑电工、建筑架子工、建筑起重信号司索工、建筑起重机械司机、建筑起重机械安装拆卸工、高处作业吊篮安装拆卸工，以及经省级以上人民政府建设主管部门认定的其他特种作业。

特种作业人员除应符合工程项目人员资格管理的一般要求外，还须经专门的安全作业培训，取得特种作业操作资格证，方可上岗作业。

三、安全生产费用及保险管理

（一）概述

安全生产费用是完善和改进企业安全生产条件、保障建筑施工安全生产的物质基础。建筑施工企业应依据有关的法律法规，从投入保证、提取管理、使用管理、监督管理等方面建立安全生产费用管理制度，对企业的安全生产费用进行有效的管理。

建筑施工行业属于高危行业，生产过程安全风险较大，而安全生产保险是一种转移风险的有效手段。施工企业有必要为企业职工和施工现场从业人员购买相关安全生产保险，并建立安全生产保险管理制度。

（二）安全生产费用管理

1. 安全生产费用的投入保证责任

建筑施工企业的安全生产费用应由企业的主要负责人保证，并对由于安全生产费用不足而产生的后果负责。工程项目的安全生产费用应由项目经理负责保证。

建筑施工企业应按照"企业提取、政府监管、确保需要、规范使用"的原则进行财务管理，保证安全生产所必需的资金投入。

2. 安全生产费用的提取管理

建筑施工企业的安全生产费用以建筑安装工程造价为计提依据。

按照《企业安全生产费用提取和使用管理办法》（财企〔2012〕16号）的相关规定，房屋建筑工程、水利水电工程、城市轨道交通工程等工程项目，安全费用的提取标准应为工程造价的 2.0%，市政公用工程、机电安装工程、公路工程等工程项目应为工程造价的 1.5%。

建筑施工企业的安全费用提取比例不得低于法律法规的要求，但可以根据安全生产实际需要，适当提高安全费用提取标准，并应明确安全生产费用的提取程序和管理部门。

建筑施工企业应与工程项目的建设单位在施工合同中明确安全防护、文明施工措施总费用，以及费用预付、支付计划、使用要求、调整方式等条款。工程项目安全生产费用的使用由总承包单位负总责，总包单位将安全费用按比例直接支付分包单位并监督其使用，分包单位不再重复提取。

3. 安全生产费用的使用管理

施工企业应编制安全费用使用计划，安全费用使用计划可按年度或者半年度编制。安全生产费用使用计划的内容应包括企业安全生产费用的使用范围、程序和监督管理。

按照规定，建筑施工企业安全费用应在以下范围使用：

1）完善、改造和维护安全防护设施设备的支出（不含"三同时"要求初期投入的安全设施），包括施工现场临时用电系统、洞口、临边、机械设备、高处作业防护、交叉作业防护、防火、防爆、防尘、防毒、防雷、防台风、防地质灾害、地下工程有害气体监测、通风、临时安全防护等设施设备支出。

2）配备、维护、保养应急救援器材、设备支出和应急演练支出。

3）开展重大危险源和事故隐患评估、监控和整改支出。

4）安全生产检查、评价（不包括新建、改建、扩建项目安全评价）咨询和标准化建设支出。

5）配备和更新现场作业人员安全防护用品支出。

6）安全生产宣传、教育、培训支出。

7）安全生产使用的新技术、新标准、新工艺、新设备的推广应用支出。

8）安全设施及特种设备检测检验支出。

9）其他与安全生产直接相关的支出。

4. 安全生产费用的监督管理

安全生产费用管理制度中应明确具体的安全生产费用提取、使用和监管部门及其职责，并建立责任制、考核制度和相应的监督制度，对企业年度安全费用提取和使用计划进行监督管理，明确安全生产费用专款专用，保证安全生产费用的落实。

建筑施工企业对安全生产费用形成固定资产的，应进行核算，并监督管理。

（三）保险管理

1. 安全生产保险分类

与建筑施工企业安全生产有关的保险种类较多，主要的险种有三种：一是工伤保险，二是建筑工程意外伤害保险，三是安全生产责任保险。

（1）工伤保险

工伤保险是通过社会统筹的办法，集中用人单位缴纳的工伤保险费，建立工伤保险基金，对劳动者在生产经营活动中遭受意外伤害或职业病，并由此造成死亡、暂时或永久丧失劳动能力时，给予劳动者及其亲属法定的医疗救治以及必要的经济补偿的一种社会保障制度。这种补偿既包括医疗、康复所需费用，也包括保障基本生活的费用。

工伤保险是社会保险制度的组成部分，由国家通过立法强制实施，是国家对职工履行的社会责任，也是职工应该享受的基本权利。

（2）建筑工程意外伤害保险

建筑工程意外伤害保险是建筑施工企业对建筑施工现场内所有的作业人员和管理人员因发生意外而造成伤亡时得到赔偿的保险种类。它是施工企业对劳动团体购买保险，享受工伤保险待遇。

建筑施工行业由于自身的行业特点，人员流动性较大，在实际情况下，为每一个作业人员购买工伤保险较为困难。与工伤保险相比，建筑工程意外伤害保险的保险范围是施工现场从事危险工作的作业人员，作业者的人数和姓名不需确定，只要是在约定的保险地点和保险时间内，被保险人员发生的意外伤害，均可以从保险公司处获得赔偿。

（3）安全生产责任保险

安全生产责任保险是一种责任保险，所谓责任保险，是指以保险客户的法律赔偿风险为承保对象的一类保险。

工伤保险和建筑工程意外伤害保险的保障对象是个人，赔款支付给个人；安全责任保险的保障对象是施工企业（雇主），其承保的是施工企业对职工和作业人员在法律上的应负的责任，赔款直接支付给投保企业。

安全生产责任保险的意义在于：首先，有利于施工企业形成安全生产自我约束机制，提高企业员工的安全意识；其次，有助于发挥保险的社会管理功能，促进安全防范措施的落实；最后，安全生产责任保险能够保证生产安全事故发生后补偿损失的资金来源，又不会大量挤占企业可用资金，有利于企业的健康发展。

2. 安全生产保险管理

（1）工伤保险管理

工伤保险由国家通过立法强制实施。建筑企业应根据实际情况确定工伤保险费用的计缴方式：按用人单位参保的建筑施工企业应以工资总额为基数依法缴纳工伤保险费；以建设项目为单位参保的，可以按照项目工程总造价的一定比例计算缴纳工伤保险费，保险缴费比例由各地区人力资源社会保障部门及城乡建设主管部门确定。

依法参加工伤保险是工程项目获取开工许可的必要条件之一。建设单位要在工程概算中将工伤保险费用单独列支，作为不可竞争费，不参与竞标。在项目开工前，施工总承包单位应一次性代缴本项目工伤保险费，保险范围应覆盖项目所有从业人员，包括专业承包单位、劳务分包单位的施工人员。

工程项目工伤保险费用完成缴纳后，应依法与其职工签订劳动合同，加强施工现场劳务用工管理，对项目施工期内全部施工人员实行动态实名制管理。施工人员发生工伤后，以劳动合同为基础确认劳动关系。

职工发生工伤事故，应当由其所在用人单位在 30 日内提出工伤认定申请，施工总承包单位应当密切配合并提供参保证明相关材料。用人单位未在规定时限内提出工伤认定申请的，职工本人或其近亲属以及工会组织可以在 1 年内提出工伤认定申请，经社会保险行政部门调查确认工伤的，在此期间发生的工伤待遇等有关费用由其所在用人单位负担。工伤认定完成后，按照工伤保险合同条款对工伤职工进行赔付。

施工总承包单位应当按照项目所在地人力资源社会保障部门统一规定的式样，制作项目参加工伤保险情况公示牌，在施工现场显著位置予以公示，并安排有关工伤预防及工伤保险政策讲解的培训课程，保障广大建筑业职工特别是农民工的知情权，增强其依法维权意识。

施工企业的工伤保险管理制度中，还应明确企业和职工应遵守的责任，包括遵守有关安全生产和职业病防治的法律法规，执行安全卫生规程和标准，预防工伤事故发生，避免和减少职业病危害。

（2）建筑工程意外伤害保险管理

建筑工程意外伤害保险是工伤保险的有力补充，建筑施工企业可办理建筑意外伤害保险，并支付保险费，且费用不得向职工摊派。建筑施工企业办理意外伤害保险时，保险的金额不得低于工程项目所在地建设行政主管部门确定的最低保险金额，以保障施工伤亡人员得到有效的经济补偿。

建筑工程意外伤害保险期限应自工程项目开工之日至工程竣工验收合格日。提前竣工的，保险责任自行终止，因延长工期的，须办理保险顺延手续。已在企业所在地参加工伤保险的人员，仍可参加建筑意外伤害保险。

建筑工程意外伤害保险的各项流程应在工程项目开工前办理完成。鉴于工程项目施工工艺流程中各工种调动频繁、用工流动性大，投保应实行不记名和不计人数的方式。分包单位保险由总承包施工企业统一办理，分包单位合理承担投保费用。业主直接发包的工程项目由承包企业直接办理。

被保险人发生意外伤害事故，企业和工程项目负责人不得隐瞒，应立即向保险公司提出索赔，按照保险合同约定的条款和程序，协助伤亡人员得到及时、足额赔付。

施工企业和保险公司双方应本着平等协商的原则，根据各类风险因素商定建筑意外伤害保险费率，提倡差别费率和浮动费率。差别费率可与工程规模、类型、工程项目风险程度和施工现场环境等因素挂钩。浮动费率可与施工企业安全生产业绩、安全生产管理状况等因素挂钩。

（3）安全生产责任险

施工企业应向具有相应资质和赔付能力的保险公司投保，投保时间应在工程开工前，投保有效期同样应覆盖工程完整周期、全部施工人员。投保范围应包括在施工过程中发生生产安全事故所造成人员的伤亡和下落不明，以及相关医疗费用、第三者责任及事故应急救援和善后处理费用等。

工程项目发生事故后，应及时联系投保的保险公司进行调查取证和损失理算，根据投保合同条款进行保险赔付。

四、安全生产教育培训及考核管理

（一）概述

安全生产教育是提高建筑施工行业从业者安全意识和安全能力，提升建筑施工行业安全管理水平的有力手段。建筑施工企业和工程项目应加强对从业人员的安全生产教育培训和考核，制定相应的教育培训和考核制度，保证安全生产教育培训落实到位，切实提高从业者的安全意识、安全知识和安全技能。

（二）安全生产教育培训管理

建筑施工企业和工程项目部的安全生产教育培训制度应从建立组织机构、责任体系，制定培训计划，有效配置资源，明确培训对象与培训内容，选择合适培训形式和培训方法等几个方面进行。

1. 组织机构与责任

安全生产教育培训工作由建筑施工企业组织实施，也可以委托具备安全培训条件的机构对本企业的从业人员进行安全生产教育培训，但安全生产教育培训的责任仍由本企业承担。

建筑施工企业应明确企业内部安全教育培训的职责和分工。企业主要负责人应组织制定并实施本单位的安全教育培训计划；企业安全生产管理机构以及安全生产管理人员，应组织或参与本单位的安全生产教育和培训，如实记录安全生产教育培训的时间、内容、参加人员及考核等内容，形成必要的文字、影像资料，记入安全生产教育培训档案；企业还应明确与安全教育培训有关的其他部门或人员的安全教育培训职责，落实安全生产教育培训责任。

工程项目的安全生产教育培训管理工作应由项目经理全面负责，项目施工管理部门、安全生产管理部门或相关人员负责具体实施，落实安全教育培训工作。

2. 安全生产教育培训计划与资源配置

建筑施工企业应根据安全生产相关法律法规及本单位安全生产教育培训的需求，制定年度安全生产教育培训计划，培训计划主要包括安全生产教育培训的类型、对象、内容、时间安排、形式等方面。

工程项目的安全生产教育培训计划应结合项目自身特点，明确安全生产教育培训对象、培训时间、开展频次、教育培训内容和形式、职责与分工等要求。

安全生产教育培训计划应符合安全生产教育培训的全面性、针对性和长期性等特点：全面性是指教育培训的内容应当全面，教育培训的对象也应该覆盖建筑施工企业与工程项目全体从业人员；针对性是指针对不同类型的人员和不同的施工条件，采取不同的培训方式和方法，培训内容也应当有所区别，注重理论与实际相结合；长期性一方面是指安全生产教育培训是建筑施工企业和工程项目必须长期坚持的一项工作，另一方面每位从业者也应长期坚持接受安全生产教育培训。

建筑施工企业和工程项目应保证安全生产教育培训所需的各项资源，包括提供安全生产教育的专项资金、培训场地、培训教材、培训人员等，确保安全生产教育培训工作得到有效开展。

3. 安全生产教育培训的培训对象和培训内容

安全生产教育培训的对象应包括建筑施工企业所有员工，包括主要负责人、项目负责人和专职安全管理人员，以及特种作业人员、各类管理人员和作业人员等。对不同类型人员的安全生产教育培训内容应有针对性，做到"因材施教"。

（1）"安管人员"的安全生产教育培训

所谓"安管人员"，是指建筑施工企业的主要负责人、项目负责人和专职安全生产管理人员，这三类人员承担的安全管理职责较大，应具备与建筑施工安全管理相适应的安全生产知识和管理能力。

"安管人员"应通过国家规定的资格考试，并参加企业内部定期组织的安全生产教育培训，对"安管人员"的安全生产教育培训内容及时间要求见表4-6。

"安管人员"安全生产教育培训内容及时间要求一览表　　　　　表4-6

培训人员	培训内容	培训时间要求①
企业主要负责人、项目负责人	1）国家安全生产方针、政策和有关安全生产的法律、法规、规章及标准； 2）安全生产管理基本知识、安全生产技术、安全生产专业知识； 3）重大危险源管理、重大事故防范、应急管理和救援组织以及事故调查处理的有关规定； 4）职业危害及其预防措施； 5）国内外先进的安全生产管理经验； 6）典型事故和应急救援案例分析； 7）其他需要培训的内容	每年应接受一次专门的安全培训，不少于30学时
专职安全生产管理人员	1）国家安全生产方针、政策和有关安全生产的法律、法规、规章及标准； 2）安全生产管理、安全生产技术、职业卫生等知识； 3）伤亡事故统计、报告及职业危害的调查处理方法； 4）应急管理、应急预案编制以及应急处置的内容和要求； 5）国内外先进的安全生产管理经验； 6）典型事故和应急救援案例分析； 7）其他需要培训的内容	每年应接受一次专门的安全培训，不少于40学时

① 培训时间要求引自《施工企业安全生产管理规范》GB 50656—2011 的相关要求。

（2）"安管人员"以外管理人员的安全生产教育培训

除"安管人员"以外，建筑施工企业和工程项目的其他管理人员每年应至少参加一次企业组织的安全生产教育培训，培训时间不少于20学时。主要培训内容包括：国家安全生产方针、政策和有关安全生产的法律、法规、规章及标准，安全生产管理基本知识，岗位安全生产职责，国内外先进的安全生产管理经验，典型事故案例和应急救援案例分析，以及其他需要培训的内容。

（3）特种作业人员的安全生产教育培训

建筑施工单位的特种作业人员，必须按照国家有关法律、法规的规定接受专门的安全培训，经建设主管部门考核合格，取得相应资格后，方可上岗作业，考核的内容包括安全技术理论和实际操作。用人单位对于首次取得资格证书的人员，应在其正式上岗前安排不少于3个月的实习操作。

特种作业操作资格证应按规定定期复审。特种作业人员应按要求参加继续教育，培训内容包括：法律、法规、标准、事故案例和有关新工艺、新技术、新设备等知识。

工程项目部应对新进场的特种作业人员进行岗前专项安全培训，并定期组织专项安全培训。主要培训内容包括：特种作业人员所在岗位的工作特点，可能存在的危险、隐患和安全操作注意事项；特种作业岗位的安全技术要领及个人防护用品的正确使用方法；本岗位的事故案例及经验教训学习等。

（4）作业人员安全教育培训

对于建筑施工作业人员（包括特种作业人员），建筑施工企业应当按照要求开展安全生产教育培训工作，保证从业人员具备必要的安全生产知识，熟悉有关的安全生产规章制度和安全操作规程，掌握本岗位的安全操作技能，了解事故应急处理措施，知悉自身在安全生产方面的权利和义务。

除管理人员和特种作业人员外，建筑施工企业其他从业人员应每年接收一次专门的安全生产教育培训，学习时间不少于15学时；待岗复工、转岗、换岗人员重新上岗前应接受不少于20学时的安全生产教育培训；新进场工人三级安全教育培训（公司、项目、班组）分别不少于15学时、15学时、20学时。

对从业人员的安全生产教育培训的培训类型有以下几种：

1）三级安全教育

针对新入职人员，"三级"是指公司、项目和班组三个级别。公司级教育由人员所在的用人单位组织，主要内容包括安全基本知识、企业内部安全管理制度等；项目级教育由人员所在项目部负责，总包项目部和分包项目部应各自负责其新入职人员的项目级教育，班组级安全教育由人员所在班组负责，项目级和班组级安全教育的主要内容包括施工现场安全管理规定、各工种安全技术操作规程、施工现场应急等。

2）入场安全教育

针对新入施工现场的从业人员，由项目部负责组织，实行总承包管理的，总承包单位和专业分包单位应分别负责组织其新入场人员的安全生产教育培训。主要培训内容包括：安全基本知识，防护用品使用培训，岗位安全操作规程和劳动纪律，主要危险因素及防范措施，安全生产权利和义务，工程项目部安全管理制度，应急处理措施等。

3）定期安全教育

针对施工现场所有从业人员，一般由总承包单位负责组织。主要培训内容包括：安全基本知识，安全操作规程、事故案例，季节性施工安全措施，以及其他需要培训的内容。

4）节前、节后安全教育

针对施工现场所有从业人员，一般由总承包单位负责组织。节前安全教育的主要内容包括：节假日期间加强的安全管理加强措施，消防防火安全知识，安全思想教育等内容。节后安全教育主要是安全思想教育，以及施工现场安全制度等。

5）调岗、转岗安全教育

针对调岗、转岗人员，根据实际情况由接收单位或部门组织。主要培训内容包括：新岗位的安全操作注意事项和劳动纪律、应急自救措施，防护用品使用培训，以及其他需要培训的内容。

6）"四新"安全教育

"四新"安全教育主要针对与"四新"有关的作业人员，主要培训内容包括：与新材料、新工艺、新技术、新设备有关的安全操作规程，应急措施，其他需要培训的内容。

4. 安全生产教育的培训方法

建筑施工行业安全生产教育培训方法主要包括：讲授教育、演示操作教育、事故案例教育、体验参观教育、宣传教育等几种方法。每种安全教育方法都各有优点。在实际安全生产教育培训中，可以针对不同的教育培训对象以及实际情况，采取其中一种或多种方法同时使用。几种安全生产教育培训方法的比较可见表4-7。

几种安全生产教育培训方法比较 表4-7

序号	教育方法	方法介绍	优　点
1	讲授教育	由讲授者通过口头语言向听众描绘情境、叙述事实、解释概念、论证原理和阐明规律的教学方法	是运用最广泛的安全教育方法，其他教学方法的运用几乎都要与其结合进行
2	演示操作教育	在讲解者的指导下，听讲者通过练习、试验和学习等实际活动，巩固和完善知识、技能与技巧的方法	能够使参与者直观、形象地体会各种工具使用方法及操作的安全注意事项
3	事故案例教育	通过典型事故案例，有针对性地对本系统、本单位、同工种、同岗位的典型安全事故案例进行教育	针对性强、贴近实际，此方法为培训对象，特别是施工现场作业人员最容易接受的安全教育方法
4	体验参观教育	利用安全体验项目或者VR虚拟体验进行安全教育，或者组织对安全管理水平先进的建筑施工企业或工程项目参观学习	生动形象，利用辅助道具以及实际参观，能够使培训对象获得直接感性认识，亲身体验安全的重要性
5	宣传教育	采用安全文化墙、多媒体工具、板报、广播、刊物、微信网络、信息化平台等形式进行广泛宣传	通过耳濡目染的方式提高人员遵守安全的自觉性，可以长时间固定使用，通过宣传教育可以创造浓厚的安全文化氛围

5. 安全生产教育的培训形式

安全生产教育可以通过多种形式进行，常见的教育形式包括：安全生产会议、安全业务培训班、安全知识竞赛、班前安全教育活动、事故现场会、安全体验馆等。随着科学技术的不断进步，一些新型的教育形式也被应用于安全生产教育培训，使安全生产教育培训的效果更加直观有效，如安全生产知识竞赛、班前安全教育活动、安全体验馆、VR安全体验教育。

（1）安全生产知识竞赛

建筑企业及工程项目可以结合自身安全文化和施工特点，以及国家相关法律法规，设置安全生产竞赛内容、竞赛题型和竞赛规则等，对参与安全知识竞赛以及优胜者给予一定的奖励，以此提高参与者的积极性。

这种教育培训形式易于被员工接受，能够有效普及安全知识，营造安全生产的良好氛围，提高员工的安全意识和自我保护能力。

（2）班前安全教育活动

班前安全教育活动是每天上班前对施工作业人员进行的安全生产教育培训工作，按照分班组、分工种原则进行。安全教育活动能够有效提高一线作业人员的安全意识及安全操作技能水平，其内容主要包括违章点评、应急救援措施、季节性施工安全措施等，每次活动的时间不宜过长，且内容应贴近实际，做到简洁、通俗易懂，满足安全生产教育培训的针对性要求。

（3）安全体验教育

1）安全体验馆

安全体验馆是通过模拟作业中的危险环境，针对容易出现安全问题的环节或部位进行现实体验。

体验人员通过亲身体验各种安全设施、防护用品的使用以及出现危险瞬间的感受，增强作业人员在施工现场时的切身感受，让安全理念深入人心，有效提高作业人员的安全意识。

2）VR体验安全教育

VR（Virtual Reality）技术即虚拟现实技术，是一种创建和体验虚拟世界的计算机仿真系统，利用计算机生成模拟环境，让用户沉浸到该环境中去体验"真实"。

体验人员通过VR技术，身临其境漫游施工现场，体验安全事故发生的过程场景、事故发生后果以及可以采取的安全措施，给体验者带来直观生动、视角震撼的效果，不受时间和场地限制，相比传统的体验教育更有优势。

（三）安全生产教育考核管理

建筑施工企业及工程项目应当做好对教育培训工作的考核，建立安全生产教育培训考核制度，对教育培训对象进行定性或定量考核。

考核主要可分为资格考试考核和日常安全教育考核，资格考试考核由国家专门机构负责，而日常安全教育的考核则由建筑施工企业内部组织进行，一般采取理论笔试或实际操作考核，对于不同的教育培训对象所采取的考核方法以及考核重点应当有所区别，详见表4-8。

各类从业人员的安全教育考核形式以及重点一览表　　　　表4-8

序号	考核对象	考核组织单位及考核形式	考核重点
1	安管人员	通过国家规定的考试、取证上岗；企业内部组织的年度培训考核合格，一般采用笔试，安全培训学时达到要求	国家法律、法规中有关安全的规定要求，安全管理知识、安全技术知识，常见的事故隐患及防范措施，应急救援措施
2	其他管理人员	由建筑施工企业内部定期组织进行安全培训及知识考核，通常采用笔试形式，一般由企业内部组织	国家法律、法规中有关安全的规定要求，各自岗位的安全管理职责，企业内部的安全管理制度
3	特种作业人员	通过国家规定的考试考核合格，理论知识考核和实际操作考核相结合，分不同作业岗位进行；日常安全教育则由企业内部组织考核	本工种的作业基本知识以及安全操作注意事项，本岗位的安全职责、常见事故隐患及防范措施，紧急情况时的应急处理措施

续表

序号	考核对象	考核组织单位及考核形式	考核重点
4	一般作业人员	一般采用笔试考核，分不同工种进行考核，一般由工程项目内部组织	安全生产基本知识，日常施工作业内容中的安全操作规程以及应急处理措施，职业病防治措施

　　建筑施工企业及工程项目建立安全教育考核管理档案备查，每次培训考核结果应当明确记录在内。从业人员经安全教育培训并考核合格后，工程项目部方可允许其进入施工现场从事相应的施工作业。

　　【管理实例】

　　某建筑工程项目在工人进场管理中，采取"帽贴"管理办法，对于参加入场安全教育且考核合格人员发放安全帽贴，帽贴按照工种分别设置不同颜色，工人将帽贴贴在安全帽的固定位置，而不合格的人员一律不发帽贴，在日常管理中能够第一时间辨识未参加入场安全教育或考试不合格的人员。通过这种对考核的标签式管理，有效地减少了不具备安全基本知识的人员进入施工现场。

五、施工机械设备管理

（一）概述

　　建筑施工常用的机械设备主要包括：建筑起重机械、土石方机械、桩工机械、混凝土机械、钢筋加工机械、木工机械、焊接机械、手持电动工具等。

　　施工机械设备安全管理主要包括对施工机械设备的选择、购置及租赁、验收、安装调试、使用、维护保养、拆卸等全过程的管理控制。建筑施工企业和工程项目应依据相关规定制定施工机械设备安全管理制度，明确管理要求、职责、权限及工作程序，确定监督检查和考核的办法，形成文件并下发实施。

（二）组织机构与责任

　　1. 组织机构

　　施工机械设备管理工作技术含量高、专业性强、危险性大，需要设置专门的机械设备管理部门或配备专业管理人员。

　　2. 安全责任与目标

　　建筑施工企业和工程项目必须明确规定各级管理部门、管理人员和作业人员在施工机械设备方面的安全责任，确定安全管理目标，并对目标进行分解落实、监督检查、考核奖惩。

（三）施工机械设备的选择和租赁、购置管理

　　施工机械设备的选择应依据工程特点、施工进度及经济效益等综合考虑，并编制施工机械设备需用计划。计划应包括机械名称、规格型号、数量、进场及退场时间。施工机械

设备的选择一般遵循生产上适用、技术上先进、经济上合理、性能上可靠、使用上安全、操作方便和维修方便等原则。

建筑施工企业和工程项目获取施工机械设备通常有两种方式：一是购置新设备，二是租赁。建筑施工企业和工程项目应根据实际情况制定施工机械设备购置和租赁管理制度，严把安全关，重点关注机械设备的性能和安全装置等。

依据《建筑起重机械安全监督管理规定》（建设部令 166 号）规定，有下列情形之一的起重机械，不得出租、使用：

1）属国家明令淘汰或者禁止使用的。

2）超过安全技术标准或者制造厂家规定的使用年限的。

3）经检验达不到安全技术标准规定的。

4）没有完整安全技术档案的。

5）没有齐全有效的安全保护装置的。

（四）施工机械设备进场、安装、拆卸及验收管理

施工机械设备进场前应对其进行验收，需验看机械设备安全状况，如出厂年份、结构锈蚀和磨损情况、各配件完整性等及机械设备原始资料的收集和审核。

塔式起重机、施工升降机等大型机械设备安装、拆卸前应对安装、拆卸企业资质、安全许可证、设备备案告知等资料进行监督检查，同时要提前签订机械设备安装、拆卸工程专业分包合同和安全管理协议。在其安装及拆卸前都要编制专项施工方案。

施工机械设备在使用前（即安装调试后）要进行验收，验收有两个层面的工作。一是购置或租赁方、安装方、使用方、监理方的验收；二是按相关规定需要检测的机械设备，应由专门的检测机构进行检测，合格后方可挂牌使用。

（五）施工机械设备使用管理

1. 施工机械设备使用的基本要求

施工机械设备应严格按照使用说明书和操作规程操作。操作人员要严格执行定人、定机、定岗位的"三定"责任制度和机械设备交接班制度。同时做好过程中施工机械设备各项档案资料。

2. 施工机械设备操作人员安全教育

建筑施工企业和工程项目应加强对施工机械设备操作人员的安全教育，提高操作人员的安全意识、安全素质、技术水平和应急处理能力。

机械设备安全教育的内容应包括机械设备的主要性能参数、安全生产知识、操作技能、操作规程、事故案例分析和应急救援，以及国家相关安全法律法规和各项管理规章制度。

（六）施工机械设备检查及维护保养管理

1. 施工机械设备的检查

建筑施工企业和工程项目应制定施工机械设备安全检查计划，明确检查内容和形式。施工机械设备检查内容一是检查机械设备本身运行情况和安全装置；二是检查施工条件、

施工方案、技术措施、档案资料、保养情况是否能确保机械设备安全运行；三是检查并纠正违章指挥、违规操作等行为。检查活动可采取定期检查、不定期检查、日常巡查、节假日前后检查、恶劣天气前后检查等多种形式。

2. 机械设备的维护保养

建筑施工企业和工程项目应编制机械设备维护保养制度和计划，以保持机械设备良好和正常运行，保证现场机械设备安全使用，延长设备使用寿命，减少机械故障。其保养范围以清洁、润滑、调整、紧固、防腐为主要内容，也称"十字"作业法。

（七）施工机械设备安全生产事故应急救援预案

项目部应针对施工现场机械设备的工作特点及范围，对易发生重大安全事故的环节，制定安全事故应急救援预案，应对可能出现的事故或紧急情况下的救援处理。

对于起重机械等大型施工机械，不仅应编制安装、拆卸过程生产安全事故应急救援预案，还应编制使用过程中的应急预案。其中，安装拆卸时的应急预案应由安拆单位编写，使用过程中的应急预案应由使用单位编写。

项目部应做好应急预案的教育培训和交底，并定期组织演练。

六、安全生产防护用品管理

（一）概述

安全生产防护用品是保护劳动者在生产过程中免遭或者减轻事故伤害和职业病危害所必备的一种防御性装备。正确使用防护用品，是保障从业人员人身安全与健康的重要措施。

建筑施工企业应制定安全生产防护用品的采购与验收、配备与发放、使用和检查、更换和报废等管理制度。

（二）安全生产防护用品配备与发放

1. 安全生产防护用品配备

建筑施工企业应根据从业者工作环境中的危险有害因素种类及其危险程度、劳动环境条件、防护用品的防护作用和有效使用时间限制，制定本企业的安全生产防护用品配备标准，并按标准为从业者配备合适的安全生产防护用品。

建筑施工从业人员安全生产防护用品的配备，应符合《建筑施工作业劳动防护用品配备及使用标准》JGJ 184—2009 的要求，并结合从业人员所从事的工作特点，为其配备能同时防御各种危险有害因素的安全生产防护用品。安全生产防护用品的配备还应考虑佩戴的合适性和基本舒适性，其型号、大小和式样可根据个人需求和特点提供选择。

2. 安全生产防护用品发放

建筑施工企业应建立安全生产防护用品发放制度，按本企业的安全生产防护用品配备标准及时向从业者发放安全生产防护用品，有使用周期要求的应按其发放周期定时发放。对于工作过程中损坏的安全生产防护用品，应及时更换。

建筑施工企业应对发放的安全生产防护用品登记建档，方便检查和及时补充安全生产防护用品的不足。不得以安全生产防护用品替代工程防护设施和其他技术、管理措施。

除本企业职工外，建筑施工企业还应按本企业安全生产防护用品配备标准为劳务派遣工和实习生提供相应的安全生产防护用品。对处于作业地点的临时外来人员，也必须按作业人员相同的标准提供安全生产防护用品。

（三）安全生产防护用品使用管理

1. 安全生产防护用品的采购与验收

建筑施工企业和工程项目应依据施工过程中的危险源和危险有害因素，按需求到定点经营单位或生产企业购买防护用品，不得以货币或其他物品替代安全生产防护用品。安全生产防护用品采购专项资金应计入安全生产费用，据实列支。

施工企业和工程项目应组织有关部门和相关人员，对采购的安全生产防护用品按照标准进行验收：一是验收"三证一标志"，即生产许可证、产品合格证、安全鉴定证和安全标志是否齐全有效；二是对相关安全生产防护用品作外观检查，必要时进行试验验收。

验收合格的安全生产防护用品，应作好登记，妥善保管，并保存其检验报告、质量证明书等的原件或复印件。

2. 安全生产防护用品的使用与检查

建筑施工企业和工程项目应对从业者进行安全生产防护用品的使用、维护等相关知识的教育培训，保证从业者会检查、会使用、会维护。

从业人员在作业过程中，必须按照安全生产规章制度和防护用品使用规则，正确佩戴和使用防护用品，未按规定佩戴和使用防护用品的，不得上岗作业。在使用前要对其防护功能进行必要的检查，制定相应检查表，供从业人员检查使用，确保外观完好、部件齐全、功能正常，防止使用功能损坏的安全生产防护用品。工程项目应加强对从业人员在施工过程中安全生产防护用品的使用检查，并可制定奖罚措施，督促、鼓励作业人员正确使用安全生产防护用品。

建筑施工企业和工程项目还应在危险性较大的作业场所以及有尘毒危害的工作环境中设置警示标识及使用安全防护用品的标识牌。

3. 安全生产防护用品的更换与报废

安全生产防护用品在工作过程中由于损坏、失去标识等，不能满足使用要求，或者经检测不合格的，建筑施工企业应及时更换。对安全性能要求高、易损耗的安全生产防护用品，如安全帽、绝缘手套等，还应按照有效防护功能最低指标和有效使用期，到期强制报废。

防护用品达到使用年限或者报废标准的应由建筑施工企业统一收回报废，并为作业人员重新配置。

七、安全生产评价考核管理

（一）概述

安全生产评价考核是指对建筑施工企业和工程项目的安全管理水平、安全生产条件和能力，以及安全生产保证体系的运行情况进行统计、分析、评估，最后得出结论并提出改进建议等的一系列活动。通过安全生产评价考核，建筑施工企业和工程项目可以对自身的安全生产情况有一个客观的认识，不断提升和改善安全生产条件和能力，促进安全生产体系的改进。

按照安全生产评价考核的方式，建筑施工企业和工程项目的安全生产评价考核可分为内部评价和外部评价：内部评价是指企业组织内部人员对自身安全生产进行的自主评价，也包括上级企业对下级企业的评价、建筑施工企业对所属工程项目的评价以及对分包单位的安全生产评价考核；外部评价包括政府建设行政主管部门组织的对企业的评价考核和企业委托第三方机构对企业实施的安全生产评价考核。

本节将主要介绍建筑施工企业内部安全生产评价考核管理、企业对工程项目的评价考核管理和对分包单的安全生产评价考核管理。

（二）建筑施工企业内部安全生产评价考核管理

建筑施工企业的内部安全生产评价考核管理应确定安全生产评价考核的组织责任、评价考核周期、评价考核程序和标准，以及评价后整改措施的落实验证等，从制度上保证安全生产评价考核的有效落实。

1. 安全生产评价考核的组织机构和责任

建筑施工企业的内部评价应由企业负责人负责，由专门的职能部门牵头，各职能部门均应参与。

安全生产评价考核应成立专门的评价小组，评价小组组长应由企业负责人担任或由企业负责人指定，并明确评价小组各组员的分工和职责。评价小组组长应对本组评价工作的评价质量负责。

2. 安全生产评价考核的周期

建筑施工企业应明确进行安全生产评价考核的周期，一般可以半年或一年为一个周期进行考核。

发生下列情况之一时，企业应再进行复核评价：适用法律、法规发生变化；企业组织机构和体制发生重大变化后；发生生产安全事故后；发生其他影响安全生产管理的重大变化。

3. 安全生产评价考核的程序

（1）评价准备

安全生产评价考核开始前，建筑施工企业首先应明确本次安全生产评价考核的目标，并选择评价小组组员，指定评价小组组长，明确其职责分工。

评价小组应制定评价考核方案，包括评价时间、评价日程、评价内容、评价重点和评价标准等，并收集、准备评价所需法律法规等相关资料，制作评价考核表格，明确具体评价考核对象。

（2）评价实施和评价内容

施工企业安全生产评价应按安全生产管理、安全技术管理、设备和设施管理、企业市场行为和施工现场安全管理等5项内容进行考核。

1）安全管理评价考核是对企业安全管理制度建立和落实情况的考核，其内容主要包括安全生产责任制度、安全文明资金保障制度、安全教育培训制度、安全检查及隐患排查制度、生产安全事故报告处理制度、安全生产应急救援制度等评定项目。

2）安全技术管理评价考核是对企业安全技术管理工作的考核，指企业主要技术负责人落实安全生产技术决策权和指挥权，其内容主要包括法规、标准和操作规程配置，施工组织设计，专项施工方案（措施），安全技术交底，危险源控制等评定项目。

3）设备和设施管理评价考核是对企业设备和设施安全管理工作的考核，其内容主要包括设备安全管理、设施和防护用品、安全标志、安全检查测试工具等评定项目。

4）企业市场行为评价考核应为对企业安全管理市场行为的考核，其内容主要包括安全生产许可证、安全生产文明施工、安全质量标准化达标、资质机构与人员管理制度等评定项目。

5）施工现场安全管理评价考核应是对企业所属施工现场安全状况的考核，其内容主要包括施工现场安全达标、安全文明资金保障、资质和资格管理、生产安全事故控制、设备设施工艺选用、保险等评定项目。

建筑施工企业应根据以上安全生产评价考核内容，制定相应的评价考核标准。评价小组应按照评价标准，通过询问交谈、现场巡查、查阅对比资料等方法获取相关证据，作为评价考核依据。

（3）提出安全生产评价考核结论和整改要求

评价小组依据评价实施过程中获得的相关评价考核依据，首先进行内部沟通汇总，提出初步评价结论；随后与企业主要负责人和相关领导沟通本次评价情况和结果；最后向企业内部通报，并提出相应的整改措施要求，及时归档评价考核资料。

4. 整改措施验证

评价小组完成评价考核并提出整改措施要求后，还应对企业整改的有效性进行验证，对整改不符合要求的应持续跟进，并进行记录。

（三）对工程项目安全生产评价考核管理

建筑施工企业应加强对所属工程项目的安全生产评价考核，保证工程项目的安全生产条件和能力能够满足安全生产的要求。建筑施工企业应明确对工程项目进行安全生产评价考核的组织责任、评价考核周期、评价考核内容和标准、考核结论及奖惩以及整改回复等相关要求。

1. 安全生产评价考核的组织机构和责任

建筑施工企业的主要负责人应对工程项目的安全生产评价考核工作负责，明确各职能部门或岗位的安全评价考核的工作内容和职责。企业的安全生产监督管理部门或安全生产管理人员应组织参与对工程项目的安全生产评价考核，其他部门应对其职责范围内工程项目的安全管理工作进行评价和考核。

2. 安全生产评价考核的周期与频次

建筑施工企业应明确对工程项目的安全生产评价考核的周期和频次，企业内部进行安全生产评价考核时，也可对所属全部项目或部分项目进行抽样评价考核。

3. 安全生产评价考核的内容和标准

工程项目安全生产评价考核的内容主要包括：安全生产管理目标、安全生产责任制、施工组织设计及专项施工方案、安全技术交底、安全检查、安全教育、应急救援、分包单位安全管理、持证上岗、生产安全事故处理、安全标志及现场实体管控情况等。

施工企业应依据相关法律法规，制定对上述评价考核内容的评价考核标准，具体的评价考核内容和评价考核标准，可参考本书第六章相关内容。

4. 安全生产评价考核的结论与奖惩

建筑施工企业通过实际考察，依据安全生产评价考核标准，对工程项目的安全生产条件和能力、安全管理水平提出考核结论，并提出整改措施要求。建筑施工企业可制定对工程项目的安全生产评价考核奖惩规定。

5. 整改措施验证

建筑施工企业对工程项目进行安全生产评价考核并提出整改措施要求后，还应对工程项目的整改情况及其有效性进行验证，对整改不符合要求的应持续跟进，并进行记录。

（四）对分包方的安全生产评价考核管理

对分包方的安全生产评价考核管理是总包对分包安全管理中重要的一部分。建筑施工企业和工程项目应制定分包方安全生产评价考核制度。评价考核制度中应规定评价考核的组织责任、评价考核周期、评价考核内容、整改措施落实和整体评价结论等几方面的内容。

1. 安全生产评价考核的组织机构和责任

对分包方的安全生产评价考核由工程项目的项目经理负责，工程项目的安全生产监督管理部门或安全生产管理人员应组织参与，其他部门应对其职责范围内分包单位的安全管理工作进行评价和考核。

2. 安全生产评价考核的周期

对分包方的安全生产评价考核应贯穿分包方的整个施工过程，包括施工作业前、施工过程中和施工完成后。分包工程开工前，工程项目应对分包方的安全资质资格、安全生产条件和能力、安全生产业绩等进行评价和考核，选择合格的分包方；施工过程中，工程项目应定期对分包方的施工活动进行安全生产评价考核；分包施工作业完成后，工程项目还应对分包方整个施工过程中的安全管理情况进行评价考核。

3. 安全生产评价考核的内容

建筑施工企业和工程项目部对分包方的安全生产评价考核的主要内容应包括：分包单位安全生产管理机构的设置、人员配备及资格情况；分包方违约及违章情况；分包单位的安全生产目标完成情况和安全生产绩效等。

4. 整改措施落实

工程项目对分包方进行安全生产评价考核并提出整改措施要求后，应对分包方的整改措施落实和有效性进行验证，对于整改不符合要求的情况应持续跟进，并进行记录。

5. 对分包方的安全生产评价考核结论

对分包方的安全生产评价考核是全过程评价。分包方施工结束后，工程项目应对分包方整个施工过程的安全行为进行总结性评价考核，并结合施工前和施工过程中的安全评价考核情况和整改措施落实情况，得出分包方安全生产评价考核的总体结论。

建筑施工企业可以依据对分包方的安全生产评价考核总体结论，建立合格分包商名录，作为以后建筑施工企业选择分包商的依据，指导企业对分包商的选择。分包商名录应定期审核、更新。

（五）安全生产奖惩制度

安全生产奖惩是通过奖励和惩罚两种措施，落实安全生产管理的一种管理手段，是建筑施工企业和工程项目安全管理的有力保障。安全奖励措施可以发挥正面的激励作用，鼓励从业者遵守安全管理规定、履行安全管理职责；安全惩罚措施可以发挥警告作用，制约从业者的行为。

建筑施工企业和工程项目的安全生产管理既要有奖励措施，也要有惩罚措施。在提高员工积极性方面，奖励比惩罚有效；在保障企业安全生产制度执行方面，惩罚措施效果更佳。

建筑施工企业和工程项目可针对安全生产管理的各个方面制定相应的安全生产奖惩制度，包括针对企业安全生产目标的完成情况制定目标奖惩规定，针对各岗位安全生产履职情况制定安全生产履职奖惩规定，针对施工现场的行为制定安全行为奖惩规定等。建筑施工企业和工程项目应明确安全生产奖惩的标准、力度和奖惩执行的流程，并对安全生产奖惩制度进行持续改进。

安全奖励的形式包括物质奖励和精神奖励两种，物质奖励有奖金、奖励物品等；精神奖励有荣誉称号、奖状等。安全惩罚的形式有经济惩罚、行为惩罚、行政处罚等。

【管理实例】

某建筑施工企业为了提高施工作业人员安全生产积极性，鼓励施工作业人员的安全行为，避免违章作业，在其所属部分项目推行了"行为安全之星"活动试点。

"行为安全之星"活动通过设置现场安全观察员，由安全观察员对施工现场作业人员的行为安全进行观察和评价，对于施工作业人员的安全行为，如规范使用安全生产防护用品、纠正他人违章行为等，向其发放"行为安全之星表彰卡"。作业人员凭"表彰卡"可以兑换各种生活用品，每隔一定时间，拥有"表彰卡"最多的作业人员和作业班组，还能获得额外的奖励。

经过一段时间的活动开展，施工现场作业人员的安全意识普遍提高，不安全行为现象明显减少，现场安全氛围积极向上。该公司经过试点，开始逐步在全公司所有项目推广"行为安全之星"活动，有效提高了整个公司的安全管理水平。

八、施工现场文明施工管理

（一）概述

文明施工是指保持施工现场良好的作业环境、卫生环境和工作秩序，以促进各项施工生产工作安全、有序进行的一种施工活动。

施工现场文明施工的管理范围较广，涉及的管理部门也比较多。施工企业和工程项目部应从建立文明施工管理组织机构、制定文明施工方案、加强安全文明施工教育、落实文明施工监督检查等几方面，健全施工现场文明施工管理制度，规范和提升施工现场文明施工的管理。

（二）组织机构与责任

文明施工管理贯穿于工程建设全周期，建筑施工企业和工程项目应在工程开工之初成立文明施工管理机构，做好文明施工的策划与落实。

管理机构人员应包括总承包单位、专业分包单位、劳务分包单位主要现场管理人员。依据法律法规和合同约定，对各单位进行文明施工责任划分，按照层级进行管理，同时做好分包单位进出场时的责任调整和施工交叉区域文明施工责任的划分。

（三）文明施工策划

工程项目在项目策划时，应根据建设单位和施工企业以及工程项目的实际情况，确定本项目的文明施工目标，并依据文明施工管理组织机构和责任体系对目标进行分解，定期对目标的完成情况进行检查和考核。

文明施工管理目标应与项目安全、环境、质量管理目标，以及绿色施工的要求相结合。

文明施工管理的主要内容包括：现场围挡设置，现场封闭管理，门禁的设置和管理，施工车辆冲洗，施工现场平面布局和场容场貌管理，现场材料堆放设置与管理，现场生产生活临时设施设置与管理，现场防火管理，治安保卫管理，公示标牌管理，环境卫生管理，光、声、水污染管理，夜间施工管理，社区沟通管理等。

（四）文明施工实施

工程项目应依据文明施工方案对文明施工管理负责人员和进入施工现场的作业人员进行文明施工制度的培训和教育，以明确文明施工的具体要求和标准。

建筑施工企业和工程项目应根据有关规定，结合企业自身情况，制定文明施工的标准，进行标准化和定型化管理，配置临时设施、安全防护、围墙围挡、大门等设施，指导工程项目的文明施工。

工程项目还应制定文明施工检查制度，对现场文明施工情况进行监督检查，明确检查的时间、检查方式方法和检查整改落实办法等，对于施工作业人员的文明施工行为还应制定奖罚管理措施。

九、施工现场消防安全管理

（一）概述

工程项目应加强对施工现场消防的安全管理，以满足施工现场消防安全的需要，避免施工现场火灾发生或降低火灾危害。

工程项目施工现场应当遵循国家有关消防安全管理的法律法规、方针政策的要求，针对项目施工现场的火灾危险特点，从施工现场消防安全组织与责任、施工现场防火技术方案和消防安全管理制度、施工现场消防应急救援管理等进行。

（二）组织机构与责任

施工现场消防安全管理应由施工单位负责，实行施工总承包的，应由总承包单位负责。分包单位应向总承包单位负责，并应服从总承包单位的管理，同时应承担国家法律、法规规定的消防责任和义务。

总承包单位对施工现场消防实施统一管理，对施工现场总平面布局、现场防火、临时消防设施等进行总体规划、统筹安排，明确责任，确保施工现场消防安全管理落到实处。

根据工程项目的规模和现场消防安全管理的重点，施工单位应建立消防安全管理组织机构，并确定现场消防安全负责人和消防安全管理人员，落实相关人员的消防安全管理责任。

（三）制定施工现场防火技术方案

工程项目的项目负责人应组织项目技术负责人及相关部门和人员编制施工现场防火技术方案。施工现场的防火技术方案应依据施工现场总平面布局进行编制，并应根据现场情况变化及时修改和完善。

现场防火技术方案的主要内容应包括：施工现场重大火灾危险源辨识，施工现场防火技术措施，临时消防设施和临时疏散设施配备，临时消防设施，消防警示标识布置图，禁止动火的区域以及其他消防管理措施等。

（四）主要管理内容

1. 消防安全专项教育

施工现场消防安全教育培训应贯穿施工全过程。施工现场消防安全专项教育应结合建筑施工企业和工程项目的安全生产教育培训制度，制定相应的规定，组织对新进场的施工作业人员进行消防安全教育和培训，并定期组织全员消防安全教育培训。

消防安全教育和培训的内容应包括：现场消防安全管理制度、防火技术方案、灭火及应急疏散的主要内容；施工现场临时消防设施的性能及使用、维护方法；扑灭初起火灾及自救逃生的知识和技能；报警和接警的程序和方法等，从而使从业人员具备检查消除火灾隐患能力、扑救初级火灾能力、组织疏散逃生能力、消防宣传教育能力等"四种能力"。

2. 可燃及易燃易爆危险品管理

施工现场常用的可燃及易燃易爆危险品主要包括：各种木质材料（木模板、方木材料等）、氧气瓶、乙炔瓶、液化气瓶、电缆电线、活动板房材料，以及各种防水、保温、装饰、防腐材料等。

可燃及易燃易爆危险品在进场时应清点登记，建立台账，并依据其物理化学性质进行存储。对于气瓶等危险品，还应检查其瓶身和相关安全附件，不满足安全使用要求的气瓶不得进入施工现场。

易燃易爆危险品必须存放在专用仓库、专用场所或专用储存室中。工程项目在规划施工总平面布局时，就应依据相关消防要求合理规划危险品仓库或材料堆场的布局。危险物品仓库应保证通风、干燥，电气设施应符合防爆要求，配置相应的消防器材，制定巡回检查、物品保管领用等相关储存管理制度，并制定防火规定，严禁在危险物品仓库或堆场周围一定范围内使用明火或进行动火作业。

3. 动火管理

动火作业应执行严格的审批管理，建筑施工企业和工程项目应制定动火管理制度，根据动火作业的危险程度进行分级管理，明确动火作业的等级划分标准、不同等级动火审批的管理组织、程序、要求和禁止动火的情况等。

动火作业前，动火作业相关人员应向工程项目部申请动火审批，说明动火原因、动火人员、监护人员、动火时间和动火地点，以及动火作业人员和监护人员的资格材料。工程项目负责动火审批的部门应对动火作业申请进行核实和确认，满足动火条件的，签发动火作业证。

动火作业证上应注明动火作业时间、作业地点、作业人员和监护人员，以及监护人员的责任和动火作业应采取的消防技术措施等。动火作业人员凭证作业，无动火作业证的人员禁止动火。动火作业人员应随身携带动火证，禁止一证多用和重复使用。

动火作业的监护人员需经建筑施工企业专门培训考核合格后方可上岗。监护人员负责动火现场的监护与检查，发现动火人违章作业时应立即制止，发现异常情况应立即通知动火人停止动火作业，并及时联系有关人员采取措施。监护人员在动火作业期间不得兼做其他工作。

施工现场的施工管理人员应向作业人员进行消防安全技术交底，消防安全技术交底的内容应包括：施工过程中可能发生火灾的部位或环节；施工过程应采取的防火措施及应配备的临时消防设施；初期火灾的扑救方法及注意事项；逃生方法及路线。

动火作业前，动火作业人员和监护人员应清理动火作业地点周围的可燃及易燃易爆危险品，并设置警戒，配备数量足够的消防设施。动火作业时，应严禁与动火作业无关人员或车辆进入动火区域。动火作业完成后，作业人员和监护人员应会同有关人员清理现场，清除残火，确认无遗留火种后方可离开现场。

4. 消防安全专项检查与整改

工程项目应制定消防安全检查制度，明确消防安全检查的组织、程序、检查周期和检查内容，并作好记录。

消防安全检查的主要内容包括：可燃物及易燃易爆危险品的管理是否落实；动火作业的防火措施是否落实；用火、用电、用气是否存在违章操作，动火作业监护人是否到位；电焊、气焊及保温防水施工是否执行操作规程；临时消防设施是否完好有效；临时消防车道及临时疏散设施是否畅通。

5. 消防应急管理

施工单位应依据现场防灭火技术方案和有关法律法规的要求，编制施工现场灭火及应急疏散预案，其主要内容应包括：应急灭火处置机构和各级人员应急处置职责；报警、接警处置的程序和通信联络的方式；扑救初起火灾的程序和措施；应急疏散及救援的程序和措施，并绘制消防疏散图。

工程项目还可以组织现场管理人员和作业人员，建立以自防自救为目的的义务消防队，明确义务消防队的负责人和组织形式，确定义务消防队在现场消防应急管理体系中的作用，并加强对义务消防队的教育培训，定期组织演练。

施工单位应依据灭火及应急疏散预案，对现场所有管理人员和作业人员定期开展灭火及应急疏散演练。

十、施工现场生产生活设施管理

（一）概述

工程项目在施工过程中，为了满足各种生产、人员临时办公和生活需求而建造多种配合施工生产、服务于施工现场人员办公及生活的构筑物或设施，统称为生产生活设施，主要包括：办公室、宿舍、食堂、厕所、浴室、吸烟点、休息室、仓库、岗亭、防护棚、临时道路、临时围墙等。

《建设工程安全生产管理条例》规定：施工单位应当将施工现场的办公、生活区与作业区分开设置，并保持安全距离；办公、生活区的选址应当符合安全性要求。职工的膳食、饮水、休息场所等应当符合卫生标准。施工单位不得在尚未竣工的建筑物内设置员工集体宿舍。

施工现场的生产生活设施通常都具有临时性，在使用过程中往往容易疏于管理，并造成安全事故或意外事件。工程项目应加强对施工现场生产生活设施的管理，制定施工现场生产生活设施管理制度，保证施工现场生产生活设施在工程建设期间的使用安全。

工程项目对施工现场生产生活设施的管理，应包括设计、搭设、验收、使用、拆除等过程的全方位、全阶段的安全管理。

（二）设计管理

板房、砌体房等一些生产生活设施在搭设之前，项目部应进行专项设计，也可委托有资质的设计单位进行设计。生产生活设施的设计需综合考虑环境、使用年限、安装工艺等因素，因地制宜，确保满足结构安全和使用要求，并符合施工现场安全文明施工、卫生、通风采光、环保等要求。

生产生活设施在总平面布置上应当满足消防、应急疏散、建筑设备布置等方面要求。对于存在台风及大风天气的区域，生产生活设施还应当采取相关防台风加固措施，并按要求设置防雷接地措施。

国家推广建筑施工企业采购或租赁可周转式成型集装箱，鼓励施工单位在临时生产生活设施施工时采用可重复利用、环保型建筑材料。

(三) 搭设与验收管理

1. 搭设管理

生产生活设施的施工安装应编制专项施工方案，专项施工方案应包括：生产生活设施的平面布置、施工工艺和安装要求、施工中的安全技术措施、劳动力计划等。生产生活设施的承包单位应由相应资质的施工企业承担，且作业人员必须经过安全技术交底后方可上岗作业。

活动板房的主要受力构件、主要框架在安装过程中应保证其稳定，并在安装后进行校正固定。铺设屋面板时，不得集中荷载，作业人员不得在未固定的屋面上行走，使用材料时应按照要求进行传递、不得随意抛掷，搭设应严格按照设计说明书及工艺要求进行安装施工。

在进行砌筑施工时，应有防倾覆措施，砌体砌筑、建筑设备及其他生产生活设施施工时，也应按照设计要求及施工方案进行施工。

生产生活设施安装施工时，应有符合安全规定要求的临时安全防护和登高设施，应安排专职安全管理人员对现场进行监督管理，并做好对作业人员劳防用品佩戴情况的监督检查工作。生产生活设施安装时，搭设区域应设置安全警戒标志，六级以上大风、大雾和大雨等恶劣天气，不得进行安装施工作业。

2. 验收管理

(1) 材料入场验收

生产生活设施的搭设材料进入施工现场前，应对其原材料、构配件、设备进行进场验收，厂家应提供建筑结构安装图纸、产品出厂合格证、材质证明及检测报告、使用说明书、相关验收标准等。

搭设生产生活设施的场地应平整、坚硬，搭设前应对地基基础的强度进行验收，基础的混凝土强度达到设计强度75%以上时方可进行上部建筑的施工或安装。

周转使用规定年限的临时性建筑物重新组装前，应对主要构件做好检查维护，达到标准要求的构配件方可使用。

(2) 搭设完成验收

生产生活设施搭设完成后，应由搭设单位自行检查合格后，经总包单位（使用单位）验收，确认符合使用条件，方可投入使用。

生产生活实施的安装技术要求和允许偏差应通过规定的质量验收标准要求；验收合格的生产生活设施应在醒目位置挂设验收合格牌，并做好验收过程资料记录工作，按要求进行存档管理。

(四) 使用管理

1. 使用管理制度

生产生活设施使用单位应当制定安全保卫、卫生防疫、消防管理、用电管理、维护维修等安全管理制度，明确管理责任人，并按制度要求落实管理职责。

2. 使用过程监督检查

生产生活设施特别是办公室及住宿宿舍，在使用过程中不应更改原设计的使用功能，楼面严禁超载。临时性建筑物不得安装使用振动性较大的机械设备，不得存放腐蚀性较大的化学材料，严禁使用大功率的照明取暖或电加热器等易引起火灾的设备设施。

生产生活设施在使用时应按照要求布设足额的消防器材设施，且做好日常相关检查及维修工作，及时更换失效的消防器材。生产生活设施区域，使用单位应当明确各区域消防责任人。

生产生活设施使用期内，使用单位应组织相关人员对生产生活设施的使用情况进行定期检查、维护，并建立台账。检查过程中发现的安全问题，应及时采取整改措施、落实整改工作。

（五）拆除管理

拆除作业前，应编制相应的拆除施工方案，对存在电源的生产生活设施进行断电处理，同时做好相应的防尘降噪措施，并对拆除作业人员进行书面安全技术交底。

拆除时，严格按照拆除施工方案和拆除流程进行拆除工作，当出现可能危及临时建筑整体稳定的不安全情况时，应遵循"先加固、后拆除"的原则。拆除过程中，拆除区域周围应设置临时围栏、挂警戒标志，并应安排专人监护、严禁无关人员逗留或闯入，拆除作业人员需严格按照要求佩戴好相应的安全生产防护用品。拆除下来的构件按照指定区域分区分类堆放，相关垃圾应按规定及时外运，做到工完场清。

十一、其他管理

（一）职业卫生健康管理

1. 概述

建筑行业涉及的职业病危险有害因素种类繁多、情况复杂，既有过程、施工工艺产生的危害因素，也有自然环境、施工环境产生的危害因素。

建筑行业常见的职业病有各种尘肺病（矽肺、水泥尘肺、电焊工尘肺等）、噪声聋、手臂振动病、职业性皮肤病（电光性皮炎等）、职业性眼病（电光性眼炎等）、中暑和热射病、职业性化学中毒等。

建筑施工企业是作业场所职业病危害预防控制的责任主体，应当依据国家相关法律法规及标准规范开展职业卫生健康管理工作，建立健全职业卫生健康管理体系。

建筑施工企业应结合企业职业卫生健康管理方针和目标，以职业危害因素辨识为基础，采用 PDCA 动态循环的模式建立职业卫生健康管理体系。

2. 组织机构与责任

建筑施工企业的职业卫生健康管理组织机构应包括各管理层的主要负责人，各相关职能部门及专职职业卫生健康管理机构或岗位，及专兼职职业卫生健康管理人员。

职业卫生健康管理组织机构建立后，施工企业应当建立和健全与组织机构相对应的责任体系，明确各管理层、职能部门、岗位的职业卫生健康管理责任。

3. 策划

职业卫生健康管理体系策划主要包括：法律法规收集整理，职业病有害因素辨识、评估和控制措施的确定，企业职业卫生健康管理方针和目标的确定等。

（1）法律法规收集整理

在策划阶段，企业首先应收集与建筑行业职业卫生健康管理相关的法律法规和标准规范，如《劳动法》、《职业病防治法》、《建设工程安全生产管理条例》、《建筑施工现场环境与卫生标准》，以及行业及地方标准规范等，仔细了解相关法律法规、标准规范对于企业职业卫生健康管理的具体要求。

（2）职业病有害因素辨识、评估和控制措施的确定

建筑施工企业应对项目层面的职业病有害因素进行识别和评估，并明确用于职业病有害因素辨识的方法和程序。

针对职业病有害因素辨识和评估的结果，建筑施工企业和工程项目应制定相应的控制措施。职业病有害因素控制措施应着眼于职业病预防，并遵循职业卫生"三级预防"的原则，即：

1）一级预防，从根本上着手，使劳动者尽可能不接触职业性有害因素，或控制作业场所有害因素水平在卫生标准允许限度内。

2）二级预防，对作业工人实施健康监护、早期发现职业损害，及时处理、有效治疗、防止病情进一步发展。

3）三级预防，对已患职业病的患者积极治疗，促进康复。

职业卫生"三级预防"应突出一级预防，加强二级预防，做好三级预防。

（3）企业职业卫生健康管理方针和目标的确定

建筑施工企业最高管理层应制定本企业职业卫生健康管理方针，对本企业的职业卫生健康管理工作应作出承诺，并为企业职业卫生健康管理活动确立方向，形成文件、付诸实施。

建筑施工企业应根据国家相关法律法规、方针政策的要求，结合企业自身的总体发展规划，制定本企业年度及中长期职业卫生健康管理目标。职业卫生健康管理目标应量化。

建筑施工企业在制定职业卫生健康管理目标之后，应将管理目标分解到各个管理层及相关职能部门和岗位，并进行有效的管理和考核。企业制定的职业卫生健康管理目标应对项目制定职业卫生健康管理目标起指导作用。

4. 实施

建筑施工企业职业卫生健康管理体系在实施阶段主要的管理要点包括：职业危害告知、职业危害申报、职业卫生健康宣传培训、职业卫生健康防护用品管理、职业危害日常监测、从业人员职业卫生健康监护及档案管理、职业卫生健康应急管理等。

（1）职业危害告知

建筑施工企业应建立职业危害告知制度，包括向从业人员告知有关职业卫生健康的规章制度、职业危害事故应急救援措施；在签订劳动合同时写明可能产生的职业危害及其后果，以及职业危害防护措施和待遇；及时公布作业场所职业危害因素监测和评估结果；及时告知从业人员职业病健康体检结果；对于患职业病或者职业禁忌证的从业人员，应及时告知本人。

（2）职业危害申报

建筑施工企业应及时、如实申报职业危害。企业应制定职业危害申报制度，明确职业病申报的时间、程序以及所需要的资料。

（3）职业卫生健康宣传培训

建筑施工企业应结合企业安全生产教育培训制度，制定职业卫生健康宣传培训规定，企业的主要负责人、管理人员应接受职业卫生培训；对从业人员进行岗前职业卫生培训和在岗期间定期职业卫生培训。

（4）职业卫生健康防护用品管理

建筑施工企业应针对职业病危害，结合企业安全生产防护用品管理制度，制定职业卫生健康防护用品管理规定，其内容应包括：及时、足量配备各种职业卫生健康防护用品，建立防护用品台账；确定职业卫生健康防护用品的发放标准，编制防护用品发放计划，对职业卫生健康防护用品的发放进行登记，形成记录并保存；及时维护、定期检测职业卫生健康防护用品。

（5）职业危害日常监测

建筑施工企业应建立项目职业危害日常监测制度，确定需要监测的职业病危险有害因素，明确监测频次和监测异常时应采取的程序。必要时，企业可以指定专人进行职业危害监测。

（6）从业人员职业卫生健康监护及档案管理

建筑施工企业和工程项目应组织对新入职或新进场的从业人员进行健康体检，确保从业人员的身体条件能满足施工作业的要求。

建筑施工企业应如实记录从业人员的职业卫生健康监护档案，并制定档案管理制度，明确职业卫生健康监护档案的内容，制定档案保存制度和办法。建筑施工企业应从制度上保证从业者的权利，包括隐私权和知晓权。劳动者有权向企业索要自身职业卫生健康监护档案的复印件。

（7）职业卫生健康应急管理

建筑施工企业应建立职业卫生健康应急管理制度，编制应急预案，明确应急管理职责、准备应急救援物资、应急响应级别和应急程序、应急实施、应急完成后的恢复工作等，并作好应急教育和演练。

5. 检查和改进

建筑施工企业职业卫生健康管理体系在检查和改进阶段的管理要点主要包括：绩效测量和监测，合规性评价，事件调查，不符合、纠正措施和预防措施，记录控制，内部审核，管理评审等。

检查和改进主要是对企业职业卫生健康管理体系的监督和反馈，发现工作在制度层面中存在的问题，并及时调整有问题的制度，使企业职业卫生健康管理达到更理想的状态，并开始下一个 PDCA 动态循环。

（二）绿色施工管理

1. 概述

绿色施工是指工程建设中，在保证质量、安全等基本要求的前提下，通过科学管理和技术进步，最大限度地节约资源与减少对环境负面影响的施工活动，以达到节约能源、水资源、土地资源、节约建筑材料和保护环境的目的。绿色施工主要内容包括"四节一环保"，即节约能源、水资源、土地资源、节约建筑材料和保护环境。

2. 组织机构与责任

施工单位是工程项目绿色施工的实施主体，应全面组织绿色施工的实施。实行施工总承包的，绿色施工的实施由总承包单位负总责，专业分包单位对其工程承包范围内的绿色施工负责。总承包单位应对专业分包单位的绿色施工实施管理。

项目部应成立以项目经理为第一责任人的绿色施工管理组织机构，明确相关人员的责任，并做好各部门、各单位的施工协同工作。

3. 策划

绿色施工是建筑全寿命周期中的一个重要阶段。实施绿色施工，应进行总体方案优化。在规划、设计阶段，应充分考虑绿色施工的总体要求，为绿色施工提供基础条件。

项目部应针对工程项目的施工特点，辨识、分析和评价绿色施工影响因素，并制定相应的绿色施工实施对策，编制绿色施工组织设计、绿色施工方案或绿色施工专项方案。项目部还应确定绿色施工的目标，并依据绿色施工管理组织机构和责任体系对目标进行分解，定期对目标的完成情况进行检查和考核。

4. 实施

项目部应制定施工现场绿色施工教育培训的相关规定，结合现场安全生产、文明施工、现场消防等教育，明确绿色施工的教育内容、教育方法和形式等，提升从业人员的绿色施工意识和能力。

绿色施工参建各方应依据相关法律法规和绿色施工方案的要求，对传统工艺进行改进，建立不符合绿色施工要求的施工工艺、设备和材料的限制、淘汰制度，积极推进建筑工业化和信息化施工，提倡结构构件预制化和建筑配件整体装配化。

项目部应结合绿色施工的技术管理，做好绿色施工过程技术资料收集和归档。

5. 检查、评价与改进

项目部应加强对绿色施工检查，并明确检查的时间、检查方式方法和检查整改落实办法等。

项目部还应建立绿色施工评价的框架体系，评价框架体系由评价阶段、评价要素、评价指标、评价等级等要素构成。

依据《建筑工程绿色施工评价标准》GB/T 50640—2010，绿色施工评价框架体系的评价阶段可依据施工阶段，分为地基与基础工程、结构工程、装饰装修与机电安装工程等几个阶段。

评价要素应分为环境保护、节材与材料资源利用、节水与水资源利用、节能与能源利用、节地与土地资源保护五个要素。

评价指标应分为控制项、一般项、优选项三类指标。

评价等级应分为不合格、合格和优良三个级别。

项目部应依据评价情况，制定持续改进措施，并跟踪改进措施的落实，促进绿色施工水平的提升。

（三）危险作业许可管理

建筑施工企业在进行起重吊装作业、动火作业、受限空间作业、爆破作业及安全防护设施拆除等危险作业前，为防止和减少事故的发生，须实施作业前申报审批手续，以强化监督管理。施工现场危险作业许可管理要求详见表4-9。

危险作业许可管理一览表

表 4-9

序号	作业类型	申报人	审核人	备注
1	动火作业	分包单位现场负责人	项目施工管理人员	
2	起重吊装作业	分包单位现场负责人	项目机械管理人员	审核通过后，项目分管生产管理的负责人应予复核，审批通过后方可实施
3	防护设施拆除作业	分包单位现场负责人	项目施工管理人员	
4	受限空间作业	分包单位现场负责人	项目施工管理人员	
……	……	……	……	

注：受限空间作业是指封闭或半封闭，易造成有毒、有害、易燃易爆物质积聚或氧含量不足的空间。

第五章　危险性较大的分部分项工程

危险性较大的分部分项工程管理难度较大、危险性较高，是工程项目安全管理的重要内容。本章从危险源辨识、安全专项施工方案和技术措施、安全技术交底、安全技术资料管理等方面讲解危险性较大的分部分项工程的管理要点。

一、危 险 源 辨 识

（一）危险源及其特性

危险源是指可能导致人身伤害和（或）健康损害的根源、状态、行为，或其组合，由潜在危险性、存在条件和触发因素等要素构成。

危险源通常可分为两类：第一类危险源是指可能发生意外释放的能量或危险物质，第二类危险源则指导致能量或危险物质约束、限制措施失效或破坏的各种不安全因素。

生产安全事故的发生是两类危险源共同作用的结果。例如，在某次事故中，作业人员李某在吊篮旁进行外墙保温施工作业准备时，一块放置在楼体外部的脚手板坠落击中李某头部，造成李某当场死亡。事故的原因是由于脚手板的任意摆放及临边缺少防护。在这起事故中，存放在高处的具有重力势能的脚手板为第一类危险源，脚手板未固定及其他管控措施缺失为第二类危险源。

危险源一般具有以下特性：

1. 相对性

危险源的相对性由两方面的含义：一方面，不同的危险源具有不同的特征；另一方面，同一危险源在不同状态下可以具有不同的特征。

危险源的辨识应相对于确定的系统，系统的范围不同，危险源存在的界定区域也不同，分析危险源应按系统的不同层次来进行。对一个企业系统来说，危险源可能是某个工程、场所；对一个工程来说，危险源可能是某个分部分项工程；对分部分项工程，危险源可能是某个作业、设备和环境。例如，塔式起重机在常规情况下吊装作业和在高压线覆盖区域吊装作业，其危险源的辨识情况就不尽相同。

2. 可控性

危险源不消除或控制措施不到位就可能存在事故隐患。危险源的控制，是指通过技术和管理手段消除或控制危险源，预防危险源出现事故隐患或消除已存在的事故隐患。例如，对楼层洞口加设防护盖板或栏杆等防护措施，即达到危险源控制的目的。

（二）危险源辨识、评价与控制

1. 危险源辨识

危险源辨识就是识别危险源的存在并确定其特性的过程。危险源的辨识通常采用调查法、安全检查表辨识法、经验对照法、现场观察法、预先危险性分析等方法。

2. 危险源评价

危险源评价是评估危险源所带来的危险大小及确定危险是否可容许的过程。根据评价结果对危险进行分级，按不同级别的危险有针对性地采取危险控制措施。

建筑施工常用的危险源风险评价方法有：安全检查表分析法（SCA）、预先危险分析方法（PHA）、故障假设分析方法（WI）、危险和可操作性研究（HAZOP）、故障类型和影响分析（FMEA）、故障树分析（FTA）、作业条件危险性评价法（JRA）等。在实际危险源评价的过程中，可以综合运用两种或两种以上方法进行评价。

（1）安全检查表分析法（SCA）

依据相关的标准、规范，对工程、系统中已知的危险类别、设计缺陷以及与工艺、设备、操作、管理有关的潜在危险性和有害性进行判别检查。为查找工程系统中各种设备、物料、工件、操作、管理和组织措施中的危险有害因素，事先把检查对象加以分解，将大系统分割成若干小的子系统，以提问或打分的形式，将检查项目逐项检查，避免遗漏。

（2）预先危险分析方法（PHA）

在施工前，首先对系统中存在的危险性类别、出现条件及导致事故的后果进行概略分析，目的是评价出系统中的潜在风险。

（3）故障假设分析方法（WI）

评价人员首先提出一系列问题，然后再回答这些问题。评价结果一般以表格的形式显示，主要内容包括：提出的问题，回答可能的后果，降低或消除危险性的安全措施。故障假设分析法由三个步骤组成，即分析准备、完成分析、编制结果文件。

（4）危险和可操作性研究（HAZOP）

该方法是一种形式结构化的方法，该方法全面、系统地研究系统中每一个元件，其中重要的参数偏离了指定的设计条件所导致的危险和可操作性问题。在建筑施工中重点是对施工工艺流程或操作规程进行分析，必须由多方面、专业和熟练的人员组成评价小组。背景各异的专家们在一起工作，在创造性、系统性和风格上互相影响和启发，能够发现和鉴别更多的问题。

（5）故障类型和影响分析（FMEA）

评价前按工程项目实际情况进行分割，然后分析各自可能发生的事故类型及其产生的影响，以便采取相应的对策。

（6）故障树分析（FTA）

该方法又称事故树分析，是安全系统工程中最重要的分析方法。事故树分析从一个可能的事故开始，自上而下、一层层地寻找顶事件的直接原因和间接原因事件，直到基本原因事件，并用逻辑图把这些事件之间的逻辑关系表达出来。

（7）作业条件危险性评价法（JRA）

将作业条件的危险性作为因变量（D）、事故或危险事件发生的可能性（L）、暴露于危险环境的频率（E）及危险严重程度（C）作为自变量，确定他们之间的函数式。根据实际经验给出 3 个自变量在不同情况的分数值，对所评价的对象根据实际情况进行"打分"的办法，然后根据函数式计算出其危险性分数值，再按经验将危险性分数值划分到危险程度登记表或图上，查出其危险程度。下面我们给出一种建筑施工常用的取值和判定方法。

风险等级根据计算得出的风险值（$D=L\cdot E\cdot C$）确定，按表 5-1 进行查取，风险等级为 1、2、3 级的危险源为重大危险源，4、5 级为一般危险源。

危险性等级表　　　　　　　　　　　　　　　　　　　　　　表 5-1

D 值	危险程度	风险等级
＞320	极其危险，不能继续作业	1
160～320	高度危险，需立即整改	2
70～160	显著危险，需要整改	3
20～70	一般危险，需要注意	4
＜20	稍有危险，可以接受	5

事故或危险事故发生的可能性（L）用概率大小来表示，具体按表 5-2 查取。

事故或危险事故发生的可能性概率表　　　　　　　　　　　表 5-2

分数值	事故发生的可能性（L）
10	完全可以预料（存在重大隐患，不采取措施必然发生事故）
6	相当可能（存在较多隐患，不采取措施很可能发生事故）
3	可能，但不经常（个别存在隐患，有发生事故的可能，但不经常）
1	可能性小（自然条件发生突然变化时有发生事故的可能，完全意外）
0.5	很不可能（可以设想没有发生事故的可能性）
0.1	极不可能（设想和实际都没有发生事故的可能性）

暴露于危险环境的频繁程度（E）根据人员出现在危险环境中的时间长短确定，具体按表 5-3 查取。

暴露于危险环境的频繁程度表　　　　　　　　　　　　　　表 5-3

分数值	频繁程度（E）
10	每天 24h
6	每天工作时间内暴露
3	每周一次，或偶然暴露
2	每月一次暴露
1	每年几次暴露
0.5	非常罕见地暴露

发生事故危险严重程度（C）根据造成的人身伤害或财产损失情况确定，具体按表 5-4 查取。

危险严重程度　　　　　　　　　　　　　　　　　　　　　　表 5-4

分数值	危险严重程度（C）
100	特大死亡事故（死亡 30 人以上）；急性中毒 30 人以上；直接经济损失 100 万元以上
40	重大死亡事故（死亡 10～29 人）；急性中毒 10～29 人；直接经济损失 30 万元以上

分数值	危险严重程度（C）
15	较大死亡事故（3~9 人）；急性中毒或患职业病 5 人及以上；直接经济损失 10 万元以上
7	死亡事故（3 人以下死亡）、多人重伤；急性中毒或患职业病 5 人以下；直接经济损失 5 万元以上
3	1 人重伤；直接经济损失 1 万元以上
1	轻伤；直接经济损失不足 1 万元

3. 危险源控制

对危险源的控制，实际就是消除或防止存在的事故隐患发生安全事故，施工现场应采用管理措施和技术措施对危险源进行控制，把危险源的风险降低到可控制、可接受的范围。在确定控制措施或考虑变更现有控制措施时，应按如下顺序考虑降低风险。

（1）消除

如在钢结构安装作业中将焊接变更为螺栓连接，就使现场发生火灾的危险源消失，除去了发生火灾的风险。

（2）替代

如钢筋加工使用数控机床作业，用自动化施工机械设备替代人工作业，可有效地降低人员接触风险。

（3）工程控制措施

如多塔作业安装智能防碰撞系统等新技术的应用。

（4）标志、警告和（或）管理控制措施

如在模板拆除区域设置警示线及警告标志，防治闲杂人员进入。

（5）个体防护

如正确佩戴安全帽、反光背心、安全鞋、安全带、防护手套等个体防护措施。

（三）重大危险源与危险性较大的分部分项工程

1. 重大危险源

我国《安全生产法》中将重大危险源定义为长期或者临时生产、搬运、使用或者储存危险物品，且危险物品的数量等于或者超过临界量的单元（包括场所和设施）。对于建设工程来说，重大危险源是指在施工过程中，风险属性（风险度）等于或超过临界量，可能造成人员伤亡、财产损失、环境破坏的施工单元。

2. 危险性较大的分部分项工程

单位工程按其种类或主要部位可划分为若干分部工程，如基础工程、主体工程、装饰工程等；而分项工程是对分部工程的细分，是构成分部工程的基本项目，如主体分部中的钢筋分项工程、模板分项工程、混凝土分项工程等。

在建筑施工过程中，危险性较大的分部分项工程是指建筑工程在施工过程中存在的、可能导致作业人员群死群伤的或造成重大不良社会影响的分部分项工程。

根据发生生产安全事故可能产生的后果，建筑施工分部分项工程的危险等级可划分为Ⅰ、Ⅱ、Ⅲ级等（其中Ⅰ级风险最高），对应的事故后果分别为很严重、严重、不严重等。

根据《危险性较大的分部分项工程安全管理规定》（住建部第 37 号令）和《建筑施工

安全技术统一规范》GB 50870—2013 的相关规定，超过一定规模的危险性较大的分部分项工程对应于 I 级危险等级，危险性较大的分部分项工程对应于 II 级危险等级，非危险性较大的分部分项工程施工内容为 III 级危险等级。具体划分内容见表 5-5。

危险等级划分表　　　　　　　　　　　　　　　表 5-5

危险等级	分部分项工程	工程内容
I 级	深基坑工程	开挖深度超过 5m（含 5m）的基坑（槽）的土方开挖、支护、降水工程
	模板工程及支撑体系	（1）各类工具式模板工程：包括滑模、爬模、飞模、隧道等工程。 （2）混凝土模板支撑工程：搭设高度 8m 及以上，或搭设跨度 18m 及以上，或施工总荷载（设计值）15kN/m² 及以上，或集中线荷载（设计值）20kN/m 及以上。 （3）承重支撑体系：用于钢结构安装等满堂支撑体系，承受单点集中荷载 7kN 及以上
	起重吊装及起重机械安装拆卸工程	（1）采用非常规起重设备、方法，且单件起吊重量在 100kN 及以上的起重吊装工程。 （2）起重量 300kN 及以上，或搭设总高度 200m 及以上，或搭设基础标高在 200m 及以上的起重机械安装和拆卸工程
	脚手架工程	（1）搭设高度 50m 及以上的落地式钢管脚手架工程。 （2）提升高度在 150m 及以上的附着式升降脚手架工程或附着式升降操作平台工程。 （3）分段架体搭设高度 20m 及以上的悬挑式脚手架工程
	拆除工程	（1）码头、桥梁、高架、烟囱、水塔或拆除中容易引起有毒有害气（液）体或粉尘扩散、易燃易爆事故发生的特殊建、构筑物的拆除工程。 （2）文物保护建筑、优秀历史建筑或历史文化风貌区影响范围内的拆除工程
	暗挖工程	采用矿山法、盾构法、顶管法施工的隧道、洞室工程
	其他	（1）施工高度 50m 及以上的建筑幕墙安装工程。 （2）跨度 36m 及以上的钢结构安装工程，或跨度 60m 及以上的网架和索膜结构安装工程。 （3）开挖深度 16m 及以上的人工挖孔桩工程。 （4）水下作业工程。 （5）重量 1000kN 及以上的大型结构整体顶升、平移、转体等施工工艺。 （6）采用新技术、新工艺、新材料、新设备可能影响工程施工安全，尚无国家、行业及地方技术标准的分部分项工程
II 级	基坑工程	（1）开挖深度超过 3m（含 3m）的基坑（槽）的土方开挖、支护、降水工程。 （2）开挖深度虽未超过 3m，但地质条件、周围环境和地下管线复杂，或影响毗邻建、构筑物安全的基坑（槽）的土方开挖、支护、降水工程
	模板工程及支撑体系	（1）各类工具式模板工程：包括滑模、爬模、飞模、隧道模等工程。 （2）混凝土模板支撑工程：搭设高度 5m 及以上，或搭设跨度 10m 及以上，或施工总荷载（荷载效应基本组合的设计值，以下简称设计值）10kN/m² 及以上，或集中线荷载（设计值）15kN/m 及以上，或高度大于支撑水平投影宽度且相对独立无联系构件的混凝土模板支撑工程。 （3）承重支撑体系：用于钢结构安装等满堂支撑体系

续表

危险等级	分部分项工程	工程内容
Ⅱ级	起重吊装及起重机械安装拆卸工程	（1）采用非常规起重设备、方法，且单件起吊重量在10kN及以上的起重吊装工程。 （2）采用起重机械进行安装的工程。 （3）起重机械安装和拆卸工程
	脚手架工程	（1）搭设高度24m及以上的落地式钢管脚手架工程（包括采光井、电梯井脚手架）。 （2）附着式升降脚手架工程。 （3）悬挑式脚手架工程。 （4）高处作业吊篮。 （5）卸料平台、操作平台工程。 （6）异型脚手架工程
	拆除工程	可能影响行人、交通、电力设施、通信设施或其他建、构筑物安全的拆除工程
	暗挖工程	采用矿山法、盾构法、顶管法施工的隧道、洞室工程
	其他	（1）建筑幕墙安装工程。 （2）钢结构、网架和索膜结构安装工程。 （3）人工挖孔桩工程。 （4）水下作业工程。 （5）装配式建筑混凝土预制构件安装工程。 （6）采用新技术、新工艺、新材料、新设备可能影响工程施工安全，尚无国家、行业及地方技术标准的分部分项工程
Ⅲ级		除Ⅰ级、Ⅱ级以外的其他工程施工内容

二、安全专项施工方案和技术措施

（一）概述

危险性较大的分部分项工程由于施工难度大、危险性较高，如果在施工前不进行科学合理的施工规划，盲目施工，极易造成生产安全事故，造成较严重的损失。为此，按照《危险性较大的分部分项工程安全管理规定》（住建部令第37号），工程项目在危大工程施工前应编制安全专项施工方案，指导危大工程安全施工。

安全专项施工方案是以危大工程的整体或局部为主要编制对象，提出相应的安全管理措施和技术措施，用以指导具体施工过程的安全、资源及技术保障措施等的文件。相比于其他施工方案，安全专项方案的侧重点是提出可操作性强的安全措施，保障施工作业安全。

安全专项施工方案应经过严格的编制、审核、审批流程后方可实施；对于超过一定规模的危大工程，施工单位应当组织召开专家论证会对专项施工方案进行论证，论证通过后方可实施。

（二）安全专项施工方案的编制

1. 编制要求

工程项目应在施工组织设计的基础上，根据工程设计、施工工艺，以及工程所在地自然环境、法律法规要求等实际情况，在危险性较大的分部分项工程施工前组织工程技术人员编制安全专项施工方案。

工程项目实行施工总承包的，专项施工方案应当由施工总承包单位组织编制。危大工程实行分包的，专项施工方案可以由相关专业分包单位组织编制。

安全专项施工方案在编制时，应充分辨识危大工程施工过程中的危险源，分析危险源的危险性，并结合工程项目的实际情况，提出相应的安全管理、技术措施。工程项目的项目负责人应组织有一定管理能力和经验的工程技术人员编制安全专项施工方案；必要时，还应组织项目技术、生产、安全等各岗位管理人员共同参与编制安全专项施工方案。

2. 编制内容

安全专项方案编制应当包括以下内容：

1）工程概况：危大工程概况和特点、施工平面布置、施工要求和技术保证条件；

2）编制依据：相关法律、法规、规范性文件、标准、规范及施工图设计文件、施工组织设计等；

3）施工计划：包括施工进度计划、材料与设备计划；

4）施工工艺技术：技术参数、工艺流程、施工方法、操作要求、检查要求等；

5）施工安全保证措施：组织保障措施、技术措施、监测监控措施等；

6）施工管理及作业人员配备和分工：施工管理人员、专职安全生产管理人员、特种作业人员、其他作业人员等；

7）验收要求：验收标准、验收程序、验收内容、验收人员等；

8）应急处置措施；

9）计算书及相关施工图纸。

（三）安全专项施工方案的审核与批准

1. 基本要求

安全专项施工方案应当由施工单位技术负责人审核签字、加盖单位公章，并由总监理工程师审查签字、加盖执业印章后方可实施。危大工程实行分包并由分包单位编制专项施工方案的，专项施工方案应当由总承包单位技术负责人及分包单位技术负责人共同审核签字并加盖单位公章。

建筑施工企业应制定安全专项方案的审核与审批流程和相关管理制度，指导工程项目按流程完成方案的审核与审批。

2. 审核与审批流程

安全专项施工方案的审核、审批可按以下程序进行：

1）专项方案应当由项目技术负责人组织本项目施工技术、安全、质量等专业技术人员进行初审。

2）初审合格的，由项目技术负责人签字后报施工企业单位工程技术管理部门，施工单位工程技术管理部门组织相关部门进行审核合格后，由施工单位技术负责人审批。

3）施工单位技术负责人审批后报监理单位，由项目总监理工程师审核签字。

4）实行施工总承包的，专项方案应当由总承包单位技术负责人及相关专业承包单位技术负责人签字。

5）需组织专家论证的专项方案，还要按相关规范组织专家论证。

工程项目应严格按照经审批合格的专项施工方案组织施工，不得擅自修改、调整专项施工方案。

3. 方案的修改与调整

因设计、法律法规、施工方法、资源配置及施工环境等因素发生重大修改或调整时，应及时修改或补充专项施工方案，并经原审批部门批准。修改完善后的专项施工方案经施工单位技术负责人、项目总监理工程师、建设单位项目负责人签字审批后，方可组织实施；专业承包单位编制的专项施工方案，有总承包单位时，应由总承包单位项目技术负责人核准备案。

进行专家论证的，施工单位应按专家论证审查意见对安全专项施工方案进行修改完善，有重大修改的，修改后应重新组织专家论证。

（四）安全专项施工方案的专家论证

1. 论证会的组织

对于超过一定规模的危大工程（在表5-5中危险性等级为Ⅰ级），工程项目的施工单位应组织召开专家论证会对专项施工方案进行论证。实行施工总承包的，由施工总承包单位组织召开专家论证会。专家论证前，专项施工方案应当通过施工单位审核和总监理工程师审查。未经过专家论证，危大工程不得进行施工。

2. 专家论证会人员要求

超过一定规模的危大工程专项施工方案专家论证会的参会人员应当包括：

1）专家。

2）建设单位项目负责人。

3）有关勘察、设计单位项目技术负责人及相关人员。

4）总承包单位和分包单位技术负责人或授权委派的专业技术人员、项目负责人、项目技术负责人、专项施工方案编制人员、项目专职安全生产管理人员及相关人员。

5）监理单位项目总监理工程师及专业监理工程师。

其中，专家应当从地方人民政府住房城乡建设主管部门建立的专家库中选取，符合专业要求且人数不得少于5名（专家人数一般为奇数）。与本工程有利害关系的人员不得以专家身份参加专家论证会。

设区的市级以上地方人民政府住房城乡建设主管部门建立的专家库，专家应当具备以下基本条件：

1）诚实守信、作风正派、学术严谨。

2）从事相关专业工作15年以上或具有丰富的专业经验。

3）具有高级专业技术职称。

3. 专家论证内容

对于超过一定规模的危大工程专项施工方案，专家论证的主要内容应当包括：

（1）专项施工方案内容是否完整、可行。

（2）专项施工方案计算书和验算依据、施工图是否符合有关标准规范。

（3）专项施工方案是否满足现场实际情况，并能够确保施工安全。

4. 其他要求

专家论证会后，应当形成论证报告，对专项施工方案提出通过、修改后通过或者不通过的一致意见。专家对论证报告负责并签字确认。

超过一定规模的危大工程专项施工方案经专家论证后结论为"通过"的，施工单位可参考专家意见自行修改完善；结论为"修改后通过"的，专家意见要明确具体修改内容，施工单位应当按照专家意见进行修改，并履行有关审核和审查手续后方可实施，修改情况应及时告知专家；专项施工方案经论证不通过的，施工单位修改后应按相同的规定重新组织专家论证。

安全专项施工方案经专家论证通过后，仍应经过建筑施工企业相关审核、审批流程后，方可按方案施工。

（五）安全技术措施相关要求

安全技术措施是指运用工程技术手段消除物的不安全因素，实现生产工艺和机械设备等生产条件本质安全的措施，是施工组织设计中的重要组成部分。工程项目的安全技术措施必须在项目开工前编制完成，分部分项工程的安全技术措施必须在该分部分项工程施工前编制完成，安全技术措施要有针对性、指导性和可操作性，在施工过程中，应随工程变更情况及时作相应补充、完善。

安全技术措施应包括以下内容：

1）工艺流程、施工方法、控制要点。

2）验收的组织、节点、部位及标准。

3）检查的组织、部位、内容、方法及频次要求。

三、安 全 技 术 交 底

（一）概述

安全技术交底是工程项目安全管理的一项重要工作，是指在工程施工前，交底方就有关安全施工的技术要求、安全注意事项等向被交底人员作出详细说明，用于指导施工的安全管理行为。

危险性较大的分部分项工程施工前，工程项目不仅应编制安全专项施工方案来指导施工，也需要通过一系列安全技术交底，将施工过程中的安全注意事项、安全施工方法等一步步交底给一线作业工人，以保障施工安全。

按照《危险性较大的分部分项工程安全管理规定》（住建部第 37 号令）的规定，专项施工方案实施前，方案编制人员或者项目技术负责人应当向施工现场管理人员进行方案交底；施工现场管理人员应当向作业人员进行安全技术交底，并由双方和项目专职安全生产管理人员共同签字确认。

（二）安全技术交底的主要内容

安全技术交底的内容应包括：工程项目和分部分项工程的概况；施工过程的危险部位和环节及可能导致生产安全事故的因素，针对危险因素采取的具体预防措施；作业中应遵守的安全操作规程以及应注意的安全事项；作业人员发生事故隐患应采取的措施；发生事故后应及时采取的避险和救援措施。

安全技术交底应有书面的交底记录，明确记录交底时间、施工部位、交底人员、被交底人员、交底内容等。安全技术交底通常以表格形式记录，例如表 5-6 就记录了一种安全技术交底表格形式。

安全技术交底表（示例）   表 5-6

安全技术交底卡		编号	
工程名称			第×页，共×页
施工单位		交底内容	工种
接底单位		负责人	交底时间
交底内容： 一、工程项目概况 …… 二、分部分项工程的概况 …… 三、施工过程的危险部位环节及可能导致生产安全事故的因素 …… 四、针对危险因素采取的具体预防措施 …… 五、作业中应遵守的安全操作规程以及应注意的安全事项 …… 六、发生事故隐患应采取的措施 …… 七、发生事故后应及时采取的避险和救援措施 ……			
交底人		安全生产监督 管理人员	技术负责人
接底人			

（三）安全技术交底注意事项

1. 逐级交底

安全技术交底应逐级向下交底，最终落实到操作人员。

1）工程项目开工前项目经理或项目技术负责人应组织将工程概况、施工方法、安全技术措施等向总包管理人员、各分包的负责人及其主要管理人员进行详细交底。

2）危险性较大的分部分项工程应由企业总工程师或企业技术管理部门负责人向项目

经理部和分包单位进行安全技术交底。

3）分部分项工程施工前，技术负责人应向分包单位的技术负责人、施工管理人员及安全管理人员进行安全技术交底；项目经理部施工管理人员应会同分包单位的技术负责人、施工管理人员及安全管理人员向作业班组进行详尽的安全技术交底，并作好记录。

4）班组长每天要向工人进行班前安全讲话，对当天作业的施工要求、作业环境等进行安全交底，并作好记录，履行全员签字手续。

2. 针对性、指导性及可操作性

安全技术交底需明确说明有关的安全操作规程和防护标准，施工安全纪律、施工中危险点、危险源、针对危险采取的防患措施，一旦发生事故如何采取避险和急救措施等内容。

3. 其他要求

1）安全技术交底必须定期或不定期的分工种、分项目、分施工部位进行。

2）各级安全技术交底工作必须按照规定程序进行，并履行书面交底签字，接受交底人必须全员在书面交底上签字确认，相关责任人各执一份。

3）当出现新技术、新工艺、使用新材料、实施重大和季节性技术措施、发生重大未遂事故等情况时，必须及时对班组进行新的安全技术交底。

4）项目安全管理部门负责监督检查安全技术交底的落实情况，并对安全技术交底书进行备案。

四、安全技术资料管理

（一）概述

安全技术资料管理是项目安全生产管理的重要内容之一。一方面，安全技术资料是指导项目现场安全管理的重要依据，同时也是项目现场安全管理的体现和记录。工程项目在日常安全管理的过程中，应尤其注意到按相关法律法规的要求收集、整理相关安全管理技术资料。

（二）安全技术资料的管理要求

工程项目的安全技术资料管理必须根据施工现场的实际情况填写、记录，填写时，资料符合以下要求。

1. 专人负责收集、整理

工程项目的安全技术资料应由负责相关安全工作的负责人进行全过程管理。施工过程中施工现场安全资料的收集、整理工作应由专人负责。

2. 与工程进度同步

工程项目的安全技术资料应随工程进度同步收集、整理，并妥善保存，档案保存期不应少于1年。

注：安全管理类资料在部分省、市区域要求同时交档。

3. 资料真实、有效、完整

安全技术资料应真实反映安全管理过程的实际状况，确保施工现场安全资料的真实性、完整性和有效性。

（三）安全技术资料的主要内容

1. 危险源辨识及危险源清单

项目危险源辨识由项目技术负责人组织，相关工程、技术、质量、安全等部门参加，项目安全管理部门应留存危险源识别评价表、项目危险源管控计划、危险源清单等资料。

2. 安全技术措施及安全专项方案

应根据工程项目的规模和特点，在施工组织设计中应制定针对性强、实施有效的安全技术措施或单独编制安全专项施工方案。

安全技术措施及方案必须根据需要有设计、有计算、有详图、有文字说明，并应实行分级审批制度。

项目安全管理部门应留存各项安全技术措施及方案的附件。

3. 安全技术交底资料

安全技术交底必须有针对性、指导性及可操作性，交底双方需要书面签字确认。

班组长每天要向工人进行班前安全讲话，对当天作业的施工要求、作业环境等进行安全交底，并作好记录，履行全员签字手续。

安全技术交底必须定期或不定期地分工种、分项目、分施工部位进行。

项目安全管理部门负责监督检查安全技术交底的落实情况，并对安全技术交底书进行备案。

4. 安全验收资料

工程项目要建立和落实各种施工机械设备机具的专人管理制度和定期维修保养制度。

各类安全防护用具、设施、架体和设备进入施工现场或投入使用前必须经过验收后方可投入使用。

施工现场使用的各种特种劳动防护用品应组织验收，并备案各种特种劳动防护用品合格检测报告及出厂合格证等。

各种施工机械设备机具要严格按照标准、规范定期进行检查、维修和保养，检修施工机械设备、机具的同时必须检验防护装置，并建立相应的资料档案。

对于按规定需要验收的危险性较大的分部分项工程，施工单位、监理单位应当组织有关人员进行验收。验收合格的，经施工单位项目技术负责人及项目总监理工程师签字后，方可进入下一道工序。

各类验收应填写验收记录，参加验收的各方签字确认后交项目部安全管理部门留存备查。

5. 安全教育培训及特殊工种证件

工程项目应制定安全培训教育制度、班前安全活动制度和特殊工种管理制度等制度，并做好安全教育培训计划、进场工人花名册、安全教育记录表等资料。

工程项目的作业人员安全培训教育包括：新工人入场三级安全教育、施工人员转场安全教育、施工人员变换工种安全教育、特种作业人员安全教育、班前安全讲话、应急预案演习、其他性质的安全教育等。

对从事特种作业的人员要进行经常性的安全培训教育。收集特种作业人员证件，分类做好登记台账并作好特种作业教育记录。

6. 危性较大的分部分项工程安全技术资料

为了加强危险性较大的分部分项工程的安全资料管理，危险性较大的分部分项工程相关的资料应单独组卷，危大工程的安全技术资料应包括以下几方面：

1）安全专项施工方案专家论证会纪要。

2）安全专项施工方案专家论证报告。

3）安全专项施工方案审批表。

4）安全技术交底。

5）参建单位的资质和各种操作人员证件。

6）施工过程检查、监测，以及整改。

7）验收资料。

（四）安全技术归档文件范围及内容

《建筑施工安全技术统一规范》GB 50870—2013 明确了安全技术档案防范、内容及存档单位（表5-7）。

安全技术归档文件范围及内容　　　　　　　　表 5-7

分类		归档文件名称及内容	文件提供单位	保存单位			
				建设单位	施工单位	监理单位	其他单位
建设单位安全技术文件		施工现场及毗邻区域内供水、排水、供电、供气、供热、通信、广播电视、地下管线、气象和水文观测资料、相邻建筑物和构筑物、地下工程有关工程的安全技术文件	建设单位	√	√	√	√
		施工前报送建设行政主管部门的危险等级为Ⅰ级、Ⅱ级的分部分项工程和其他施工作业危险源清单，以及有关工程施工安全技术（措施）文件		√	√	√	—
		施工中编制的有关施工的安全技术（措施）文件		√	√	√	—
施工单位安全技术文件	施工临时用电	用电组织设计或方案	施工单位	√	√	√	
		修改用电组织设计的意见或文件		√	√	√	
		用电技术交底单		—	√	—	
		用电工程检查验收表		—	√	—	
		电气设备试验单、检验单和调试记录		—	√	—	
		接地电阻、绝缘电阻和漏电保护器漏电参数测定记录表		—	√	—	
		定期检（复）查表		—	√	—	
		电工安装、巡检、维修、拆除记录		—	√	—	
		应急救援预案		—	√	√	

分类	归档文件名称及内容		文件提供单位	保存单位			
				建设单位	施工单位	监理单位	其他单位
施工单位安全技术文件	建筑起重机械	建筑起重机械备案证明、使用登记证明	施工单位	—	√	√	√
		起重设备、自升式架设设施安装、拆卸工程专项施工方案		—	√	√	—
		安装、拆卸、使用安全技术交底单		—	√	—	—
		设备、设施安装工程自查与验收记录		—	√	√	—
		定期自行检查记录、定期修护保修记录、维修和技术改造记录		—	√	—	√
		运行故障记录		—	√	—	—
		累计运转记录		—	√	—	—
		应急救援预案		—	√	—	—
	安全防护	安全防护专项施工方案		—	√	√	—
		修改、变更防护方案意见或文件		—	√	√	—
		防护技术交底单		—	√	—	—
		防护设施验收记录		—	√	√	—
		防护设施检查、巡检记录		—	√	—	—
		防护用品验收记录		—	√	√	√
		应急救援预案		—	√	√	—
	消防安全	防火安全技术方案		√	√	√	—
		消防设备、设施平面布置图		—	√	√	—
		消防设备、设施、器材、材料验收记录		—	√	√	√
		临时用房防火技术措施		—	√	√	—
		在建工程防火技术措施		—	√	√	—
		消防安全技术交底单		—	√	—	—
		消防设施、器材检查维修记录		—	√	—	—
		消防安全自行检查、巡检记录		—	√	—	—
		动火审批证		—	√	√	—
		应急救援预案		—	√	√	—
	危险等级为Ⅰ级、Ⅱ级的分部分项工程和其他施工作业	专项施工方案及审批意见		√	√	√	—
		专项施工方案修改、变更意见或文件、专家审查意见书		√	√	√	—
		安全技术交底单		—	√	—	—
		自行检查、巡查记录		—	√	—	—
		安全技术措施实施验收记录		√	√	√	—
		应急救援预案		√	√	√	—

续表

分类	归档文件名称及内容		文件提供单位	保存单位			
				建设单位	施工单位	监理单位	其他单位
施工单位安全技术文件	一般施工作业项目	安全技术措施	施工单位	—	√	√	—
		安全技术措施交底单		—	√	—	—
		自行检查、巡查记录		—	√	—	—
		安全技术措施实施验收记录		—	√	√	—
监理单位安全技术文件	安全技术监理方案		监理单位	√	√	√	—
	安全监理有关安全技术专题会议纪要			√	√	√	—
	事故隐患整改通知单			—	√	√	—
	事故隐患整改验收复工意见			—	√	√	—
	有关安全生产技术问题处理意见或文件			—	√	√	—
	自行检查记录			—	√	√	—
	施工中编制的有关施工安全技术（措施）文件			—	√	√	—
	施工组织设计中的安全技术措施或专项施工方案审查、验收意见			—	√	√	—
	采用新结构、新工艺、新材料、新设备的工程中安全技术措施的审查、验收意见			—	√	√	—
其他单位安全技术文件	勘察作业时保证各类管线、设施和周边建筑物、构筑物安全的技术（措施）文件		勘察单位	√	√	√	
	涉及施工安全的重点部位和环节设计注明文件、预防生产安全事故的指导意见		设计单位	√	√	√	
	采用新结构、新工艺、新材料和特殊结构的工程施工中设计单位提出的施工安全技术措施建议			√	√	√	
	与施工安全有关的设计变更文件			√	√	√	
	安全技术监测方案		监测单位	√	√	√	
	阶段性安全技术监测记录与报告			√	√	√	
	监测结果报告书			√	√	√	
	器材、材料、构配件、防护用品、安全装置等产品生产许可证、产品合格证和技术性能说明书		产品供应单位	—	√	√	√
	起重机械设备制造许可证、产品合格证			—	√	√	√
	起重设备基础混凝土强度试验报告		检测单位	—	√	√	√
	起重设备、设施检验检测报告			—	√	√	√
	起重机械设备定期检验检测报告			—	√	√	√
	有关安全的材料、防护用品、安全装置等检验检测报告			—	√	√	√
	消防设备、设施、器材、材料检验检测报告			—	√	√	√

注：1. 表中"√"表示需要做的；
　　2. 表中"—"表示无内容。

五、其他安全技术管理

（一）危大工程现场安全技术管理

1. 告知与公示

工程项目应当在施工现场显著位置公告危大工程名称、施工时间和具体责任人员，并在危险区域设置安全警示标志。安全警戒标志上应注明危大工程的危险性特点、可能导致的事故及后果、应急措施等。

工程项目还应在与工人的劳务合同以及平时的安全技术交底、安全教育中明确告知本项目的危险源和职业病危害因素，以及相关危大工程的危险性。

2. 警戒与标识

工程项目在危大工程和有一定危险性的施工作业现场应设置警戒措施，如设置警戒线、警诚声、安排专人进行旁站监督等，避免与施工无关人员或不明危险的施工人员进入危险区域。

工程项目还可以在施工现场设置不同形式的标识来提示危险性，传递不同的危险信息。例如某工程项目为施工现场危大工程设置了红色、黄色和绿色三种标识牌分别表示该危大工程"有重大危险，不得入内""有一定危险，除维修人员外不得入内""施工人员可以入内"三种含义，方式简单，工人易接受，取得了较好的警示效果。

3. 危大工程施工过程检查

工程项目的负责人应当在危大工程的施工现场履职。项目专职安全生产管理人员应当对专项施工方案实施情况进行现场监督，对未按照专项施工方案施工的，应当要求立即整改，并及时报告项目负责人，项目负责人应当及时组织限期整改。

危大工程施工单位应当按照规定对危大工程进行施工监测和安全巡视，发现危及人身安全的紧急情况，应当立即组织作业人员撤离危险区域。

4. 危大工程验收管理

对于按照规定需要进行验收的危大工程，如悬挑脚手架、模板支撑体系等，施工单位、监理单位应当组织相关人员进行验收。危大工程验收人员应当包括：

1）总承包单位和分包单位技术负责人或授权委派的专业技术人员、项目负责人、项目技术负责人、专项施工方案编制人员、项目专职安全生产管理人员及相关人员。

2）监理单位项目总监理工程师及专业监理工程师。

3）有关勘察、设计和监测单位项目技术负责人。

验收应形成验收记录资料，填写量化、明确的验收记录及结论。经验收合格的，施工单位项目技术负责人及总监理工程师签字确认后，方可进入下一道工序。

（二）危大工程"四新"技术运用

建筑施工企业和工程项目应积极应用"新技术、新工艺、新材料、新设备"来保障危大工程的安全施工，利用"机械化换人，自动化减人"大力提高工程项目安全生产科技保障能力，从本质上改进危险性较大的分部分项工程的安全管理。

例如，在群塔作业中采用防碰撞装置，利用新型脚手架、新型模板支撑架体系替代传统脚手架和模板支撑体系等。

在引入和实施"四新"技术时，应对其安全性进行充分论证，必要时应成立专家组进行论证，并开展"四新"技术培训，按先试点再推广的步骤引进使用，做好总结交流工作，做到可持续发展。

（三）事故应急管理

工程项目应制定安全生产事故应急预案，组织项目应急领导小组，保证在一旦发生事故或紧急情况时，有相应的程序来应对，减少事故或紧急情况的影响和损失。应急预案应经审批。

各级应急领导小组和项目部现场工作组应定期就应急预案进行培训，抢险队伍和人员应定期进行针对性训练，项目部各方施工人员应进行应急逃生、自救互救方面的培训，按应急预案中的演练计划定期进行现场演练和模拟演练。

事故发生后，项目部要迅速启动应急救援预案，进行应急处置。

项目安全管理部门应留存应急预案的附件、应急物资准备清单、相关人员培训记录、应急演练及评价记录、应急响应过程记录、工伤事故调查和处理制度、工伤事故统计表、职工伤亡事故快报表、其他有关资料（如工伤事故其他有关资料）等。

第六章　施工现场安全检查及隐患排查

一、施工现场安全生产标准化及考评

(一) 概述

开展建筑施工安全生产标准化，是提高建筑施工企业安全素质的一项重要内容，是推进建筑施工安全管理规范化、精细化、标准化，促进企业自我约束、落实安全生产主体责任、持续改进安全绩效的长效机制，是实现建筑施工安全生产管理水平持续提升的根本途径，也是推行建筑施工安全生产管理信息化的基础。

(二) 安全生产标准化的要求

建筑施工安全生产标准化，是指建筑施工企业在建筑施工活动中，贯彻执行安全生产法律法规和标准规范，建立健全安全生产责任制，完善安全生产制度和操作规程，分级监控安全风险，全面排查治理隐患，确保施工现场人、机、物、环始终处于安全状态，形成安全管理过程控制、持续改进的有效管理机制。

1. 安全生产标准化的注意要点

建筑施工企业应根据自身特点和规模，建立并完善以安全生产责任制为核心的安全生产管理制度，实施安全生产体系管理。全面提升安全生产管理水平，持续改进安全生产工作，不断提升安全生产绩效，预防和减少生产事故的发生，保障人身安全健康和财产免受损失，保证生产经营活动的有序进行。开展安全生产标准化建设时，应注意以下几点：

1) 坚持"安全第一、预防为主、综合治理"方针和"以人为本"的科学发展观，落实企业主体责任；

2) 突出企业安全生产工作的规范化、科学化、系统化和法制化，强化风险管理和过程控制，重视绩效管理和持续改进；

3) 注重先进安全管理思想与我国传统安全管理方法、企业具体实际的有机结合，是企业安全基础管理工作的拓展、规范和提升。

2. 安全生产标准化的主要内容

建筑施工现场的安全生产标准化，是对重复性的事物和管理程序，通过制订、发布和实施标准做法、统一管理行为，以较少的资源投入，较快的工作效率，从而达到贯彻落实相关法律法规、标准规范，获得最佳管理秩序和综合效益的目的。主要包括：

1) 目标职责：

包括目标、机构和职责、全员参与、安全生产投入、安全文化建设和安全生产信息化建设等内容。

2）制度化管理：

包括法规标准识别、规章制度、操作规程和文档管理等内容。

3）教育培训：

包括教育培训管理和人员教育培训等内容。

4）现场管理：

包括设备设施管理、作业安全、职业健康和警示标志等内容。

5）安全风险管控及隐患排查治理：

包括安全风险管理、重大危险源辨识与管理、隐患排查治理和预测预警等内容。

6）应急管理：

包括应急准备、应急处置和应急评估等内容。

7）事故管理：

包括事故报告、事故调查和处理和事故档案管理等内容。

8）持续改进：

包括绩效评定和持续改进等内容。

9）安全管理活动标准化、安全设备设施标准化等内容。

【管理实例】

（1）安全生产管理机构的设置

建筑施工企业及工程项目部应按照规定设置安全生产管理机构，并在企业主要负责人和项目负责人的领导下开展安全生产工作。

（2）专职安全管理人员的配备

建筑施工企业和工程项目部应按照相关法律法规的规定，配备专职安全生产管理人员，并应根据企业的资质等级、经营规模、设备管理和生产需要予以增加。本教材第四章对企业及工程项目部的专职安全生产管理人员配备标准进行了详细介绍。

（3）管理制度及操作规程的建立

建筑施工企业应结合企业的安全生产管理目标、指标，在明确安全生产管理原则、管理体制、管理机制的基础上，明晰管控责任，制定适合本企业实际情况的安全管理制度和操作规程，确保落实到位。

（4）安全责任制的制定

建筑施工企业应按照"层级负责、横向到边、纵向到底"和"党政同责、一岗双责、失职追责"的原则，明确各部门、各岗位的安全生产责任制，确保各部门、各岗位的安全责任与管理责任合二为一，防止和克服安全生产工作中相互推诿、无人负责的现象。

（5）专项施工方案的编制

危险性较大的分部分项工程施工前应编制专项方案；对于超过一定规模的危险性较大的分部分项工程，施工单位应当组织专家对专项方案进行论证；建筑工程实行施工总承包的，专项方案应由施工总承包单位组织编制。其中，起重机械安装拆卸工程、深基坑工程、附着式升降脚手架等专业工程实行分包的，其专项方案可由专业承包单位组织编制。各类专项方案均应在按程序审核审批合格后组织实施。

（6）安全费用的投入

建筑施工企业应按照法律法规的规定提取安全费用，在成本中列支，专门用于完善和改进企业安全生产条件的资金，并按照"企业提取、政府监管、确保需要、规范使用"的原则进行财务管理。

（7）危险作业许可

建筑施工企业对起重吊装作业、动火作业、受限空间作业、爆破作业及安全防护设施拆除等危险作业时，为防止和减少事故的发生，须实施作业前申报审批手续，以强化监督管理。

（8）安全策划

建筑施工企业及项目部应针对工程项目的规模、结构、环境、技术含量、施工风险和资源配置等因素进行安全策划，安全策划应在项目开工前完成，对以下内容进行策划：

1）明确项目安全管理目标、指标。

2）配置必要的设施、装备和专业人员，确定控制和检查的手段、措施等。

3）确定施工过程中应执行的法律法规及标准规范等文件。

4）确定冬期、雨期、雪天和夜间施工时的安全技术措施，以及实施安全技术措施所需的安全投入计划。

5）确定施工现场的危险工序、工艺，制定专项施工方案编制计划，制定重大风险管控计划。

6）制定施工各阶段有针对性的安全技术交底文本。

7）制定安全记录表格，确定收集、整理和记录各种安全活动的人员和职责。

8）其他需策划的内容。

（9）安全生产教育培训

建筑施工企业及项目部应按照规定组织做好安全生产教育培训工作，按照全岗位、全过程、全方位、全天候的原则，从施工准备、人员进场、施工过程到竣工维修等各个阶段，对所有从业人员进行教育培训。

安全生产教育培训应至少包括三级安全教育、入场安全教育、特种作业人员定期安全教育、节假日安全教育、季节性安全教育等内容，并应组织班组做好班前安全活动及定期安全讲评等工作。

目前，很多建筑施工现场对从业人员的安全教育培训工作采取可视化管理，如通过在安全帽上粘贴安全帽贴等方式，以区别进场工人的工种、所属班组、进场时间及各类教育培训情况等。教育培训的形式逐渐以丰富多彩、易于接受的动画视频（教育工具箱）、安全体验、AR、VR等虚拟现实方向发展。

（10）安全技术交底

安全技术交底应依据有关法律法规和有关标准、工程设计文件、施工组织设计和安全技术规划、专项施工方案和安全技术措施、安全技术管理文件等的要求进行。施工单位应建立分级、分层次的安全技术交底制度。

安全技术交底需具体、明确，有针对性；需采用书面形式；交底人与被交底人需签字确认。

（11）安全检查

建筑施工企业及项目部应按照相关法律法规要求，建立、健全安全生产监督检查制度，组织开展定期和专项安全检查，并作好安全检查记录。

安全检查包括综合性检查、经常性检查、专项检查、季节性检查、定期检查、不定期检查等多种方式。通过查阅有关文件和资料、访谈、现场观察和仪器测量等形式，指出事故隐患和存在的问题，提出整改意见和建议。

被检查单位应对安全检查中发现的问题和隐患，按照定人、定时间、定措施的原则及时组织整改。同时，还应对检查中发现的问题进行统计、分析，确定多发和重大事故隐患，制定纠正和预防措施。

（12）安全验收

建筑施工企业及项目部应按照规定建立、健全安全验收制度，做好对安全物资、安全设备及安全设施使用前的检查验收工作。

如对进场安全网、安全帽、安全带、反光背心、绝缘手套等劳动防护用品进行验收，对安全防护栏杆、脚手架、模板支撑、移动式操作平台等安全设施使用前及搭设过程进行验收，对塔式起重机、施工升降机、物料提升机、履带式起重机等安全设备使用前的安全验收等。

每次安全验收均应由专门人员组织进行，填制相应的验收记录表格，验收内容应具体量化，参与验收的人员应签字确认，并据此作出验收结论。

（13）事故报告及应急救援

建筑施工企业及项目部应按照法律法规的要求，制定生产安全事故报告制度，配合政府部门做好生产安全事故的调查及处理工作。应按照规定编制生产安全事故应急救援预案，并严格执行，具体详见本教材第七章的相关规定。

3. 安全生产标准化的任务分工

1）建筑施工企业应建立健全以企业负责人（法定代表人）为第一责任人的企业安全生产管理体系，实施企业安全生产标准化工作。

2）工程项目部应建立、健全以项目负责人（即项目经理）为第一责任人的项目安全生产管理体系，实施项目安全生产标准化工作。

3）建筑施工项目实行施工总承包的，施工总承包单位对项目安全生产标准化工作负总责。施工总承包单位应组织专业承包、劳务分包等单位开展项目安全生产标准化工作。

（三）安全生产标准化实施步骤

安全生产标准化应采用以"策划、实施、检查、改进"为中心的 PDCA 动态循环模式，依据安全生产标准化管理的相关法律法规要求，结合自身特点，建立并保持安全生产标准化系统。

1. 安全生产标准化工作的策划与发动

建筑施工企业及项目部应正确理解并宣传安全生产标准化达标工作的意义和作用，结合自身情况，成立领导小组和工作小组，编制实施方案，明确指导思想，设定工作目标，规划时间进度计划，细化岗位职责，精心组织、周密部署，努力构建全员参与、全过程控制、全方位推进的安全标准化创建体系。通过形式多样、内容丰富的基层宣教活动及主题会议，推广先进经验和典型做法，形成安全生产标准化创建活动的良好氛围。

2. 安全生产标准化的实施与检查

建筑施工企业及项目部应在建立、健全安全生产责任制的基础上，制定适合本企业、本项目的安全管理制度和操作规程，建立风险分级管控和隐患全面排查治理体系，规范生产作业行为，使用统一标准化的安全防护产品设施，使各生产作业的多个环节符合安全生产法律法规和标准规范的要求，确保使人、机、物、料、法、环等每个环节始终处于良好状态。

建筑施工企业及项目部要按照要求，认真做好对安全生产标准化实施过程的检查与指导，及时发现问题，制定科学纠正措施，适时组织整改。

3. 持续改进与考评

建筑施工企业及项目部要根据安全生产标准化的评定结果，适时对安全生产管理的目标、指标及规章制度、操作规程等进行修改完善，持续改进，不断提高管理绩效。

（四）安全生产标准化考评

1. 安全生产标准化自评

根据《建筑施工安全生产标准化考评暂行办法》（建质〔2014〕111 号）的规定，建筑施工企业应开展安全生产标准化自评工作。

建筑施工企业安全生产标准化自评工作应采用"策划、实施、检查、改进"的动态循环模式，建立并保持安全生产标准化系统，通过自我检查、自我纠正和自我完善，建立安全绩效持续改进的安全生产长效机制。

建筑施工安全生产标准化自评包括建筑施工项目安全生产标准化自评和建筑施工企业安全生产标准化自评。

（1）项目自评

1）工程项目部成立由总承包单位、劳务分包单位及专业承包单位主要负责人组成的项目安全生产标准化管理工作自评机构，依据《建筑施工安全检查标准》JGJ 59—2011 等标准、规范的要求，每月开展一次安全生产标准化自评工作。

2）建筑施工企业安全生产管理机构应定期对项目安全生产标准化管理工作进行监督检查，检查及整改情况应当纳入项目自评材料。

3）建设、监理单位应对建筑施工企业实施的项目安全生产标准化工作进行监督检查，并对建筑施工企业的项目自评材料进行审核并签署意见。

4）项目完工后办理竣工验收前，建筑施工企业应向建设主管部门提交项目安全生产标准化自评材料。主要包括：

① 项目建设、监理、施工总承包、专业承包等单位及其项目主要负责人名录；

② 项目主要依据《建筑施工安全检查标准》JGJ 59—2011 等进行自评结果及项目建设、监理单位审核意见；

③ 项目施工期间因安全生产受到住房城乡建设主管部门奖惩情况（包括限期整改、停工整改、通报批评、行政处罚、通报表扬、表彰奖励等）；

④ 项目发生生产安全责任事故情况；

⑤ 住房城乡建设主管部门规定的其他材料。

（2）企业自评

1）建筑施工企业成立企业安全生产标准化自评机构，每年主要依据《施工企业安全生产评价标准》JGJ/T 77—2010 等开展企业安全生产标准化自评工作。

2）建筑施工企业在办理安全生产许可证延期时，应向建设主管部门提交企业自评材料。自评材料主要包括：

① 企业承建项目台账及项目考评结果；

② 企业依据《施工企业安全生产评价标准》JGJ/T 77—2010等进行自评结果；

③ 企业近三年内因安全生产受到住房城乡建设主管部门奖惩情况（包括通报批评、行政处罚、通报表扬、表彰奖励等）；

④ 企业承建项目发生生产安全责任事故情况；

⑤ 省级及以上住房城乡建设主管部门规定的其他材料。

2. 建设主管部门考评

根据《建筑施工安全生产标准化考评暂行办法》（建质［2014］111号）的规定，建设主管部门应对建筑施工企业安全生产标准化自评情况进行考评。

（1）对工程项目的考评

1）建设主管部门应对已办理施工安全监督手续并取得施工许可证的建筑施工项目实施安全生产标准化考评。

2）建设主管部门收到建筑施工企业提交的材料后，经查验符合要求的，以项目自评为基础，结合日常监管情况对项目安全生产标准化工作进行评定，在10个工作日内向建筑施工企业发放项目考评结果告知书。

3）项目考评结果分为"优良""合格"及"不合格"。评定结果为不合格的，建设主管部门应在项目考评结果告知书中说明理由及项目考评不合格的责任单位。

（2）对施工企业的考评

1）建设主管部门应对取得安全生产许可证且许可证在有效期内的建筑施工企业实施安全生产标准化考评。

2）建设主管部门收到建筑施工企业提交的材料后，经查验符合要求的，以企业自评为基础，以企业承建项目安全生产标准化考评结果为主要依据，结合安全生产许可证动态监管情况对企业安全生产标准化工作进行评定，在20个工作日内向建筑施工企业发放企业考评结果告知书。

3）评定结果为"优良""合格"及"不合格"。评定结果为不合格的，建设主管部门应当说明理由，责令限期整改。

3. 奖励与惩戒

建设主管部门应当将建筑施工安全生产标准化考评情况记入安全生产信用档案，并将考评结果作为政府相关部门进行绩效考核、信用评级、诚信评价、评先推优、投融资风险评估、保险费率浮动等重要参考依据。

（1）建设主管部门对于安全生产标准化考评不合格的建筑施工企业，应当责令限期整改，在企业办理安全生产许可证延期时，复核其安全生产条件，对整改后具备安全生产条件的，安全生产标准化考评结果为"整改后合格"，核发安全生产许可证；对不再具备安全生产条件的，不予核发安全生产许可证。

（2）建设主管部门对于安全生产标准化考评不合格的建筑施工企业及项目，应当在企业主要负责人、项目负责人办理安全生产考核合格证书延期时，责令限期重新考核，对重新考核合格的，核发安全生产考核合格证；对重新考核不合格的，不予核发安全生产考核合格证。

（3）经安全生产标准化考评合格或优良的建筑施工企业及项目，发现有下列情形之一的，由建设主管部门撤销原安全生产标准化考评结果，直接评定为不合格，并对有关责任单位和责任人员依法予以处罚：

1）提交的自评材料弄虚作假的；

2）漏报、谎报、瞒报生产安全事故的；

3）考评过程中有其他违法违规行为的。

（五）常见隐患及防范整改措施

1. 对安全生产标准化工作认识不高，管理脱节

整改防范措施：

大力宣传、广泛动员，为安全生产标准化工作的开展营造良好氛围。通过层层发动、全员参与、逐级落实等步骤，促使每位员工的思想与行为相统一、相协调，潜移默化中使每位员工逐渐让安全生产标准化工作成为日常工作自觉行为。

成立安全生产标准化工作领导机构，明确职责分工，确定责任人，编制切实可行的实施方案，认真谋划，科学组织。

大力开展全员教育培训工作，进一步提高各级人员对开展安全生产标准化管理工作重要性的认识。

深入开展调研活动，认真倾听各级生产人员对开展安全生产标准的意见或建议，通过实地查看等方式，及时发现工作中存在的问题，认真组织整改。

2. 对安全生产标准化工作推进不力，缺乏后劲

整改防范措施：

安全生产标准化是企业安全生产管理不可或缺的重要工作，需要在完善制度、规范流程上下功夫，要认真细致地对每个环节进行分析、研判，制定切实有效的管控流程，通过缩短管理链条、优化资源配置、提高管理效率等方式，渐进推进安全生产标准化管理工作。

开展安全生产标准化工作要自上而下层级推进。企业主要领导要提高认识，把握内涵、身体力行，切实把安全生产管理工作逐步转移到标准化管理的方式、方法上来。

各级管理人员要认真学习，熟悉并理解安全生产标准化工作的制度和流程，工作中要积极探索、大胆创新、勇于尝试，全面推进安全生产标准化工作在基层的落地。

开展安全生产标准化管理工作要以示范点建设为龙头，以典型经验和示范引领全局工作，要由点到面，不断扩大范围，不断丰富内容，不断创新方法，通过活典型、硬标杆，以示范点引领带动、辐射点层层落实等方式，逐步使安全生产标准化管理工作更加规范、更加贴近工作实际。

二、场地管理与文明施工

（一）基础知识

场地管理是对现场总平面图的执行所做的控制和管理，包括施工用地、临时道路、临

时给水排水管道、输电线路、暂设工程、通信设施、测量网点，以及材料、设备、构件堆场等。场地管理应严格遵守施工组织设计和施工总平面图的要求和规定，因地制宜，具体布置，既要满足施工实际需求，也应符合相关法律法规要求。

文明施工是在场地规划的基础上，科学管理施工现场，改善施工现场的工作环境、生活条件和安全状况。文明施工包括现场围挡、封闭管理、施工场地管理、材料管理、现场办公与住宿管理、现场防火管理、综合治理、公示标牌管理、生活设施管理、社区服务、绿色施工（包括节能减排）等。

工程项目开工之前，应对施工现场的场地管理和文明施工进行总平面图规划设计和管理策划；在施工过程中，还应加强检查，控制施工现场的场地和文明施工符合情况。

（二）检查要点

1. 现场围挡与封闭

工程项目施工现场应当沿工地边界设置连续封闭的围护设施，以保持现场与外界的有效隔离，围护设施应当完好、整洁，不应影响和妨碍项目周边的交通和人、车通行。

市区主要路段的工地应设置高度不小于 2.5m 的封闭围挡，一般路段的工地应设置高度不小于 1.8m 的封闭围挡。

常见的围挡类型有砌块基础板材围挡、基础墩板材围挡、砖墙围挡、定型化路栏等，如图 6-1～图 6-4 所示。

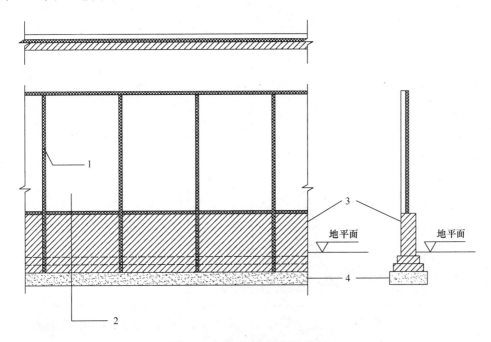

图 6-1 砌块基础板材围挡示意

1—方钢骨架；2—夹心彩钢板；3—砌块基础；4—素混凝土铺底凿平

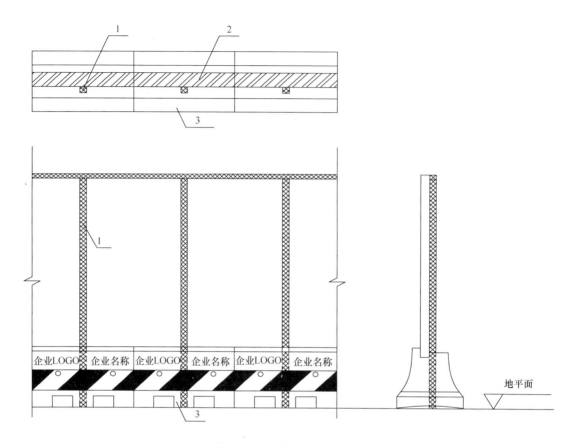

图 6-2 基础墩板材围挡示意

1—方钢骨架；2—夹心彩钢板；3—基础墩

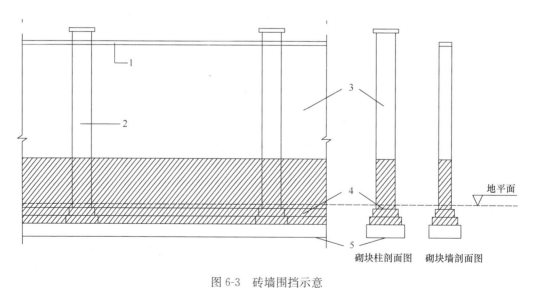

图 6-3 砖墙围挡示意

1—砌块压面；2—钢筋混凝土构造柱或砌块构造柱；3—砌块墙面；4—砌块基础，地面部分涂料粉刷；

5—素混凝土铺底凿平

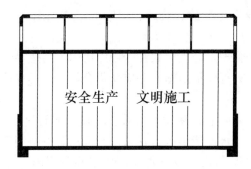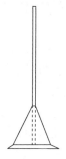

图 6-4　定型化施工路栏示意

为美化环境，工程项目还可以建造景观围墙，如仿古造型围墙、灯光造型围墙、园林造型围墙、绿化围墙、交通警示灯等。工程项目还可以在围挡外立面设置公益性广告，进行政府政策、公德等内容的宣传。

距离住宅、医院、学校等建筑物不足 5m 的施工现场，应设置具有降噪功能的围挡。管线工程、水利工程以及非全封闭的城市道路工程、公路工程的施工现场，应当使用路栏式围挡，如定型化金属路栏、塑料板路栏、塑料注水路栏等。确实无法进行封闭的，如一些施工立面紧邻商铺、街坊、人行通道或车行通道的沿街住房改造工程等，可搭设防护性棚架，并设置警示标志。

使用围挡的施工工地或异地安置的办公（生活）区，应设置平移或内开启式的出入大门，出入大门应采用金属板材和金属型材制作，并符合强度要求。出入大门应保持清洁、无锈痕、无破损和开启无障碍，其外侧应当书写施工单位名称，并同时绘画企业标识或标志。

出入大门的位置应设置门卫值班室，配置门卫值守人员，建立门卫值守管理制度，设置门禁刷卡系统，常见的门禁装置有刷卡式门禁、指纹识别门禁、人脸识别门禁等。

在施工现场出入口应设置车辆清洗设施，运输车辆在除泥、冲洗干净后，方可驶出施工工地。

2. 施工场地

工程项目的施工现场、加工区和生活区的道路及场地应作硬化处理。温暖季节时，施工现场应有绿化布置。

现场车辆通行的道路应采用混凝土铺设；其他道路和场地，可采用混凝土、碎石或其他硬质材料进行硬化处理，做到畅通、平整，其宽度应能满足施工及消防等要求。施工现场道路还可以设置道路人车分流、车辆出入口分离等安全文明施工措施。

办公（生活）区及施工现场应设置良好的排水系统，并保持疏通便利、排水畅通，确保场地无积水。现场污水排放应符合相关法律法规的要求。

施工现场应设置吸烟点，吸烟点应配备相应的灭火设施。

3. 材料管理

施工现场应按照平面布置图设置各类区域。各类建材应按照规定设置标牌，标明名称和规格，实施分类堆放，建材堆放应整齐有序，稳定牢固，堆放高度应符合规定。

现场存放的材料（如钢筋、水泥等）应有防雨水浸泡、防锈蚀和防扬尘等措施，达到质量和环境保护的要求。

对易扬尘污染的建材或物料实施堆放、装卸、运输的，应采用遮盖、封闭等防扬尘措施。

现场易燃易爆物品必须严格管理，分类储藏在专用库房内。易燃易爆危险品在使用和储藏过程中，必须有防暴晒、防火等保护措施，并应间距合理、分类存放。

4. 现场办公与住宿

施工现场临时建筑在规划时，应避开易发生滑坡、坍塌、泥石流、山洪等危险地段、低洼积水区域，以及水源保护区、水库泄洪区、强风口和危房影响范围等。临时建筑应与架空明设用电线路之间保持安全距离，不应设置在高压走廊范围内。临时建筑设置在河沟、高边坡、深基坑边时，应采取结构加强措施。

工程项目场地内应当严格划分施工作业区、材料存放区、办公区与生活区，并应采取相应的隔离措施，并应设置导向、警示、定位、宣传等标识。办公区和生活区宜设置在建筑物坠落半径和塔式起重机作业半径之外，不能达到安全距离要求时，应对办公区、生活区采取可靠的防护措施。未竣工的建筑物内不得设置员工集体宿舍。

宿舍、办公用房等临时用房满足牢固、美观、保温的要求，其防火等级以及通风、疏散等应符合规范要求，可使用砖墙房或定型轻钢材质活动房，屋顶材料不得使用石棉瓦。

工地设置员工宿舍的，宿舍应设置可开启式窗户，宿舍室内床铺不得超过两层，且室内净高应满足使用要求和相关规定，室内通道宽度不应小于 0.9m。宿舍内人员人均面积不应小于 $2.5m^2$，且不得超过 16 人。

工程项目应制定宿舍管理制度，严格管理各类加热电器和明火，保持宿舍环境卫生良好。宿舍和办公用房冬季应设置采暖和防一氧化碳中毒的措施，如设置暖气集中供暖等。夏季设置防暑降温和防蚊蝇措施，如设置空调或电扇等。

5. 现场防火

工程项目应建立消防安全管理制度，制定相应的管理措施。动火作业前必须履行动火审批程序，经监护和主管人员确认、同意，配备动火监护人员和消防设施，方可施工。

施工现场应设置符合有关消防规范要求的消防通道和消防水源。现场临时用房和设施的防火设计和构建材料的防火性能、建筑面积、疏散等的设置应能够达到有关消防安全技术规范的要求。施工现场易燃材料必须合理存放，并相应配备有效、足够的消防器材、禁火禁烟标志等。施工现场氧气、乙炔气瓶、油漆稀料等应分类存放在专门的危险品仓库中，施工现场主要临时用房、临时设施的防火间距应满足现行消防标准的要求。相关要求可参见本章第九节。

6. 综合治理

工程项目生活区内应设置供作业人员学习和娱乐场所，如阅览室、棋牌室、乒乓球室等。

施工现场应建立治安保卫制度并制定治安防范措施，将治安保卫责任分解落实到人，比如在公共区域设置监控，保证生活区财物安全。工程项目还可以实行生活区物业化管理。

7. 公示标牌

施工现场出入门内侧应规范设置标牌，标牌至少应包括：工程概况牌、消防保卫牌、安全生产牌、文明施工牌、管理人员名单及监督电话牌，以及施工现场平面布置图等。标牌应规范、整齐、统一，其规格可以按项目所在地的要求统一设立，项目所在地没有要求的，可按施工企业标准统一设立，如图6-5所示。

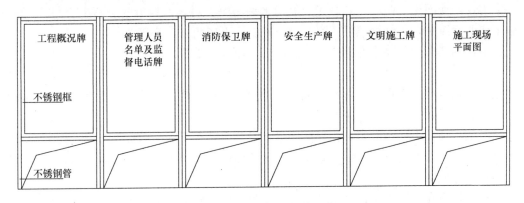

| 工程概况牌 | 管理人员名单及监督电话牌 | 消防保卫牌 | 安全生产牌 | 文明施工牌 | 施工现场平面图 |

不锈钢框

不锈钢管

图 6-5　施工现场标牌示意

施工现场还应设置现行适时的安全标语，并配备宣传栏、读报栏和黑板报。

【管理实例】

某工程项目在施工现场入口处设置了宣传栏，宣传栏中除传统的宣传图画和标语外，还设置了宣传二维码，通过二维码定期推送施工现场安全情况、安全操作规程、安全活动通知宣传、应急救援和自救知识、安全行为表彰等内容，让施工作业人员能够实时了解作业现场相关安全情况。

8. 生活设施

工程项目应建立卫生责任制度，并落实到人。

食堂与厕所、垃圾站等污染及有毒有害场所的间距应符合规范要求，并应设置在上述场所的上风侧（地区主导风向）。

施工单位开设食堂的，必须申办"餐饮服务许可证"。食堂工作人员应持有有效健康证明，严格遵守食品卫生管理的有关规定，建立健全食品留样制度。

食堂使用煤气罐的，应单独存放在通风条件良好的存放间，不能与其他物品混放，也可使用电加热炊具，降低火灾爆炸危险性。食堂应具有良好的卫生环境，并配备必要的排风、冷藏、消毒、防暑、防蚊蝇等设施。可设专人进行管理和消毒，门扇下方可设防鼠挡板，操作间设清洗池、消毒池、隔油池、排风、防蚊蝇等设施，储藏间应配有冰柜等冷藏设施，防止食物变质。

厕所的蹲位和小便槽应满足现场人员数量的需求，高层建筑或作业面积大的场地应设置临时性厕所，并由专人及时进行清理。

现场的淋浴室应能满足作业人员的需求，淋浴室与人员的比例宜大于1：20。

现场应针对生活垃圾建立卫生责任制，使用合理、密封的容器，建筑垃圾应集中、分类存放，及时清运。

9. 社区服务

施工、拆除、清理、运输及装卸等施工作业活动中，应有防尘、防噪声和防光污染等措施。

在人口密集等重点区域内进行施工作业时，为了减少高噪声和大量扬尘带来的环境污染和健康损害，须采用降尘降噪措施。如在高噪声作业区可采用隔声吸声材料制作的降噪移动作业室或移动作业隔声板阻隔高噪声作业等。

施工现场地面夜间照明，其灯光照射的水平面应下斜，下斜角度应不小于20°。各楼层施工作业面照明，其灯光照射的水平面应下斜，下斜角度应小于30°。

施工现场产生的危险废弃物应按规定清理、收集、处置。

10. 绿色施工

建筑业是消耗大量资源、影响环境的行业，实施绿色施工，不仅是建筑行业企业必须承担的社会责任，也是企业健康发展的保证。

绿色施工是指工程建设中，在保证质量、安全等基本要求的前提下，通过科学管理和技术进步，最大限度地节约资源与减少对环境负面影响的施工活动，实现节能、节地、节水、节材和环境保护。

工程项目应在施工组织设计中就设计本工程的绿色施工方案，确定绿色施工目标，并建立绿色施工组织体系和责任体系。绿色施工实施过程中，应关注以下几点：

（1）扬尘控制

工程项目在土方开挖、结构施工、安装装修装饰、建（构）筑物拆除等各阶段都应制定并实施防扬尘措施。土方开挖时可采取洒水、覆盖等措施；浇筑混凝土前清理灰尘和垃圾时可使用吸尘器，避免使用吹风器等易产生扬尘的设备；机械剔凿作业时可采用局部遮挡、掩盖、水淋等防护措施；高层或多层建筑清理垃圾应搭设封闭性临时专用道或采用容器吊运；构筑物拆除时可采取清理积尘、拆除体洒水、设置隔挡等措施。

施工作业现场、道路及非作业区应采取防止扬尘措施，如设置绿化、安装雾炮机、进行扬尘监控等，施工现场道路可采用洒水车洒水、道路喷淋系统等方式防尘降尘。

施工场地内易产生扬尘的材料应采取覆盖措施，粉末状材料应密闭存放，场区内可能引起扬尘的材料及建筑垃圾搬运应有降尘措施。

（2）噪声控制

施工现场噪声排放不得超过《建筑施工场界环境噪声排放标准》GB 12523—2011 的规定，并对噪声进行实时检测和控制。施工现场应优先采用低噪声、低振动的机器，避免使用无控尘措施的中小型粉碎切、切割、锯刨等机械设备。如桩基施工时可使用压桩或钻孔灌注桩等低声性工艺，用液压切割钢筋等。

工程项目如需夜间施工，必须经批准后方可进行。获准夜间施工的，施工单位应在施工铭牌中的告示栏内张贴告示，并按规定程序告知施工所在地居委会。夜间施工严禁进行捶打、敲击和锯割等易产生高噪声的作业。工程项目附近有小区或学校的，在中考、高考及特殊时段内应按所在地区有关规定，合理安排施工时间、工序。

（3）光污染控制

工程项目应尽量避免或减少施工过程中的光污染。夜间室外照明灯加设灯罩，透光方向集中在施工范围，照明灯水平面应下斜。

电焊作业采取遮挡措施，避免电焊弧光外泄。

施工工地夜间照明灯光、电焊弧光不得直射敏感建筑物。

（4）水污染控制与节水控制

施工现场排放污水应符合国家相关标准的要求，并针对不同的污水制定相应的处理措施，如设置沉淀池、隔油池、化粪池等。对于化学品等有毒材料、油料的储存地，应有严格的隔水层设计，作好渗漏液收集和处理。污水排放应委托有资质的单位进行废水水质检测，提供相应的污水检测报告。

工程项目应保护地下水环境，采用隔水性能好的边坡支护技术。在缺水地区或地下水位持续下降的地区，基坑降水尽可能少地抽取地下水；当基坑开挖抽水量大于 50 万 m^3 时，应进行地下水回灌，并避免地下水被污染。

施工中应采用先进的节水施工工艺，分别对生活用水和工程用水定额指标，并分别定量管理。大型工程的不同单项工程、不同标段、不同分包生活区，凡具备条件的应分别计量用水量。在签订不同标段分包或劳务合同时，将节水定额指标纳入合同条款，进行计量考核。

工程项目应采取一定的循环用水措施，如施工现场的机具、设备、车辆冲洗用水必须设立循环用水装置，收集部分生活用水用于路面洒水、车辆冲洗等。

工程项目应充分利用非传统水源，比如雨水、基坑降水等，可将其作为冲洗用水，甚至部分生活用水；现场机具、设备、车辆冲洗、喷洒路面、绿化浇灌等用水，优先采用非传统水源，尽量不使用市政自来水。在非传统水源和现场循环再利用水的使用过程中，应制定有效的水质检测与卫生保障措施，避免对人体健康、工程质量以及周围环境产生不良影响。

（5）土壤污染控制

因施工造成的裸土，应及时覆盖砂石或种植速生草种，以减少土壤侵蚀；因施工造成容易发生地表径流土壤流失的情况，应采取设置地表排水系统、稳定斜坡、植被覆盖等措施，减少土壤流失。

沉淀池、隔油池、化粪池等不发生堵塞、渗漏、溢出等现象，及时清掏各类池内沉淀物，并委托有资质的单位清运。对于有毒有害废弃物如电池、墨盒、油漆、涂料等应回收后交有资质的单位处理，不能作为建筑垃圾外运，避免污染土壤和地下水。

施工后应恢复施工活动破坏的植被。与当地园林、环保部门或当地植物研究机构进行合作，在先前开发地区种植当地或其他合适的植物，以恢复剩余空地地貌或科学绿化，补救施工活动中人为破坏植被和地貌造成的土壤侵蚀。

（6）建筑垃圾管理

工程项目应制定建筑垃圾减量化计划，如住宅建筑，每万平方米的建筑垃圾不宜超过400t。加强建筑垃圾的回收再利用，对于碎石类、土石方类建筑垃圾，可采用地基填埋、铺路等方式提高再利用率。

施工现场生活区设置封闭式垃圾容器，施工场地生活垃圾实行袋装化，及时清运。对建筑垃圾进行分类，不得将建筑垃圾混入生活垃圾，不得将危险废物混入建筑垃圾，收集到现场封闭式垃圾站。施工单位应当及时清运工程施工过程中产生的建筑垃圾，并按照当地市容环境卫生主管部门的规定处置，防止污染环境，不得将建筑垃圾交给个人或者未经核准从事建筑垃圾运输的单位运输。

（7）节能降耗

工程项目应制订合理的施工能耗指标，提高施工能源利用率。优先使用国家、行业推荐的节能、高效、环保的施工设备和机具，如选用变频技术的节能施工设备等。

施工现场分别设定生产、生活、办公和施工设备的用电控制指标，定期对比分析，合理安排施工顺序、工作面，以减少作业区域的机具数量，相邻作业区充分利用共有的机具资源。安排施工工艺时，应优先考虑耗用电能的或其他能耗较少的施工工艺。避免设备额定功率远大于使用功率或超负荷使用设备的现象。

工程项目应根据当地气候和自然资源条件，充分利用太阳能、地热等可再生能源。

（8）地下管线、文物、资源保护

工程项目施工前应调查清楚地下各种设施，做好保护计划，保证施工场地周边的各类管道、管线、建筑物、构筑物的安全运行。施工过程中一旦发现文物，立即停止施工，保护现场、通报文物部门并协助做好工作。避让、保护施工场区及周边的古树名木。

（三）常见隐患及整改措施

现列举几种现场常见的文明施工隐患，并提出相应的整改措施。

1. 现场围挡设置不到位

如现场未设置围挡，围挡设置不符合要求，围挡损坏未及时修补等。现场围挡设置不到位易导致现场难以形成有效的封闭，进而产生多种安全隐患。

整改措施：在施工组织设计阶段就对施工围挡进行设计，并作出明确要求；加强围挡施工过程中的监督，围挡施工完成后应进行验收；加强日常巡查，及时修补围挡损坏。

2. 围墙拆除隐患

如围墙拆除未经审批，围墙拆除时未设置警戒，恶劣天气下进行围墙拆除等。

整改措施：禁止在大风、暴雨等恶劣天气下进行围墙拆除作业；拆除围墙应事先进行审批，拆除时应设置监护人员，拆除人员应佩戴好安全生产防护用品；围墙拆除作业应设置警戒线。

3. 现场道路设置不合理

如道路未硬化或硬化损坏，车辆出入口未分开，人车未分流等。现场道路设置不合理易导致场内交通事故，还容易产生扬尘和造成场内车辆拥堵。

整改措施：合理规划场内道路，做到人车分流、出入口分开；道路及时硬化，有特殊施工需求的施工道路应事先做好加固措施；场内车辆限速行驶，设置交通指示标志等。

4. 现场扬尘污染

如施工现场裸土未覆盖、未设置车辆冲洗设备、脚手架未设置防尘网、地下室等封闭空间粉尘浓度超标等。

整改措施：对现场易产生扬尘污染的裸露地面及存放的土方，工地内留用的渣土、场地内的裸土等，采取播撒草籽简易绿化、覆罩防尘纱网或新型固封工艺等措施；脚手架设置防尘网；地下室等密闭空间施工时加强通风；车辆运输渣土或建筑垃圾时，须闭合箱盖外运；设置车辆冲洗设施，车辆驶出大门时，由专人将泥污冲洗干净，并经检查确认才允许外出；现场施工道路进行洒水除尘；设置喷雾炮和水喷淋装置等。

5. 施工噪声超标

如桩基施工、支撑拆除、钢筋切割、混凝土浇筑等作业噪声超标。

整改措施：施工时尽量采用先进机械、低噪声设备和工艺；合理安排施工过程，避免在夜间高噪声施工；为施工作业人员提供防噪声个人防护用品，合理安排作业时间。

三、模板支撑工程安全技术要点

(一) 基础知识

1. 概述

模板支撑工程是指用于支撑模板的一整套构造体系，包括支持和固定模板的杆件、桁架、连接件、金属附件、工作便桥等支撑体系，滑动模板、自升模板的提升动力装置、提升架及操作平台等，通常也称之为支撑体系。

模板支撑系统，特别是梁、板混凝土浇筑过程中一旦坍塌，往往会导致群死群伤事故，不仅给人民的生命财产带来严重损失，也会严重危及企业的生存和发展。同时，模板支撑系统也是一个事故多发的分项工程，在建筑施工安全事故中一直占有较高的比重。据住房城乡建设部统计，2016 年全国房屋建筑和市政工程建设中共发生较大生产安全事故 27 起，死亡 94 人，其中模板支架坍塌事故 8 起，死亡 30 人，分别占 29.63% 和 31.91%。

近年来，国务院安委会、住房和城乡建设部持续开展了以预防建筑施工高大模板支撑体系坍塌为重点的专项整治，但依然没有从根本上遏制此类事故的发生。因此，进一步规范和加强对模板支撑工程的安全管理依然是建筑施工安全生产工作的重要课题。

2. 基本组成

模板支撑工程通常由支架和连接件两部分组成。

(1) 支架，即支撑和固定面板用的楞梁、立杆、连接件、斜撑、剪刀撑和水平联系杆等构件的总称。

(2) 连接件，即面板与楞梁的连接、面板自身的拼接和支架结构自身的连接等所使用的零配件，包括卡销、螺栓、扣件、卡具、拉杆等。

3. 专项施工方案及安全技术交底

施工组织设计中应当包含有模板工程的相关要求，制定相应的安全技术措施，对危险性较大的模板工程，施工前应当编制专项施工方案，同时对超过一定规模的，还应对专项施工方案进行专家论证。

专项施工方案应根据施工组织设计、勘察设计文件和工程建设标准，结合模板工程的形式、施工特点及使用情况进行编制。专项施工方案应包括工程概况、编制依据、施工计划、施工工艺技术、施工安全保证措施、劳动力计划、计算书及相关图纸等内容。

按照《建设工程高大模板支撑系统施工安全监督管理导则》（建质〔2009〕254 号）的规定，建设工程施工现场混凝土构件模板支撑高度超过 8m，或搭设跨度超过 18m，或施工总荷载大于 15kN/m²，或集中线荷载大于 20kN/m 的模板支撑系统为高大模板支撑系统，其专项施工方案应进行专家论证。

模板工程施工前，总承包单位的项目技术人员应当向作业班组的每位作业人员进行安全技术交底。

模板工程安全技术交底应由总承包单位的项目技术人员编制，由项目技术负责人审核批准，作业班组的每位作业人员均应在书面的安全技术交底书上签字确认。搭设、使用及拆除模板支架时，现场专职安全管理人员应当依据交底的要求进行监督，及时发现隐患，及时督促整改。

以扣件式钢管满堂模板支架的搭设为例，模板工程安全技术交底应当包含模板工程概况、人员资格要求、构造要求、支架搭设、检查验收标准、支架搭设中的危险部位和危险因素、支架搭设中需采取的防范措施、支架搭设中应注意的安全事项、避险及急救措施等内容。

4. 材料与构配件

目前，以钢材作为主要材质的模板支架主要有扣件式钢管模板支架、门式钢管模板支架、碗扣式钢管模板支架、盘扣式钢管模板支架，以及桁架式模板支架、悬挑式模板支架、跨空式模板支架等。各种材料及构配件的材质、型号及加工质量应符合相关标准规范的规定。

5. 检查验收

模板支架工程施工完成后，现场应组织对其进行检查和验收，否则，不得进行混凝土浇筑。

对模板支架工程的验收须在模板支架工程全部施工完成、达到设计要求后，以及混凝土浇筑前进行，当遇有五级强风及以上风或大雨后，冻结地区解冻后，以及停用超过一个月时，应当对模板支架工程的安全性重新进行验收。

（二）各类模板支架安全技术要点

1. 扣件式钢管模板支架安全技术要点

如图 6-6 所示，扣件式钢管模板支架主要由垫板，底座，立杆，纵、横扫地杆，纵、横水平杆，竖向剪刀撑和水平剪刀撑，斜撑，之字撑，可调托撑、次楞和主楞等组成。

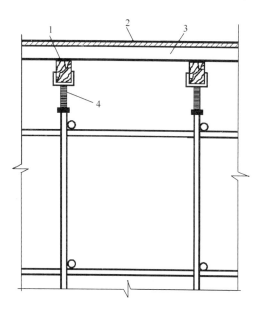

图 6-6 扣件式钢管模板支架基本构造示意
1—主楞；2—模板底板；3—次楞；4—可调托撑

（1）立杆的构造与安装

1）每根立杆的底部应设置底座或垫板，垫板的厚度不得小于 50mm。

2）模板支架的立杆间距应根据计算确定，楼板模板支架的立杆间距通常为0.8～1.2m。

3）梁和板的支架立杆，其纵、横向间距应当相等或成整数倍数关系。

4）当梁底立杆均在梁宽范围以内时，应按照如下方式设置梁底立杆：

①当梁底采用 1 排支撑立杆时，立杆宜设在梁的中心线处；

②当梁底采用 2 排支撑立杆时，立杆宜设在离梁横断面外边缘 1/4 处；

③当梁底采用 3 排支撑立杆时，立杆宜设在离梁横断面外边缘 1/6 处；

④当梁底采用 4 排支撑立杆时，立杆宜

设在离梁横断面外边缘 1/8 处。

5）处于梁底下的支架立杆，必须按荷载计算结果进行设置。当需要采取加密措施时，因立杆间距过密而不便于施工操作，也可采用双立杆支架；双立杆每层高度内相邻立杆的接头应错开设置，立杆的接头位置应避开架体中间 1/3 高度范围内，立杆接头应采用对接扣件，且上、下各加一个旋转扣件。

6）梁底下的支撑立杆应与梁侧及板下立杆之间设置贯通的纵、横向水平杆，并通过扣件与相交的立杆进行连接。

7）当立杆底部不在同一高度时，高处的纵向（或横向）扫地杆应向低处延伸，延伸长度不少于 2 跨，高低差不得大于 1m，立杆距边坡上边缘不得小于 0.5m。

8）立杆严禁搭接接长，必须采用对接扣件进行对接，相邻两立杆的对接接头不得在同步内，且对接接头沿竖向错开的距离不得小于 500mm，各接头中心距主节点不宜大于步距的 1/3。

9）严禁将上段的钢管立杆与下端的钢管立杆错开固定在水平杆上。

10）支架立杆应垂直设置，如设计另有规定，支架立杆与垂线确需成一定角度倾斜或支架立杆的基础表面倾斜时，应采取确保支点稳定的可靠措施。

11）可调底座、可调托撑的螺杆伸出长度不应超过 200mm，插入立杆内的长度不得小于 150mm。可调托撑与主楞两侧间如有间隙，必须楔紧，螺杆外径与立杆钢管内径的间隙不得大于 3mm，安装时应保证上下同心。

12）立杆伸出顶层水平杆中心线至支撑点的长度不应超过 500mm。

13）满堂模板支架的搭设高度不宜超过 30m，对于超过 30m 的模板支架应另行专门设计。

（2）扫地杆、水平杆的构造与安装

1）纵、横向扫地杆，纵、横向水平杆应当用直角扣件固定在支架立杆上。

2）纵向扫地杆距地面的高度不得超过 200mm，横向扫地杆应设置在紧靠纵向扫地杆下方的立杆上。

3）可调托撑底部的立杆顶端应沿纵、横向各设置一道水平杆。

4）扫地杆与顶部水平杆之间的距离，在满足模板设计所确定的水平杆步距要求条件下，进行平均分配确定步距后，应在每一步距处的纵横向应各设一道水平杆。

5）水平杆的步距应根据计算决定，通常为 1.2～1.8m，一般不超过 1.5m。

6）当模板支架的高度在 8～20m 时，应在最顶步距两水平杆中间沿纵、横方向各加设一道水平杆；当模板支架的高度超过 20m 时，应在最顶两步距水平杆中间沿纵、横方向分别增加一道水平杆。

7）所有水平杆的端部均应与四周建筑物顶紧顶牢。无处可顶时，应在水平杆端部和中部沿竖向方向设置连续式剪刀撑。

8）在混凝土框架、剪力墙等结构施工时，应充分利用框架柱、剪力墙等结构的作用，框架柱、剪力墙等结构的模板及支架不应过早拆除，应和梁板模板支架形成刚性连接的一个整体。同时，宜在框架柱、剪力墙等结构混凝土具备了足够强度后，再进行梁板混凝土浇筑。

9）扫地杆、水平杆宜采用搭接接长，并应符合下列规定：

①两根相邻水平杆的接头不应设置在同步或同跨内;不同步或不同跨两个相邻接头在水平方向错开的距离不应小于500mm;接头中心至主节点的距离不应大于立杆间距的1/3;

②搭接长度不应小于800mm,应等间距设置不少于2个旋转扣件固定;端部扣件盖板边缘至搭接扫地杆、水平杆杆端的距离不应小于100mm。

(3)主楞、次楞的构造与安装

1)支架顶部可调托撑上方的主楞、次楞为木材的,其材质应符合现行国家标准《木结构设计规范》GB 50005—2017的规定。

主楞木方截面不应小于100mm×100mm,次楞木方截面不应小于50mm×100mm。

2)主楞、次楞为型钢或钢管的,其材质均应符合现行国家标准《碳素结构钢》GB/T 700—2006的相关规定。

(4)连墙件的构造与安装

扣件式钢管模板支架的高宽比不应大于3;当高宽比大于3,或高大模板支架的高宽比大于2,或支架高度超过5m时,应在支架的四周和中间与建筑结构进行刚性连接,连墙件水平间距应为6~9m,竖向间距应为2~3m。

在无建筑结构部位应采取预埋钢管等措施与建筑结构进行刚性连接,在有空间部位,模板支架宜超出顶部加载区投影范围向外延伸2~3跨。当无法设置连墙件时,应采取钢丝绳张拉固定措施。

(5)剪刀撑的构造与安装

1)楼盖为无梁楼盖、密肋梁楼盖、模壳楼盖、叠合箱网梁楼盖等结构形式的,宜按照如下满堂模板和共享空间模板支架的搭设构造要求设置剪刀撑。

①如图6-7、图6-8所示,当支架的搭设高度小于8m时,在支架外侧周圈应设由下至上的竖向连续式剪刀撑;中间在纵横向应每隔10m左右设由下至上的竖向连续式剪

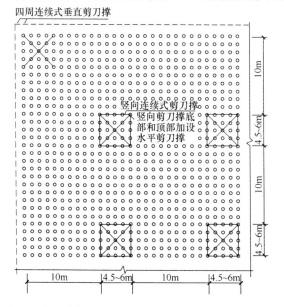

图6-7 模板支架高度小于8m时的剪刀撑布置平面示意

刀撑，其宽度宜为4～6m，并在剪刀撑部位的顶步水平杆、底部扫地杆处设置水平剪刀撑。

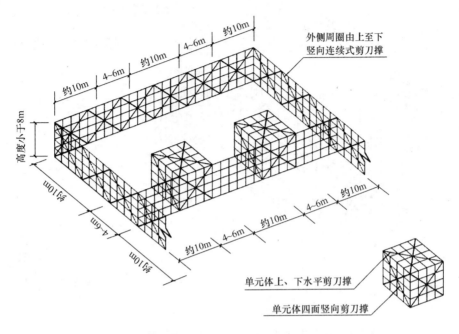

图 6-8　模板支架高度小于8m时的剪刀撑布置轴侧图

②如图 6-9、图 6-10 所示，当支架搭设高度在 8～20m 时，除应满足上述规定外，还应在纵横向相邻的两竖向连续式剪刀撑之间增加之字斜撑，连续式之字斜撑设置在中间单元体的四个立面，互相连接，平面成"井"字形布置；在有水平剪刀撑的部位，应在每个剪刀撑中间处增加一道水平剪刀撑。

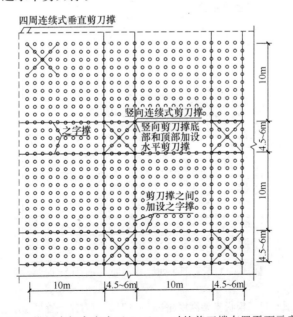

图 6-9　模板支架高度小于8～20m时的剪刀撑布置平面示意

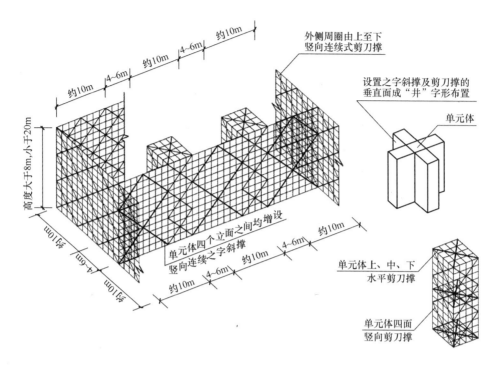

图 6-10 模板支架高度在 8～20m 时的剪刀撑布置轴侧图

③如图 6-11、图 6-12 所示，当支架搭设高度超过 20m 时，在满足以上规定的基础上，还应将所有之字斜撑全部改为连续式剪刀撑，连续式竖向剪刀撑设置在中间单元体的四个立面上，互相连接，平面成"井"字形布置。

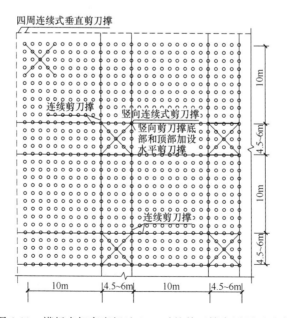

图 6-11 模板支架高度超过 20m 时的剪刀撑布置平面示意

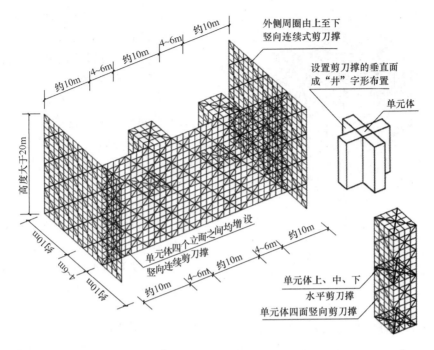

图 6-12　模板支架高度超过 20m 时的剪刀撑布置轴侧图

2）楼盖为主次梁框架、大截面梁转换层框架、高大跨度梁楼盖、预应力梁等结构形式时，应按照以下方式设置剪刀撑。

①普通型

如图 6-13 所示，在架体外侧周边及内部纵横向每 5～8m，由底至顶设置连续式竖向剪刀撑，剪刀撑的宽度为 5～8m。

在竖向剪刀撑顶部交点平面应设置连续水平剪刀撑。对于高大模板支架，应在扫地杆部位设置水平剪刀撑。水平剪刀撑至架体底平面距离与水平剪刀撑间距不宜超过 8m。

②加强型

a. 当立杆纵、横间距为 0.9m×0.9m～1.2m×1.2m 时，在架体外侧周边及内部纵横向每隔 4 跨且不大于 5m，应由底至顶设置连续式竖向剪刀撑，剪刀撑宽度应为 4 跨。

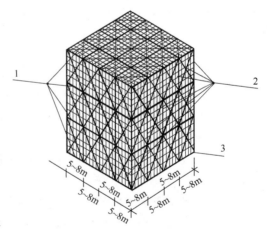

图 6-13　普通型水平、竖向剪刀撑布置图
1—水平剪刀撑；2—竖向剪刀撑；3—扫地杆设置层

b. 当立杆纵、横间距为 0.6m×0.6m～0.9m×0.9m 以内时，在架体外侧周边及内部纵横向每隔 5 跨且不小于 3m，应由底至顶设置连续式竖向剪刀撑，剪刀撑宽度应为 5 跨。

c. 当立杆纵、横间距为 0.4m×0.4m～0.6m×0.6m 以内时，在架体外侧周边及内部纵横向每 3.0～3.2m，应由底至顶设置连续竖向剪刀撑，剪刀撑宽度应为 3.0～3.2m。

d. 除按照"普通型"设置水平剪刀撑外，水平剪刀撑至架体底平面距离与水平剪刀撑间距不宜超过 6m。剪刀撑宽度应为 3～5m。如图 6-14 所示。

3）竖向剪刀撑斜杆与地面的倾角应为 45°～60°，水平剪刀撑与支架纵（或横）向水平杆的夹角应为 45°～60°，剪刀撑斜杆宜采用搭接接长，搭接长度不应小于 800mm，并应采用不少于 2 个旋转扣件固定。端部扣件盖板的边缘至杆端距离不应小于 100mm。

4）剪刀撑应用旋转扣件固定在与之相交的水平杆或立杆上，旋转扣件中心线至主节点的距离不宜大于 150mm。

5）以下情况下，需在原有剪刀撑设置的基础上另行增设剪刀撑，以增强架体的稳定：

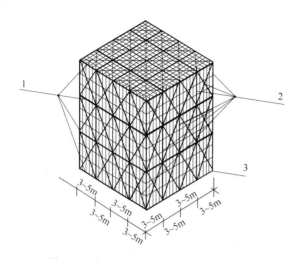

图 6-14　加强型水平、竖向剪刀撑布置图
1—水平剪刀撑；2—竖向剪刀撑；3—扫地杆设置层

①当单根立杆承受荷载大于等于 12kN 时，应沿此立杆的排列方向设置竖向剪刀撑；

②楼盖高度有错层变化，下部架体相连，上部架体有相应的高低差时，应在架体高度变化处增设竖向剪刀撑，由底至顶连续设置；

③由于地基承载力不同，或地基有不同的沉降变形趋势时，应在地基变化处，增设竖向剪刀撑，由底至顶连续设置；

④地基的高低差超过一个步距的，应在此变化处增设竖向剪刀撑，由底至顶连续设置。

（6）其他要求

1）对高大模板支架的结构材料应按要求进行验收、抽检和检测，并留存记录资料。

①现场应对进场的承重杆件、连接件等材料的产品合格证、生产许可证、检测报告进行复核，并对其表面观感、重量等物理指标进行抽检；

②对承重杆件的外观抽检数量不得低于搭设用量的 30%，发现质量不符合标准、情况严重的，要进行 100% 的检验，并由监理见证，随机抽取外观检验不合格的材料送法定专业检测机构进行检测；

③现场应对扣件螺栓的紧固力矩进行抽查，抽查数量应符合现行行业标准《建筑施工扣件式钢管脚手架安全技术规范》JGJ 130—2011 的规定，对梁底扣件应进行 100% 检查，确保使扣件螺栓的拧紧力矩在 40～65N·m 之间。

2）模板支架应为独立的系统，禁止与物料提升机、施工升降机、塔式起重机等起重设备的钢结构架体及其附着设施相连接；禁止与脚手架、物料周转料平台等架体相连接。

3）模板、钢筋及其他材料等施工荷载放置在模板支架上时，应均匀堆置，放平放稳。施工总荷载不得超过模板支撑系统设计荷载要求。

4）模板支架在使用过程中，立杆底部不得松动悬空，不得任意拆除任何杆件，不得松动扣件，也不得用作缆风绳的拉接。

5）施工过程中，应对模板支架重点检查以下项目：

①立杆底部基础应回填夯实；

②垫木应满足设计要求；

③底座位置应正确，可调托撑的螺杆伸出长度应符合规定；

④立杆的规格尺寸和垂直度应符合要求，不得出现偏心荷载；

⑤扫地杆、水平杆、剪刀撑等设置应符合规定，固定可靠；

⑥安全网和各种安全防护设施符合要求。

6）混凝土浇筑时应做好以下工作：

①混凝土浇筑前，施工单位项目技术负责人、项目总监确认具备混凝土浇筑的安全生产条件后，签署混凝土浇筑令，方可浇筑混凝土；

②浇筑混凝土时，应先浇筑墙、柱等竖向结构构件，然后浇筑梁、板等水平结构构件；宜在墙、柱混凝土达到一定强度后，再浇筑梁、板混凝土；

当浇筑区域结构有高差时，宜先浇筑低区部门，再浇筑高区部分；

③混凝土梁的施工应采用从跨中向两端对称进行分层浇筑，每层厚度不得大于400mm；

④浇筑过程应有专人对高大模板支架进行观测，发现有松动、变形等情况，必须立即停止浇筑，撤离作业人员，并采取相应的加固措施。观测时要注意安全，严禁进入架体内。

2. 盘扣式钢管模板支架安全技术要点

（1）基本构造

承插型盘扣式钢管模板支架主要由立杆、连接盘、盘扣节点、立杆连接套管、立杆连接件、水平杆、扣接头、插销、斜杆等构件组成，如图6-15、图6-16所示：

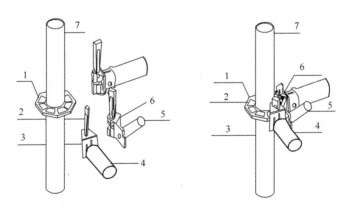

图6-15　盘扣节点示意

1—连接盘；2—扣接头插销；3—水平杆杆端扣接头；4—水平杆；5—斜杆；6—斜杆杆端扣接头；7—立杆

1）立杆：杆上焊接有连接盘和连接套管的竖向支撑杆件。

2）连接盘：焊接于立杆上可扣接8个方向扣接头的八边形或圆环形扣板。

3）盘扣节点：连接盘与水平杆、斜杆杆端上的插销连接的部位。

4）立杆连接套管：焊接于立杆一端，用于立杆竖向接长的专用外套管。

5）立杆连接件：将立杆与立杆连接套管固定防拔脱的专用部件。

6）水平杆：两端焊接有扣接头，且与立杆焊接的水平杆件。

7）扣接头：位于水平杆或斜杆杆件端头，用于与连接盘扣接的部件。

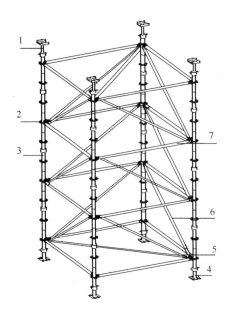

图 6-16　承插型盘扣式模板支架单元示意

1—可调托撑；2—盘扣节点；3—立杆；4—可调底座；5—水平斜杆；6—竖向斜杆；7—水平杆

8）插销：固定扣接头与连接盘的专用楔形部件。

9）斜杆：与连接盘扣接的斜向杆件，分为竖向斜杆和水平斜杆两类。

（2）对搭设高度的要求

模板支架的搭设高度不应大于 24m，当支架搭设高度大于 24m 时，应另行专门设计。

（3）对杆件选择的要求

模板支架应根据专项施工方案计算得出的立杆排架尺寸选用定长的水平杆，并应根据支撑高度组合套插的立杆段、可调托撑和可调底座。

（4）对地基与基础的要求

1）模板支架基础应按专项施工方案进行施工，并应按基础承载力要求进行验收。

2）土层地基上的立杆应采用可调底座和垫板，垫板的长度不宜少于 2 跨。

3）当地基高差较大时，可利用立杆 0.5m 节点位差配合可调底座进行调整。

（5）对斜杆或剪刀撑设置的要求

模板支架的斜杆或剪刀撑设置应符合下列规定：

1）当满堂模板支架不超过 8m 时，步距不应超过 1.5m，架体四周外立面向内的第一跨每层均应设置竖向斜杆，架体整体底层以及顶层均应设置竖向斜杆，并应在架体内部区域每隔 5 跨由底至顶纵、横向均设置竖向斜杆或采用扣件钢管搭设的剪刀撑，如图 6-17 所示。

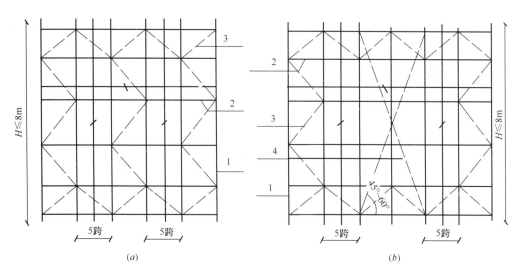

图 6-17　满堂脚手架示意图

（a）斜杆设置立面图；（b）剪刀撑设置立面图

1—立杆；2—水平杆；3、4—扣件钢管剪刀撑

当满堂模板支架的架体高度不超过 4 节段立杆时，可不设置顶层水平斜杆；当架体高度超过 4 节段立杆时，应设置顶层水平斜杆或扣件钢管水平剪刀撑。

2）当满堂模板支架超过 8m 时，竖向斜杆应满布设置，水平杆的步距不得大于 1.5m，沿高度每隔 4～6 个标准步距内应设置水平层斜杆或扣件钢管剪刀撑，如图 6-18 所示。

3）当模板支架搭设成无侧向拉结的独立塔状支架时，架体每个侧面每步距均应设竖向斜杆。当有防扭转要求时，在顶层及每隔 3～4 个步距应增设水平层斜杆或钢管水平剪刀撑，如图 6-19 所示。

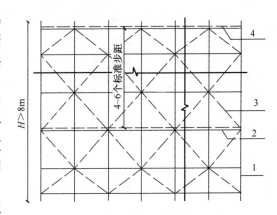

图 6-18 满堂架高度大于 8m 水平斜杆设置立面图
1—立杆；2—水平杆；3—斜杆；
4—水平层斜杆或扣件钢管剪刀撑

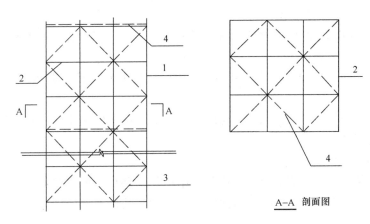

A—A 剖面图

图 6-19 无侧向拉结塔状支撑架
1—立杆；2—水平杆；3—斜杆；4—水平层斜杆

（6）对高宽比的要求

1）如图 6-20 所示，模板支架的高宽比不应大于 3。

2）当支架的高宽比大于 3 时，应在支架的四周和中间与结构柱进行刚性连接，连墙件水平间距应为 6～9m，竖向间距应为 2～3m。在无结构柱部位应采取预埋钢管等措施与建筑结构进行刚性连接，在有空间部位，模板支架宜超出顶部加载区投影范围向外延伸 2～3 跨。

（7）对可调托撑顶部悬臂长度的要求

1）如图 6-21 所示，模板支架的可调托撑伸出顶层水平杆或双槽钢托梁的悬臂长度严禁超过 650mm，且丝杆外露长度严禁超过 400mm，可调托撑插入立杆的长度不得小于 150mm。

2）高大模板支架的最顶层水平杆步距应比普通模板支架的标准步距缩小一个盘扣间距。

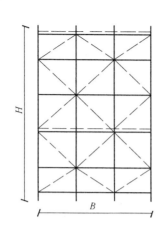

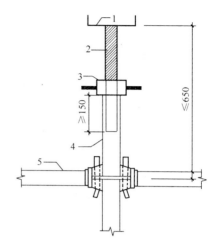

图 6-20 支架的高宽比示意 图 6-21 带可调托撑伸出顶层水平杆的悬臂长度

1—可调托撑；2—螺杆；3—调节螺母；

4—立杆；5—水平杆

（8）对扫地杆设置的要求

1）模板支架可调底座调节丝杠外露长度不应大于 300mm，作为扫地杆的最底层水平杆离地高度不应大于 550mm。

2）当单肢立杆荷载设计值不大于 40kN 时，底层的水平杆步距可按标准步距设置，且应设置竖向斜杆。

3）当单肢立杆荷载设计值大于 40kN 时，底层的水平杆应比标准步距缩小一个盘扣间距，且应设置竖向斜杆。

（9）对连墙件设置的要求

1）模板支架应在立杆周圈外侧和中间有结构柱的部位，按水平间距 6～9m、竖向间距 2～3m 与建筑结构设置一个刚性的固结点，在没有结构柱部位应采取预埋钢管等措施与建筑结构进行刚性连接；

2）当采用预埋方式设置连墙件时，应提前与相关部门协商，并应按设计要求预埋。

（10）对人行通道设置的要求

人行通道的搭设应满足下列规定：

1）当模板支架内设置与单肢水平杆同宽的人行通道时，可间隔抽除第一层水平杆和斜杆形成施工人员进出通道，与通道正交的两侧立杆间应设置竖向斜杆。

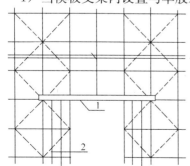

2）当模板支架体内设置与单肢水平杆不同宽人行通道时，应在通道上部架设支撑横梁，如图 6-22 所示，横梁应按跨度和荷载确定。

3）通道两侧支撑梁的立杆间距应根据计算设置，通道周围的模板支架应连成整体。

图 6-22 模板支架人行通道设置图

1—支撑横梁；2—立杆加密

4）洞口顶部应铺设封闭的防护板，两侧应设置安全网。

5）通行机动车的洞口，必须设置安全警示和防撞设施。

（11）对架体搭设的要求

承插型盘扣式钢管模板支架的搭设顺序及要求应符合以下规定：

1）定位、放线，摆放可调底座

①按照立杆平面布置图，在地基基础上放线，确定可调底座的摆放位置；

②地基基础必须满足承载力要求，并保证基础平整、坚实，有排水措施；

③根据结构标高，确定可调底座螺母初始高度；

④作为扫地杆的水平杆离地应小于550mm；

⑤承载力较大时，应采用垫板以分散上部传力，垫板应平整、无翘曲，不得采用开裂了的垫板；

⑥作为高大模板支架时，可调底座应进行加劲处理。

2）首层立杆安装

①安装时，应明确立杆连接套管的位置（在上或在下）；

②相邻两立杆应采用不同长度规格的钢管，或相邻立杆连接套管颠倒对错，以保证立杆承插对接接头不在同一水平面，接头错开长度应大于75mm。

3）首层横杆安装

根据专项施工方案，明确横杆步距、规格，即明确安装位置；首层安装时，横杆插销不得先敲紧。

4）首层架体向四周扩展安装

5）组成独立单元

6）首层架体水平调节

①选择某一立杆，将控制标高引测到立杆，以此标高为首层架体水平控制基准标高；

②采用水准仪、水平尺、水平管等，旋转可调底座螺母，对各立杆标高进行逐一调节控制。

7）首层斜杆安装

①首层架体水平调节完成后，方可进行首层斜杆安装；

②斜杆安装时，应与立杆、横杆形成三角形受力体系。

8）销紧首层横杆、斜杆插销

①首层斜杆安装完成后，使用工具将横杆、斜杆插销逐一销紧，销紧程度以插销刻度线为准；

②插销销紧后，方可进入上层架体安装施工；

③插销销紧后，应对可调底座逐一进行检查，旋紧调节螺母，保证立杆确实置于螺母限位凹槽内，且立杆无悬空。

9）登高工作梯安装

①首层架体安装完成后，需继续向上搭设架体时，应利用工作梯进行登高作业；

②工作梯挂钩直接挂扣在上下对角的两支横杆上，并锁好安全销；

③作为上下施工楼梯使用时，应同步安装专用楼梯防护扶手和平台栏杆。

10）登高平台踏板安装

①平台踏板挂钩直接挂扣在同平台高度位置的相邻两支横杆上，并锁好安全销；

②作为施工平台时，踏板应满铺，应控制踏板之间的间隙不宜过大。

11）立杆接长安装

①立杆之间以承插的方式，往上接长搭设，并错开接头位置；

②当立杆承受向上的力或整组架体进行吊运时，立杆接长搭接处应采用螺栓等连接销进行连接，且该连接销必须满足相应抗剪切要求。

12）横杆安装

①根据专项施工方案，明确横杆步距；

②安装时，架体宜由中间向四周安装。

13）斜杆安装

①斜杆安装时，应与立杆、横杆形成三角形受力体系；

②上层斜杆安装时，应保证与对应的下层斜杆同向且相对横杆异侧（上下层斜杆相对横杆内外侧相间）；

③斜杆安装完成且插销销紧后，方可进入上层架体安装施工。

14）登高工作梯

①若楼梯安装在同一单元格内时，上下两层楼梯应以"之"字形交错而上；

②若楼梯安装不在同一单元格内时，上下两层楼梯之间应铺设踏板，形成安全通道；

③上部登高工作梯安装步骤同首层工作梯的安装步骤。

15）登高平台安装

上部登高平台安装步骤同首层登高平台的安装步骤。

16）可调托撑安装

①根据结构标高，确定可调托撑螺母初始高度，并略低于精确标高 20mm；

②立杆顶端应确实置于可调托撑调节螺母限位凹槽内；

③根据专项施工方案，应严格控制立杆可调托撑的顶层伸出顶层水平杆的悬臂长度不超过 650mm，并明确可调托撑开口方向；

④作为高大模板支架时，可调托撑应进行加劲处理。

17）主龙骨安装

①根据专项施工方案，明确主龙骨的设置方向；

②主龙骨的搭接长度不宜小于 30mm，且不得小于 15mm，否则应采取一定措施进行搭接连接；

③主龙骨应采取防倾覆措施，如采用方木填塞等；

④主龙骨与次龙骨应有可靠连接。

3. 门式钢管模板支架安全技术要点

（1）搭设高度要求

1）门式钢管模板支架的搭设高度不应超过 24m；当超过 24m 时，应另行专门设计。

2）支架的搭设高度应充分考虑现场地基土质情况，并满足现行行业标准《建筑施工门式钢管脚手架安全技术规范》JGJ 128—2010 的有关要求。

（2）高宽比要求

1）模板支架的高宽比不应大于 3。

2）当模板支架的高宽比大于 2 时，应设置缆风绳或连墙件等有效措施防止架体倾覆，缆风绳或连墙件的设置应符合下列要求：

①在架体端部及外侧周边水平间距不应超过 10m 设置；应与竖向剪刀撑位置对应设置；

②竖向间距不应超过 4 步设置。

（3）技术准备要求

1）支架搭设前，应向搭设和使用人员进行安全技术交底。

2）门架与配件、加固杆等在使用前应按照现行行业标准《门式钢管脚手架》JG 13—1999 和《建筑施工门式钢管脚手架安全技术规范》JGJ 128—2010 的有关规定进行检查和验收。

3）经检验合格的构配件及材料应按品种、规格分类堆放整齐、平稳，并挂牌标识。

4）支架搭设场地应平整、坚实，并应符合下列规定：

①回填土应分层回填，逐层夯实；

②场地排水应顺畅，不应有积水。

（4）构造要求

1）门架的跨距和间距应根据支架的高度、荷载由计算和构造要求确定，门架的跨距不应超过 1.5m，门架的净间距不应超过 1.2m。

2）模板支架搭设时，应在门架立杆上设置可调托撑和托梁，使门架立杆直接传递荷载，门架立杆上的托梁应具有足够的抗弯承载力和刚度。

3）可调托撑的调节螺杆高度不应超过 300mm，底座、可调托撑与门架立杆轴线的偏差不应大于 2.0mm。

4）用于支撑梁模板的门架，可采用平行或垂直于梁轴线的布置方式，如图 6-23 所示。

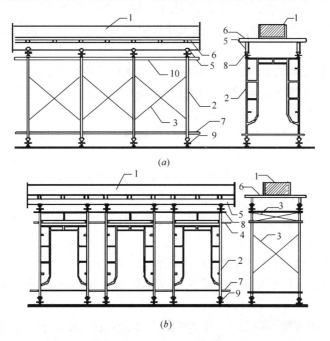

图 6-23　梁模板支架的布置方式（一）

（a）门架垂直于梁轴线布置；（b）门架平行于梁轴线布置

1—混凝土梁；2—门架；3—交叉支撑；4—调节架；5—托梁；6—小楞；7—扫地杆；8—可调托座；

9—可调底座；10—水平加固杆

5）当梁的模板支架高度较高或荷载较大时，门架可采用复式（重叠）的布置方式，如图 6-24 所示。

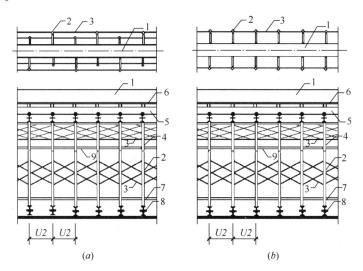

图 6-24　梁模板支架的布置方式（二）

（a）门架垂直于梁轴线布置；（b）门架平行于梁轴线布置

1—混凝土梁；2—门架；3—交叉支撑；4—调节架；5—托梁；6—小楞；
7—扫地杆；8—可调底座；9—水平加固杆

6）梁板类结构的模板支架，应分别设计。板支架跨距（或间距）应是梁支架跨距（或间距）的倍数，梁下横向水平加固杆应伸入板支架内不少于 2 根门架立杆，并应与板下门架立杆扣紧。

7）模板支架在支架的四周和内部纵横向应按现行行业标准《建筑施工模板安全技术规范》JGJ 162—2008 的规定与建筑结构柱、墙进行刚性连接，连接点应设在水平剪刀撑或水平加固杆设置层，并应与水平杆连接。

8）在模板支架的底层门架立杆上应分别设置纵向、横向扫地杆，并应采用扣件与门架立杆扣紧。

9）模板支架在每步门架两侧立杆上应设置纵向、横向水平加固杆，并应采用扣件与门架立杆扣紧。

10）模板支架应设置剪刀撑对架体进行加固，剪刀撑的设置应符合以下规定：

①剪刀撑斜杆与地面的倾角应为 45°～60°；

②剪刀撑应采用旋转扣件与门架立杆扣紧；

③剪刀撑斜杆应采用搭接接长，搭接长度不应小于 800mm，搭接处应采用 2 个及以上旋转扣件扣紧；

④每道剪刀撑的宽度不应大于 6 个跨距，且不应大于 10m；也不应小于 4 个跨距，且不应小于 6m。设置连续剪刀撑的斜杆水平间距应为 6～8m。

⑤在支架外侧周边及内部纵横向每隔 6～8m，由底至顶设置连续竖向剪刀撑；

⑥搭设高度在 8m 及以下时，顶层应设置连续的水平剪刀撑；搭设高度超过 8m 时，顶层和竖向每隔 4 步及以下应设置连续的水平剪刀撑；

⑦水平剪刀撑应在竖向剪刀撑斜杆交叉层设置。

（5）搭设要求

1）支架搭设前，应先在基础上弹出门架立杆位置线，垫板、底座安放位置应准确，标高应一致。

2）支架应采用逐列、逐排和逐层的方法搭设。

3）门架的组装应自一端向另一端延伸，应自下而上按步搭设，并应逐层改变搭设方向；不应自两端相向搭设或自中间向两端搭设。

4）每搭设完两步门架后，应校验门架的水平度及立杆的垂直度，门架的水平度及立杆的垂直度应符合现行行业标准《建筑施工门式钢管脚手架安全技术规范》JGJ 128—2010 的有关规定。

5）门架及配件除应满足现行行业标准《建筑施工门式钢管脚手架安全技术规范》JGJ 128—2010 的有关规定外，还应符合下列要求：

①交叉支撑应与门架同时安装；

②连接门架的锁臂、挂钩必须处于锁住状态；

③钢梯的设置应符合专项施工方案组装布置图的要求，底层钢梯底部应加设钢管并应采用扣件扣紧在门架立杆上。

6）水平加固杆、剪刀撑等加固杆件必须与门架同步搭设。水平加固杆应设于门架立杆的内侧，剪刀撑应设于门架立杆的外侧。

7）加固杆、连墙件等杆件与门架采用扣件连接时，应符合下列规定：

①扣件规格应与所连接钢管的外径相匹配；

②扣件螺栓拧紧扭力矩值应为 40～65N·m；

③杆件端头伸出扣件盖板边缘长度不应小于 100mm。

8）用于模板支架的可调底座、可调托撑，应采取防止砂浆、水泥浆等污物填塞螺纹的措施。

4. 碗扣式钢管模板支架安全技术要求

（1）搭设高度要求

1）碗扣式钢管模板支架的搭设高度不应超过 24m。

2）当搭设高度大于 24m 时，应另行专门设计。

（2）高宽比要求

1）模板架的高宽比应小于或等于 3。

2）当高宽比大于 2 时，应在支架的四周和中间与结构柱进行刚性连接，连墙件水平间距为 6～9m，竖向间距应为 2～3m。在无结构柱部位应采取预埋钢管等措施与建筑结构进行刚性连接，在有空间部位，模板支架宜超出顶部加载区投影范围向外延伸 2～3 跨。

（3）技术准备要求

1）支架搭设前，应向搭设和使用人员进行安全技术交底。

2）对进入现场的各种构配件，使用前应按照现行国家标准《碗扣式钢管脚手架构件》GB 24911—2010 和现行行业标准《建筑施工碗扣式钢管脚手架安全技术规范》JGJ 166—2016 的有关规定进行复检。

3）对经检验合格的构配件应按品种、规格分类放置在堆料区或码放在专用架上，清点好数量备用；堆料场地排水应畅通，不得有积水。

4）模板支架搭设场地应平整、坚实，有排水措施。

5）支架基础必须按专项施工方案进行施工，按基础承载力要求进行验收。

6）当地基高低差较大时，可利用立杆 0.6m 节点位差进行调整。

7）土层地基上的立杆应采用可调底座和垫板，垫板的厚度应不小于 50mm，长度应不少于立杆间距的 2 倍。

（4）构造要求

1）支架应更根据专项施工方案计算得出的立杆排架尺寸选用定长的水平杆，并应根据支撑高度组合套插的立杆段、可调托撑和可调底座。

2）应根据所承受的荷载选择立杆的间距和步距，底层纵、横向水平杆作为扫地杆，距地面高度应小于或等于 350mm，立杆底部应设置底座或垫板。

3）立杆上端可调螺杆伸出顶层水平杆的长度不得大于 700mm。

4）模板支架的斜杆及剪刀撑设置应符合下列要求：

①当立杆间距大于 1.5m 时，应在拐角处设置通高专用斜杆，中间每排每列应设置通高八字形斜杆或剪刀撑；

②当立杆间距小于或等于 1.5m 时，模板支撑架四周应从底到顶连续设置竖向剪刀撑；中间纵、横向应由底至顶连续设置竖向剪刀撑，其间距应小于或等于 4.5m；

③剪刀撑的斜杆与地面夹角应在 45°~60° 之间，斜杆应每步与立杆扣接；

④当模板支撑架高度大于 4.8m 时，顶端和底部必须设置水平剪刀撑，中间水平剪刀撑设置间距应小于或等于 4.8m。

5）应按照要求设置连墙件，连墙件的设置应符合以下规定：

①应在立杆周圈外侧和中间有结构柱的部位，按水平间距 6~9m、竖向间距 2~3m 与建筑结构设置一个刚性的固结点，在没有结构柱部位应采取预埋钢管等措施与建筑结构进行刚性连接；

②当采用预埋方式设置连墙件时，应提前与相关部门协商，并应按设计要求预埋；

③连墙件应设置在支架的碗扣节点处，当采用钢管扣件做连墙件时，连墙件应与立杆连接，连接点距碗扣节点距离不应大于 150mm；

④连墙件应采用可承受拉、压荷载的刚性结构，连接应牢固、可靠。

6）模板下方应放置次楞与主楞，次楞与主楞应按受弯杆件设计计算。支架立杆上端应采用可调托撑，支撑应在主楞底部。

（5）搭设要求

1）支架的搭设应按专项施工方案，在专人指挥下，统一进行。

2）应按照专项施工方案的要求弹线定位，底座和垫板应准确地放置在定位线上，底座的轴心线应与地面垂直。

3）底座放置完成后，应分别按照先立杆后横杆再斜杆的顺序搭设。

4）连墙件的搭设应在支架搭设过程中同步施工。

5）在多层楼板上连续设置模板支架时，应保证上下层的支架立杆在同一轴线上。

（6）人行通道设置要求

模板支撑架设置人行通道时（图 6-25），应符合下列规定：

1）通道上部应架设专用横梁，横梁结构应经过设计计算确定。

2）横梁下的立杆应加密，并应与架体连接牢固。

3）通道宽度应小于或等于4.8m。

4）门洞及通道顶部必须采用木板或其他硬质材料全封闭，两侧应设置安全网。

5）通行机动车的洞口，必须设置防撞击设施。

图 6-25 模板支架人行通道设置

5. 桁架式模板支架安全技术要点

（1）搭设高度

1）桁架式模板支架的搭设高度不宜大于50m。

2）当搭设高度超过50m时，应另行设计。

（2）地基基础要求

支架的地基基础应符合下列规定：

1）搭设场地应坚实、平整，并应有排水措施。

2）支撑在地基土上的立杆下应设具有足够承载力和支撑面积的垫板。

3）混凝土结构层上应设可调底座或垫板。

4）对承载力不足的地基土或楼板，应进行加固处理。

5）对冻胀性土层，应有防冻胀措施。

6）湿陷性黄土、膨胀土、软土应有防水措施。

（3）构造要求

1）单元桁架的竖向斜杆布置可采用对称式和螺旋式，如图6-26所示，且应在单元桁架各面布置。

水平斜杆应间隔2～3步布置一道，底层及顶层应布置水平斜杆。

2）桁架式模板支架的单元桁架组合方式可采用矩阵形或梅花形，如图6-27所示，单元桁架之间的每个节点应通过水平杆连接。

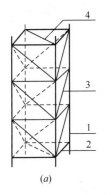 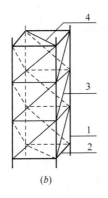

（a）　　　　　　　（b）

图 6-26 单元桁架斜杆布置立面图
（a）对称式；（b）螺旋式
1—立杆；2—水平杆；3—竖向斜杆；
4—水平斜杆

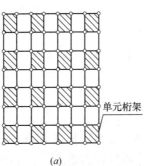 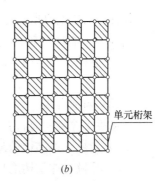

（a）　　　　　　　（b）

图 6-27 单元桁架组合方式布置平面图
（a）矩形阵；（b）梅花阵

3）桁架式模板支架的斜杆布置应符合下列规定：

①外立面应满布竖向斜杆，如图 6-28（*a*）所示；

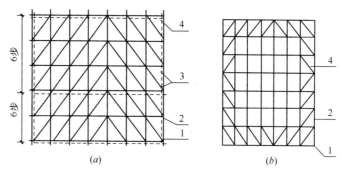

图 6-28　桁架式模板支架斜杆布置图

（*a*）外立面图；（*b*）平面图

1—立杆；2—水平杆；3—竖向斜杆；4—水平斜杆

②模板支架周边应布置封闭的水平斜杆，间隔不应超过 6 步，如图 6-28（*b*）所示；

③顶层应满布水平斜杆；

④扫地杆层应满布水平斜杆。

4）采用伸缩式桁架模板支架时，其搭接长度不得小于 500mm，上下弦连接销钉规格、数量应按设计规定，并应采用不少于 2 个 U 形卡或钢销钉销紧，2 个 U 形卡距或销距不得小于 400mm。

5）桁架式模板支架的间距设置应与模板设计图一致。

6）桁架式模板支架应具有足够的承载力。

7）当桁架式模板支架采用多榀成组布置时，在其下弦折角处必须另外加设水平撑。

6. 悬挑式模架支架安全技术要点

（1）设计要求

1）应按现行行业标准《建筑施工临时支撑结构技术规范》JGJ 300—2013 中框架式支撑结构或桁架式支撑结构进行设计计算。

2）落地部分立杆稳定性验算时应计入悬挑部分受竖向荷载引起的附加轴力，总高度应取支撑结构的高度，并按现行行业标准《建筑施工临时支撑结构技术规范》JGJ 300—2013 计算立杆附加轴力设计值。

3）悬挑支撑结构应进行抗倾覆验算，验算时应计入悬挑部分受荷载引起的附加倾覆力矩。

（2）构造要求

悬挑支撑结构应符合下列规定：

1）悬挑支撑结构的悬挑长度不应超过 4.8m。

2）悬挑支撑结构的尺寸及杆件布置应符合下列规定：

①落地部分宽度（*B*）不应小于悬挑长度（B_t）的 2 倍；

②支撑结构纵向长度（*L*）不应小于悬挑长度（B_t）的 2 倍；

③竖向剪刀撑（或斜杆）与地面夹角宜为 40°～60°；

④多层悬挑结构模板的上下立杆应保持在同一条垂直线上；

⑤多层悬挑结构模板的立杆应连续支撑，并不得少于3层。

3）落地部分应满足桁架式模板支架结构的构造要求。

4）平衡段除应满足桁架式模板支架的构造要求外，还应增设剪刀撑或斜杆，使沿悬挑方向的每排杆件形成桁架，如图6-29所示。平衡段的顶层与底层应设置水平剪刀撑或满布水平斜杆。

5）悬挑部分沿悬挑方向的每排杆件应形成桁架。悬挑部分顶层及悬挑斜面应设置剪刀撑或满布斜杆。

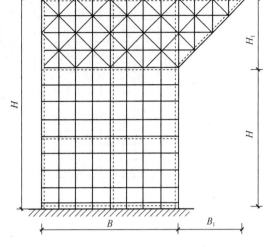

图6-29　悬挑支撑结构剖面图

6）悬挑部分的竖向斜杆倾角宜为40°～60°。

7）悬挑部分不应采用扣件传力。

8）使用前应进行荷载试验。

7. 跨空式模板支架安全技术要点

（1）设计要求

1）应按现行行业标准《建筑施工临时支撑结构技术规范》JGJ 300—2013中框架式支撑结构或桁架式支撑结构进行设计计算。

2）落地部分立杆稳定性验算时应计入跨空部分受竖向荷载引起的附加轴力，总高度应取支撑结构的高度，并按现行行业标准《建筑施工临时支撑结构技术规范》JGJ 300—2013计算立杆附加轴力设计值。

（2）构造要求

跨空支撑结构应符合下列规定：

1）跨空支撑结构的跨空长度不应超过9.6m。

2）跨空支撑结构的尺寸及杆件布置应符合下列规定：

①落地部分宽度（B）不应小于跨空跨度（B_s）；

②竖向剪刀撑（或斜杆）与地面夹角宜为40°～60°。

3）落地部分应满足桁架式模板支架结构的构造要求。

4）平衡段除应满足桁架式模板支架的构造要求外，还应增设剪刀撑或斜杆，使沿跨空方向的每排杆件形成桁架，如图6-30所示。平衡段的顶层与底层应设置水平剪刀撑或满布水平斜杆。

5）跨空部分沿跨空方向的每排杆件应形成桁架。跨空部分顶层与底层应设置剪刀撑或满布斜杆。

6）跨空部分的竖向斜杆倾角宜为40°～60°。

7）跨空部分不应采用扣件传力。

8）使用前应进行荷载试验。

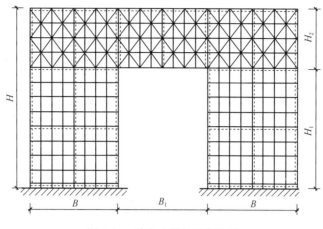

图 6-30 跨空支撑结构剖面图

8. 滑动模板工程安全技术要求

（1）滑模装置的制作与安装

1）滑模装置的制作前，应绘制或编写完整的加工图、施工安装图、设计计算书及技术说明，并应报设计单位审核批准。

2）滑模装置应按照设计图纸加工制作；当有变动时，应出具相应的设计变更文件。

3）制作滑模装置的材料应有质量合格文件，其品种、规格等应符合设计要求。机具、器具应有产品合格证。

4）滑模装置各部件的制作、焊接及安装质量应经检验合格，并应进行荷载试验，其结果应符合设计要求。滑模装置如需进行改装时，改装后应重新进行验收。

5）液压千斤顶和支撑杆应符合下列规定：

①千斤顶的工作荷载不应大于额定荷载；

②支撑杆应满足承载力和稳定性要求；

③千斤顶应具有防滑移自锁装置。

6）操作平台及吊脚手架上的防护设施应齐全有效，并应符合现行行业标准《建筑施工高处作业安全技术规范》JGJ 80—2016 的有关规定。

（2）垂直运输设备及装置

1）滑模施工中所使用的垂直运输设备应根据滑模施工特点、建筑物的形状、施工高度及周边地形与环境等条件确定，并应优先选择标准的垂直运输设备通用产品。

2）滑模施工所使用的垂直运输装置，应由专业工程设计人员设计，设计单位的技术负责人应予审核批准，并应附有安全技术规范要求的设计文件、产品质量合格证明、安装及使用维修说明书等文件。

3）垂直运输装置应由设计单位提出检测项目、检测指标与检测条件，使用前应由使用单位组织有关设计、制作、安装、使用及监理单位共同检测验收。检测验收合格后，参与验收的各单位和人员应签字确认。

4）在高耸构筑物滑模施工中，当采用随升井架平台及柔性滑道与吊笼作为垂直运输工具时，应作详细的安全及防坠设计。

5）吊笼的柔性滑道应按设计要求安装测力装置，并应由专人操作和检查。

（3）通信与信号

1）在滑模专项施工方案中，应对滑模操作平台、工地办公室、垂直及水平运输的控制室、供电、供水、供料等部位的通信联络制定相应的技术措施和管理制度。

2）通信联络装置安装完成后，应在试滑前进行检验和试用，合格后方可正式使用。

（4）防雷

1）滑模施工中应采取必要的防雷措施。

2）施工中，应定期对防雷装置进行检查，发现问题应及时维修。

（5）滑模施工

1）滑模施工前，应按照现行行业标准《液压滑动模板施工安全技术规程》JGJ 65—2013 的有关要求对滑模装置进行安全检查。

2）操作平台上不得超载，材料堆放的位置、数量等应符合专项施工方案的要求。

3）指挥人员应在确认无滑升障碍的情况下，发出滑升指令。

4）施工中，滑模装置如发生变形、松动，以及出现滑升障碍时，应立即停止作业，并采取纠正措施。

5）混凝土的出模强度应控制在 0.2～0.4MPa 间，当出模混凝土发生流淌或局部坍落时，应立即进行停滑处理。当混凝土的出模强度偏高时，应增加中间滑升次数。

6）混凝土施工应均匀布料、分层浇筑、分层振捣，并应根据气温变化和日照情况，调整每层的浇筑起点、走向和施工速度，每个区段上下层的混凝土强度应均衡，每次浇筑的厚度不应大于 200mm。

7）滑升过程中，操作平台应保持水平，各千斤顶的相对高差不得大于 40mm。相邻两个提升架上千斤顶的相对标高差不得大于 20mm。

8）施工中支撑杆的接头应符合下列规定：

①结构层同一平面内，相邻支撑杆接头的竖向间距应大于 1m；支撑杆接头的数量不应大于总数的 25%，其位置应均匀分布；

②工具式支撑杆的螺纹接头应拧紧到位；

③榫接或作为结构钢筋使用的非工具式支撑杆接头，在其通过千斤顶后，应进行等强度焊接。

9）当支撑杆设在结构体外时应有相应的加固措施，支撑杆穿过楼板时应采取传力措施。当支撑杆空滑施工时，根据对支撑杆的验算结果，应进行加固处理。

10）滑模施工中，操作平台上应保持整洁，并及时清理。

9. 爬升模板工程安全技术要点

（1）爬升模板的安装

1）进入现场的爬升模板系统（大模板、爬升支架、爬升设备、脚手架、附件等），应按照专项施工方案及设计图纸要求进行验收，合格后方可使用。

2）检查工程结构上预埋螺栓孔的直径和位置是否符合图纸要求，有偏差时，应提前采取措施，然后才能够安装爬升模板。

3）爬升模板的安装顺序是：底座→立杆→爬升设备→大模板→模板外侧吊脚手架。

4）底座安装时，应对部分穿墙螺栓临时固定，待标高校正完成后，方可固定全部的穿墙螺栓。

5）立杆宜在地面上组装成为一个整体，垂直度校正之后，才能固定全部与底座相连接的螺栓。

6）模板安装时，应先进行临时固定，待就位校正后，方可正式固定。

7）安装吊装模板的设备时，可使用现场已经安装就位的起重机械设备。

8）模板安装完毕后，应对所有连接螺栓和穿墙螺栓进行紧固检查，并应经试爬升验收合格后，方可投入使用。

9）所有穿墙螺栓均应由外向内穿入，并在内侧进行紧固。

（2）爬升模板的爬升

1）爬升前，应首先对爬升设备的位置、牢固程度、吊钩及连接杆件等进行检查，确认符合要求后方可正式爬升。

2）正式爬升前，应首先拆除相邻大模板及脚手架间的连接杆件，使各个爬升模板单元彻底分开。

3）爬升大模板时，应先收紧千斤顶或钢丝绳，吊住人模板或支架，然后拆除大模板上的穿墙螺栓，并检查再无任何连接，卡环和安全钩无问题，调整好大模板或爬升支架的重心，使其保持垂直，开始爬升。

4）爬升时，操作人员应站在固定件上，不得站在爬升件上随模板或支架爬升，爬升过程中应防止晃动与扭动。

5）爬升时要稳起、稳落和平稳就位，防止大幅度摆动和碰撞。应注意不要使爬升模板与其他构件卡住，若发现类似现象，应立即停止爬升，待故障排除后，方可继续爬升。

6）每个单元的爬升，应在一个工作台班内完成，不宜中途交接班。每个单元爬升完毕后，应及时进行固定。

7）遇五级及以上大风时，应停止爬升作业。

8）爬升完毕后，应将小型机具和螺栓清理干净，不得堆放在操作架上。

（3）安全管理

1）爬模施工中，所有设备必须按照专项施工方案的要求进行配置。

2）施工中要统一指挥，并应设置警戒区，保证通信设施的良好与畅通，同时，现场应作好原始记录。

3）模板每爬升一次，现场应检查一次，保证其拧紧力矩在 50～60N·m 之间。

4）液压设备应由专人操作。

5）模板爬升前必须拆尽相互间的连接件，使爬升时各单元能独立爬升。爬升完毕后，应及时安装好连接件，保证爬升模板固定后的整体性。

6）大模板爬升或支架爬升时，脚手架上或爬架上必须设置可靠的安全防护设施。拆下的穿墙螺栓要及时放入专用箱内，严禁随手乱放，严禁高空向下抛物。

7）爬升中吊点的位置和固定爬升设备的位置不得随意更动，固定必须安全可靠，操作方便。

8）在安装、爬升和拆除过程中，不得进行交叉作业，且不得随意中断每一单元的作业。不允许爬升模板在不安全状态下过夜。

9）作业中出现障碍时应立即查清原因，必须在排除障碍后方可继续作业。

10）脚手架上不应堆放材料、建筑垃圾等。

11）捯链的链轮盘、捯卡和链条等，如有扭曲或变形，应停止使用。操作时不准站在捯链的正下方。

12）不同组合和不同功能的爬升模板，其安全要求不尽相同，应根据现场所使用设备和工艺特点，制定专门的安全技术措施。

13）组合并安装好的爬升模板，金属件要涂刷防锈漆，模板面要涂刷隔离剂。每爬升一次，应清理一次。尤其要注意检查下端防止漏浆的橡皮压条是否完好。

14）所有穿墙螺栓孔都应安装螺栓。特殊情况下，如个别螺栓无法安装时，必须采取有效措施。

15）绑扎钢筋时，应注意穿墙螺栓的位置及其固定要求。

16）内模安装就位并拧紧穿墙螺栓后，应及时调整内、外模的垂直度，使其符合要求。

17）每层大模板均应按位置线安装就位，对标高要层层调整。

18）大模板爬升时，新浇混凝土的强度不应低于 $1.2N/mm^2$。支架爬升时的附墙架穿墙螺栓受力处的混凝土强度应达到 $10N/mm^2$ 以上。

19）每步脚手架间应设置爬梯，作业人员应由爬梯上下，进入爬架后应在爬架内上下，严禁攀爬模板、脚手架和爬架外侧。

10. 装配式结构独立钢支柱支撑安全技术要点

（1）主要构配件

1）独立钢支柱支撑系统由独立钢支柱支撑、水平杆或三脚架等构成。

2）独立钢支柱支撑由插管、套管和支撑头组成，分为外螺纹钢支柱和内螺纹钢支柱，如图 6-31 所示。

3）套管由底座、套管、调节螺管和调节螺母组成。插管由开有销孔的钢管和销栓组成。

4）连接杆宜采用普通钢管，钢管应有足够的刚度。支撑头可采用板式顶托或 U 形支撑。

5）三脚架宜采用可折叠的普通钢管制作，应具有足够的稳定性。独立钢支柱支撑规格、材料应符合规范、标准的要求。

6）插管规格宜为 $\phi48.3mm×2.6mm$，套管规格宜为 $\phi57mm×2.4mm$，钢管壁厚（t）允许偏差为 $±10\%$。插管下端的销孔宜采用 $\phi13mm$、间距 125mm 的销孔，销孔应对称设置；插管外径与套管内径间隙应小于 2mm；插管与套管的重叠长度不小于 280mm。

7）底座宜采用钢板热冲压整体成型，

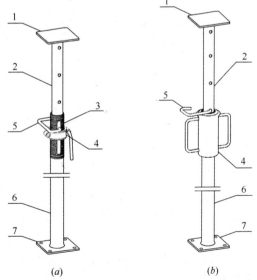

图 6-31　独立钢支柱支撑

（a）外螺纹钢支柱；（b）内螺纹钢支柱

1—支撑头；2—插管；3—调节螺管；4—调节螺母；
5—销栓；6—套管；7—底座

钢板性能应符合现行国家标准《碳素结构钢》GB/T 700—2006 中 Q235B 级钢的要求，并经 600～650℃的时效处理。底座尺寸宜为 150mm×150mm，板材厚度不得小于 6mm。

8）. 支撑头宜采用钢板制造，钢板性能应符合现行国家标准《碳素结构钢》GB/T 700—2006 中 Q235B 级钢的要求。支撑头尺寸宜为 150mm×150mm，板材厚度不得小于 6mm。支撑头受压承载力设计值不应小于 40kN。

9）调节螺管规格应不小于 ϕ57mm×3.5mm，应采用 20 号无缝钢管，其材质性能应符合现行国家标准《结构用无缝钢管》GB/T 8162—2008 的规定。调节螺管的可调螺纹长度不小于 210mm，孔槽宽度不应小于 13mm，长度宜为 130mm，槽孔上下应居中布置。

10）调节螺母应采用铸钢制造，其材料机械性能应符合现行国家标准《一般工程用铸造碳钢件》GB/T 11352—2009 中 ZG270—500 的规定。调节螺母与可调螺管啮合不得少于 6 扣，调节螺母高度不小于 40mm，厚度应不小于 10mm。

11）销栓应采用镀锌热轧光圆钢筋，其材料性能应符合现行国家规范《钢筋混凝土用钢　第 1 部分：热轧光圆钢筋》GB1499.1—2017 的相关规定。销栓直径宜为 ϕ12mm，抗剪承载力不应小于 60kN。

模板支撑搭设形式如图 6-32 所示。

图 6-32　支撑架体节点三维效果图

（2）搭设高度要求

1）采用装配式结构独立钢支柱支撑系统的支撑高度一般不宜大于 4m。当支撑搭设高度大于 5m 时，应按危险性较大分部分项工程编制专项施工方案，并组织专家论证通过后实施。

2）装配式结构独立钢支柱支撑系统的设计、施工、使用及管理应符合国家现行相关标准的规定。

（3）技术准备要求

1）独立支撑施工前应根据工程结构平面、层高变化、楼地面承载力等情况，编制专项施工方案，应依据专项施工方案对操作人员进行安全技术交底。

2）独立支撑体系施工应按照专项施工方案或安全技术交底内容照图施工，明确早拆支撑和养护支撑位置。

3）采用独立支撑体系卸载施工的工程，应确保楼板变形能够满足设计要求。

4）采用独立支撑体系作斜撑的工程，应绘制斜撑平面布置图、斜撑支模剖面图、主要节点图等，编制构配件使用计划，并对斜撑进行受力计算。

5）根据层高、楼板厚度、模板厚度、主次梁高度计算独立支撑高度和支撑头高度，利用内管孔位和定位销，应提前将支撑内外管总高度调节到位备用，并应留有螺母微调余地。备用的独立支撑应按规格分类堆放。

6）独立支撑的施工场地应平整、坚实。竖向结构模板采用独立支撑作斜撑前，应在楼地面设预埋件，当斜撑支撑在其他承载体时，承载体上应备有安装连接件的螺栓孔位。

（4）构配件外观质量要求

1）插管、套管应光滑、无裂纹、无锈蚀、无凹陷、无结疤、无毛刺、无弯曲等，不得采用横断面接长的钢管。

2）插管、套管钢管应平直，直线度允许偏差不应大于管长的 1/500，两端应平整，不得有斜口、毛刺。

3）各焊缝应饱满，高度不小于 4mm，焊渣应清除干净，不得有未焊透、夹渣、咬肉、裂纹等缺陷。

4）铸钢件表面应光整，不得有砂眼、缩孔、裂纹等缺陷；冲压件不得有毛刺、裂纹、氧化皮等缺陷。

5）所有构配件的表面均不得有影响使用、装配的缺陷，插销或回型插销端部应倒角、无毛刺。

6）构配件防锈漆涂层应均匀，附着应牢固，油漆不得漏、皱、脱、淌；表面镀锌的构配件，镀锌层应均匀一致。

7）主要构配件上应有不易磨损的标识，应标明生产厂家代号或商标、生产年份、产品规格和型号。

（5）搭设与拆除要求

1）独立钢支柱支撑系统应按图纸进行定位放线，进行准确布置就位。

2）独立钢立柱支撑体系搭设应按照专项施工方案组织施工，并应符合下列规定：

①将插管插入套管内，安装支撑头，并将独立钢支柱支撑放置于指定位置；

②水平杆、三脚架等稳固措施应随独立钢立柱支撑同步搭设，不得滞后安装；

③根据支撑高度，选择合适的销孔，将销栓插入销孔内并固定；

④调节可调螺母使支撑头上的楞梁顶至叠合板板底标高；

⑤矫正纵横间距、立杆的垂直度、水平杆的水平度及支撑高度。

3）独立钢支柱支撑拆除时应符合下列规定：

①拆除作业前，应对支撑结构的稳定性进行检查确认；

②独立钢支柱支撑拆除前应经项目技术负责人同意方可拆除，拆除前混凝土强度应达到设计要求；当设计无要求时，混凝土强度应符合现行国家标准《混凝土结构工程施工质量验收规范》GB 50204—2015 的相关规定；

③独立钢支柱支撑的拆除应符合现行国家相关标准的规定，装配式结构应保持不少于

两层连续支撑；

④拆除的支撑构配件应及时分类、指定位置存放。

（6）安全管理与维护

1）独立钢支柱支撑搭设作业人员须正确佩戴安全帽、系挂安全带、穿防滑鞋。

2）支撑结构作业层上不得超载。

3）叠合板、叠合梁吊装及后浇层施工时，应派专人观测独立钢支柱支撑系统的工作状态，一旦发生异常，应及时报告现场施工负责人，情况紧急时应迅速撤离施工作业人员，并采取加固措施。待险情排除后，方可继续施工。

4）叠合梁混凝土浇筑应按照从跨中向两端的顺序进行；楼板混凝土浇筑应从中央向四周对称分层进行。

5）拆除时应注意对插管、套管、支撑头、水平杆及三脚架的保护，拆除的独立钢支柱支撑构配件应安全传递至地面，严禁抛掷。

11．特殊结构模板支架安全技术要点

（1）基础及地下工程模板

1）地面以下支模应先检查土壁的稳定情况，当有裂纹及塌方危险迹象时，应采取安全防护措施后，方可下人作业。

2）当深度超过2m时，操作人员应设梯上下。

3）距基槽（坑）上口边缘1m内不得堆放模板。向基槽（坑）内运料应使用起重机、溜槽或绳索；运下的模板严禁立放在基槽（坑）土壁上。

4）斜支撑与侧模的夹角不应小于45°，支在土壁的斜支撑应加设垫板，底部的对角楔木应与斜支撑连牢。高大长脖基础若采用分层支模时，其下层模板应经就位校正并支撑稳固后，方可进行上一层模板的安装。

5）在有斜支撑的位置，应在两侧模间采用水平撑连成整体。

（2）柱模板

1）现场拼装柱模时，应适时地安设临时支撑进行固定，斜撑与地面的倾角宜为60°，严禁将大片模板系在柱子钢筋上。

2）待四片柱模就位组拼经对角线校正无误后，应立即自下而上安装柱箍。

3）若为整体预组合柱模，吊装时应采用卡环和柱模连接，不得采用钢筋钩代替。

4）柱模校正（用四根斜支撑或用连接在柱模顶四角带花篮螺栓的揽风绳，底端与楼板钢筋拉环固定进行校正）后，应采用斜撑或水平撑进行四周支撑，以确保整体稳定。

5）当高度超过4m时，应群体或成列同时支模，并应将支撑连成一体，形成整体框架体系。当需单根支模时，柱宽大于500mm的，应在每边的同一标高上设置不少于2根的斜撑或水平撑。斜撑与地面的夹角宜为45°～60°，下端尚应有防滑移的措施。

6）角柱模板的支撑，除了需满足以上要求外，还应在里侧设置能承受拉力和压力的斜撑。

（3）墙模板

1）当采用散拼定型模板支模时，应自下而上进行，必须在下一层模板全部紧固后，方可进行上一层安装。当下层不能独立安设支撑件时，应采取临时固定措施。

2）当采用预拼装的大块墙模板进行支模安装时，严禁同时起吊2块模板，并应边就位、边校正、边连接，固定后方可摘钩。

3）安装电梯井内墙模前，必须在板底下200mm处牢固地满铺一层脚手板。

4）模板未安装对拉螺栓前，板面应向后倾一定角度。

5）当钢楞长度需接长时，接头处应增加相同数量和不小于原规格的钢楞，其搭接长度不得小于墙模板宽或高的15％～20％。

6）拼接时的U形卡应正反交替安装，间距不得大于300mm；2块模板对接接缝处的U形卡应满装。

7）对拉螺栓与墙模板应垂直，松紧应一致，墙厚尺寸应正确。

8）墙模板内外支撑必须坚固、可靠，应确保模板的整体稳定。当墙模板外面无法设置支撑时，应在里面设置能承受拉力和压力的支撑。多排并列且间距不大的墙模板，当其与支撑互成一体时，应采取措施，防止灌筑混凝土时引起临近模板变形。

（4）独立梁和整体楼盖梁结构模板

1）安装独立梁模板时应设安全操作平台，并严禁操作人员站在独立梁底模或柱模支架上操作及上下通行。

2）底模与横楞应拉结好，横楞与支架、立杆应连接牢固。

3）安装梁侧模时，应边安装边与底模连接，当侧模高度多于2块时，应采取临时固定措施。

4）起拱应在侧模内外楞连接牢固前进行。

5）单片预组合梁模，钢楞与板面的拉结应按设计规定制作，并应按设计吊点试吊无误后，方可正式吊运安装，侧模与支架支撑稳定后方准摘钩。

（5）楼板或平台板模板

1）当预组合模板采用桁架支模时，桁架与支点的连接应固定牢靠，桁架支承应采用平直通长的型钢或方木。

2）当预组合模板块较大时，应加钢楞后方可吊运。当组合模板为错缝拼配时，板下横楞应均匀布置，并应在模板端穿插销。

3）单块模板就位安装，必须待支架搭设稳固、板下横楞与支架连接牢固后进行。

4）U形卡应按设计规定安装。

（6）其他结构模板

1）安装圈梁、阳台、雨篷及挑檐等模板时，其支撑应独立设置，不得支搭在施工脚手架上。

2）安装悬挑结构模板时，应搭设脚手架或悬挑工作台，并应设置防护栏杆和安全网。作业处的下方不得有人通行或停留。

3）烟囱、水塔及其他高大构筑物的模板，应编制专项施工设计和安全技术措施，并应详细地向操作人员进行交底后方可安装。

4）在危险部位进行作业时，操作人员应系好安全带。

12. 模板拆除安全技术要点

（1）一般规定

1）模板拆除作业时，应严格按照专项施工方案的要求组织实施，拆除前应做好以下准备工作：

①应对将要拆除的模板支架进行拆除前的检查；全面检查模板支架的基础沉降情况，连接件的拧紧、锁紧情况，连墙件设置情况，以及其他加固情况等是否符合构造要求；

②应根据拆除前的检查结果，补充完善专项施工方案中有关支架拆除的顺序和安全技术措施，经审批后方可实施；

③拆除前应对施工操作人员组织进行安全技术交底；

④应清除模板支架上的材料、杂物及地面障碍物。

2）拆除模板的时间应按照现行国家标准《混凝土结构工程施工质量验收规范》GB 50204—2015 的规定执行，即在混凝土强度能够保证其表面及棱角不因拆除模板而受损坏时（大于 $1N/mm^2$），可以拆除不承重的侧模板。承重模板的拆除，应根据构件的受力情况、气温、水泥品种及振捣方法等确定。冬期施工的拆模，应符合专门规定。

3）当混凝土未达到规定强度或已达到设计规定强度，需提前拆模或承受部分超设计荷载时，必须经过计算和项目技术负责人确认其强度能够承受此荷载后，方可予以拆除。

4）拆模时的混凝土强度应以同龄期的、同养护条件的混凝土试块试压强度为准。当楼板上有施工荷载时，应对楼板及模板支架的承载能力和变形进行验收。

5）在承重焊接钢筋骨架作配筋的结构中，承受混凝土重量的模板应在混凝土达到设计强度的 25% 后方可拆除承重模板。当在已拆除模板的结构上加置荷载时，应另行核算。

6）大体积混凝土的拆模时间除应满足混凝土强度要求外，还应使混凝土内外温差降低到 25℃ 以下方可拆模，否则应采取有效措施，使拆模与养护措施密切配合，如边拆除边用草袋子覆盖，或边拆除边回填土方覆盖等，防止产生温度裂缝。

7）后张预应力混凝土结构的侧模宜在施加预应力之前拆除，底模应在施加预应力之后拆除。当设计有规定时，应按规定执行。

8）当楼板上遇有后浇带时，其受弯构件的底模应在后浇带混凝土浇筑完成并达到规定强度后方可拆除。如需在后浇带浇筑之前拆模，必须对后浇带两侧进行支顶。

9）模板的拆除工作应设专人指挥。多人同时操作时，应明确分工、统一行动，且应具有足够的操作面。作业区应设围栏，非拆模人员不得入内，并有专人负责监护。

10）拆模的顺序应与支模顺序相反，应先拆非承重模板，后拆承重模板，自上而下逐层拆除，严禁上下同时作业。

11）拆除钢楞、木楞、钢桁架时，应在其下面临时搭设防护支架，拆下的楞梁及桁架应先落在临时防护支架上。

12）拆模过程中，若发现混凝土有较大的孔洞、夹层、裂缝，以及影响结构或构件安全等质量问题时，应暂停拆除作业，在与项目技术负责人研究处理后方可继续拆除。

13）模板拆除作业过程中严禁用大锤和撬棍硬砸、硬撬。拆下的模板构配件严禁向下抛掷。应做到边拆除、边清理、边运走、边码堆。

14）连墙件、剪刀撑等杆件必须随模板支架逐层拆除，严禁先将连墙件、剪刀撑整层或数层拆除后再拆其他模板支架；分段拆除的模板支架高差大于两步时，应增设连墙杆或剪刀撑等杆件，首先对架体进行加固。

15）当模板支架拆至下部最后一根立杆的高度时，水平杆与立杆应同时拆除，或者先在适当位置搭设临时抛撑进行加固，然后再拆除连墙件。

16）当模板支架采取分段拆除时，对不拆除的模板支架应按照现场情况及相关规定，在未拆除部分的架体上补设连墙件、竖向剪刀撑、水平剪刀撑及横向斜撑等。拆模时，应逐块拆卸，不得成片撬落或拉倒。

17）对已拆除的模板、支架及构配件等应及时运走或妥善堆放，严防操作人员因扶空、踏空而发生事故。模板拆除后，其临时堆放处距离楼层边沿的距离不得小于 1m，且堆放高度不得超过 1m。楼层边口、通道口、脚手架边缘处，严禁堆放任何拆下的物件。

18）拆模过程中如遇中途停歇，应将已松动、悬空、浮吊的模板或支架进行临时支撑牢固或相互连接稳固；对于已松动又很难临时固定的构配件必须一次拆除。

19）已拆除了模板的结构，应在混凝土强度达到设计强度值后方可承受全部设计荷载。若在未达到设计强度以前，需在结构上加置施工荷载时，应另行核算，强度不足时，应加设临时支撑。

20）拆模的架子应与模板支架分开架设，不能拉结在一起，作业前及作业过程中应及时进行检查，及时将拆模架与准备拆除的模板支架之间的拉结解除，防止因拆除模板支架而影响脚手架的安全性。

21）遇 5 级或 5 级以上大风时，应暂停室外的高处作业。雨、雪、霜后应先清扫施工现场，然后方可进行模板拆除工作。

22）对有芯钢管立杆运出前应先将芯管抽出或用销卡固定。

23）对有钉子的模板要及时拔掉其上面的钉子，或使其钉子尖朝下。对已拆下的钢楞、木楞、桁架、立杆及其他零配件等，应及时运到指定地点，及时清除板面上粘结的灰浆，对变形和损坏的钢模板及配件应及时修复。对暂不使用的钢模板，板面应刷防锈油（钢模板隔离剂），背面补涂防锈漆，并应按规定及时检查、整修与保养，按品种、规格分别存放。

24）拆除作业面遇有预留洞口、管沟、电梯井口、楼梯口或临边等高低差较大处时，应按照现行行业标准《建筑施工高处作业安全技术规范》JGJ 80—2016 的有关要求及时盖好、拦好并处理好，防止发生坠落事故。

（2）普通模板工程拆除

1）条形基础、杯形基础、独立基础或设备基础的模板拆除

①拆除前，应先检查基槽（坑）土壁的安全状况，发现有松软、龟裂等不安全因素时，应在采取安全防范措施后，方可进行作业；

②拆下的模板及支架等应随拆随运，不得在离槽（坑）上口边缘 1m 以内堆放；

③模板拆除过程时，施工人员必须站在安全的地方；

④拆除楞梁及模板应由上而下，由表及里，按照先拆内外楞梁、再拆木面板的顺序实施拆除，作业过程中应避免上下交叉作业；对钢模板的拆除应先拆钩头螺栓和内外钢楞，再拆 U 形卡和 L 形插销，拆下的钢模板应稳妥地传递到地面上，不得随意抛掷；

⑤对拆下的小型零配件应随手装入工具袋内或小型箱笼内，不得随处乱扔；

⑥基础模板拆除完毕后，应安排专人彻底清理一次，当基础四周失落的零配件全部清理干净后，方可进行防水及回填等工作。

2）柱模板工程拆除

柱模板的拆除可采用分散拆除和分片拆除两种方法。

①分散拆除的顺序为：拆除拉杆或斜撑→自上而下拆除柱箍或横楞→拆除竖楞→自上而下拆除配件及模板→运走→分类堆放→清理→拔钉→钢模维修→刷防锈油或脱模剂→入库备用；

②分片拆除的顺序为：拆除全部支撑系统→自上而下拆除柱箍及横楞→拆除柱角U形卡→分2片或4片拆除模板→原地清理→刷防锈油或隔离剂→分片运至新支模地点备用；

③分片拆除柱模板时，一般应在拆除四角U形卡前做好四边临时支撑，待吊钩挂好后，方可拆除临时支撑，并脱模起吊；

④柱模板拆除作业时，拆下的模板及配件不得向地面抛掷。

3）墙模板拆除

①单块组拼墙模板的拆除：拆除斜撑或斜拉杆→自上而下拆除外楞及对拉螺栓→分层自上而下拆除木楞或钢楞及零配件和模板→运走分类堆放→拔钉清理→清理检修后刷防锈油或隔离剂→入库备用；

②预组拼墙模板的拆除：拆除全部支撑系统→拆卸大块墙模接缝处的连接型钢及零配件→拧去固定埋设件的螺栓及大部分对拉螺栓→挂上吊装绳扣并略拉紧吊绳→拧下剩余对拉螺栓→用方木均匀敲击大块墙模立楞及钢模板使其脱离墙体→用撬棍轻轻外撬大块墙模板使全部脱离→指挥起吊→运走→清理→刷防锈油或隔离剂备用；

③拆除每一大块墙模的最后2个对拉螺栓后，作业人员应撤离到大模板的下侧，也可在大模板底部安设支腿，防止大模板倾倒。对个别大块模板拆除后产生局部变形者，应及时进行整修；

④大块模板起吊时速度要慢，应保持垂直，严禁模板碰撞墙体。

4）梁板模板拆除

①梁、板模板应先拆梁侧模，再拆板底模，最后拆除梁底模，并应分段分片进行，严禁成片撬落或成片拉拆；

②拆除跨度较大的梁下支架时，应从跨中依次向两端对称地拆除；拆除跨度较大的挑梁下支架时，应从外侧向里侧逐步拆除；

③立杆拆除时，严禁将梁底板与立杆连在一起向一侧整体拉倒；

④拆除时，作业人员应站在安全的地方进行操作，严禁站在已拆或松动的模板上进行拆除作业，严禁站在悬臂结构边缘敲拆下面的底模；

⑤拆除模板时，严禁用铁棍或铁锤乱砸，已拆下的模板应妥善传递或用绳钩放至地面；

⑥对于多层楼板模板支架的拆除，当上层及以上楼板正在浇筑混凝土时，下层楼板上的模板支架拆除，应根据下层楼板结构混凝土强度的实际情况，经过计算确定；跨度在4m及以上的梁下需予以保留，且间距不应大于3m；

⑦待分片、分段的模板全部拆除后，方允许将模板、支架、零配件等按指定地点运出堆放，并进行拔钉、清理、整修、刷防锈油或隔离剂，入库备用。

5）爬升模板拆除

①拆除爬模时应有拆除方案，且应由技术负责人签署意见，应向有关人员进行安全技术交底后，方可实施拆除；

②拆除时 要设置警戒区；要有专人统一指挥，专人监护，严禁交叉作业；拆下的物件，要及时清理运走；

③拆除时应先清除脚手架上的垃圾杂物，拆除连接杆件，经检查安全可靠后，方可大面积拆除；

④拆除爬升模板的顺序为：拆除悬挂脚手架→拆除爬升设备→拆除大模板→拆除爬升支架；

⑤拆除爬升模板的设备可利用施工用起重机械设备；

⑥已拆除的物件应及时清理、整修和保养，并运至指定地点备用；

⑦遇 5 级以上大风应停止拆除作业。

6）特殊结构模板工程拆除

①对于拱、薄壳、圆穹屋顶和跨度大于 8m 的梁式结构，应按设计规定的程序和方式从中心沿环圈对称地向外或从跨中对称地向两边均匀放松模板支架立杆；

②拆除圆形屋顶、筒仓下漏斗模板时，应从结构中心处的支架立杆开始，按同心圆层次对称地拆向结构的周边；

③拆除带有拉杆拱的模板时，应在拆除前预先将拉杆拉紧。

（三）常见隐患及防范整改措施

1. 未编制专项施工方案，或专项施工方案未经审核、审批

整改及防范措施：

1）依据施工组织设计编制专项施工方案。

2）对专项施工方案履行审核、审批手续，完善签字手续。

3）对超过一定规模的模板支撑系统的专项施工方案组织进行专家论证。

2. 支架基础不坚实，承载力不满足设计要求

整改及防范措施：

1）支架的地基基础承载力应满足混凝土浇筑过程中所发生的所有荷载作用，其沉降和变形应满足相应设计、施工、验收规范要求。

2）遇松软土、回填土时必须分层夯实，满足承载力和沉降要求，并采取有效的防水、排水措施，必要时进行硬化处理或设置独立基础、桩基础等。

3）满堂或共享空间模板支架的高度超过 8m 时，若地基土达不到承载要求，应先施工地面下的工程，再分层回填夯实基土，浇筑地面混凝土垫层，达到强度后方可支模。

4）支架设置在楼面结构上时，对楼面结构的承载力进行验算，或按照规定对楼面结构下方进行加固。

3. 立杆的纵横向间距、步距超过设计规定

整改及防范措施：

1）按照专项施工方案的规定及设计图纸布置立杆，并确保使立杆的纵横向间距、步距不大于设计要求，且连续设置。

2）支架的立杆的总横向间距应相等或成整数倍数关系。

3）梁板结构的梁体以及箱梁结构的腹板下部沿梁或腹板方向至少应有 1 排纵向立杆。

4）当支架高度在 8～20m 时，顶端步距内应加设一道纵横向水平杆；当支架高度超过 20m 时，顶端两步距内应各加设一道纵横向水平杆。

5）水平杆的端部均应与四周主体结构物顶紧顶牢，如无处可顶时，应与竖向剪刀撑连接。

6）沿梁横向连续设置梁板立杆时，应从梁支撑架开始向板中央双向布设，但板中央两相邻立杆间距不得大于板底设计立杆间距。

4. 立杆接长采用搭接等方式，架体竖向受力不合理

整改及防范措施：

1）扣件式钢管模板支架的接长应采用对接扣件连接，对接接头应交错布置，两根相邻立杆的接头不应设置在同步内，同步内隔一根立杆的两个相隔接头在高度方向错开的距离不宜小于 500mm；各接头中心至节点的距离不宜大于步距的 1/3。

2）在多层楼板上连续设置满堂支架时，应保证上下层立杆在同一竖向轴线上；多层悬挑梁的支架不宜少于 3 层。

3）模板支架的顶部应设置可调托撑，可调托撑与楞梁两侧间如有间隙，必须楔紧，安装时应保证上下同芯。

5. 未按规定设置剪刀撑，或剪刀撑搭设不规范

整改及防范措施：

1）扣件式钢管模板支架在架体外侧周边及内部纵、横向每隔 5～8m 的竖向平面内，应由底至顶设置连续竖向剪刀撑，剪刀撑宽度（跨度）应为 5～8m，竖向剪刀撑应在竖向平面内沿水平方向连续满布。

2）扣件式钢管模板支架在竖向剪刀撑顶部交点平面内应设置纵横向连续、满布水平剪刀撑，在扫地杆的设置层平面内应设置纵横向连续、满布水平剪刀撑。水平剪刀撑至架体底平面距离以及各层水平剪刀撑间距均不宜超过 8m，剪刀撑宽度应为 5～8m。

3）竖向剪刀撑的底端应与地面抵紧，夹角宜为 45°～60°；

4）扣件式钢管模板支架的高度在 8～20m 时，除满足上述规定外，还应在纵横相邻的两竖向连续式剪刀撑之间增加之字斜撑，在有水平剪刀撑的部位，应在每个剪刀撑中间处增加一道水平剪刀撑。当模板支架的高度超过 20m 时，在满足上述规定的基础上，还应将所有之字斜撑全部改为连续式剪刀撑。

5）立杆间距大于 1.5m 时的碗扣式钢管模板支架，应在拐角处设置通高专用斜杆，中间每排每列应设置通高八字形钢管扣件斜杆或剪刀撑。

6）立杆间距小于或等于 1.5m 时的碗扣式钢管模板支架，在架体外侧周边及内部纵、横向每隔间距不超过 4.5m 的竖向平面内，应由底至顶设置连续竖向剪刀撑，剪刀撑宽度（跨度）应为 3～4.5m，竖向剪刀撑应在竖向平面内沿水平方向连续满布。

7）碗扣式钢管模板支架在竖向剪刀撑顶部交点平面内以及在扫地杆的设置层平面内应设置纵横向连续、满布水平剪刀撑。水平剪刀撑至架体底平面距离以及各层水平剪刀撑间距均不宜超过 4.8m，剪刀撑宽度应为 3～4.5m。

8）碗扣式钢管模板支架的竖向剪刀撑斜杆与地面的倾角应为 45°～60°，水平剪刀撑斜杆与支撑架纵（或横）向夹角应为 45°～60°，竖向剪刀撑斜杆底端应与地面顶紧。竖向剪刀撑斜杆、水平剪刀撑斜杆应每步与立杆扣紧，当出现不能与立杆扣接时，应与横杆扣

接，但旋转扣件中心线至节点的距离不应大于150mm。

9）水平、竖向剪刀撑的接长应采用搭接，搭接长度不应小于1m，并采用不少于2个旋转扣件固定。端部扣件盖板边缘至搭接水平杆端的距离不应小于100mm。

6. 支架的高宽比超出规范规定，架体存在失稳风险

整改及防范措施：

1）扣件式钢管模板支架，当露天支架立柱为群柱架时，其高宽比不应大于5；当高宽比大于5时，必须加设抛撑或缆风绳，保证宽度方向的稳定。

2）门式钢管模板支架的高宽比不应大于4；当高宽比大于4时，应加设抛撑或设置连墙件，以保证架体稳定。

3）碗扣式模板支架的高宽比应小于或等于2；当高宽比大于2时应采取扩大下部架体尺寸或采取其他构造措施。

4）承插型盘扣式钢管模板支架的高宽比不应大于3；当高宽比大于3时，应与建筑结构可靠连接，或采取其他防倾覆措施。

7. 立杆伸出顶层水平杆的高度过长，架体存在失稳风险

整改及防范措施：

1）采用扣件式钢管模板支架时，宜应在支架立杆顶端插入可调托撑，螺杆伸出钢管的长度不应大于300mm，可调托撑伸出顶层水平杆的悬臂长度不应大于500mm。

2）采用碗扣式、盘扣式或盘销式钢管做模板支架时，插入立杆顶端可调托撑伸出顶层水平杆的悬臂长度不应大于650mm。

3）采用门式钢管模板支架，模板支架采用调节架、可调托撑调整高度时，可调托撑调节螺杆的高度不应超过300mm。

8. 混凝土浇筑顺序不符合设计要求，架体存在失稳风险

整改及防范措施：

1）模板支撑系统搭设完成后，由项目负责人组织验收，验收人员应包括施工单位和项目两级技术人员，项目安全、质量、施工人员，监理单位的总监和专业监理工程师。验收合格，经施工单位项目技术负责人及项目总监理工程师签字后，方可进入后续工序的施工。

2）混凝土浇筑前，施工单位项目技术负责人、项目总监确认具备混凝土浇筑的安全生产条件后，签署混凝土浇筑令，方可浇筑混凝土。

3）混凝土浇筑过程应符合专项施工技术方案或安全专项施工方案的要求，确保支撑系统受力均匀，避免引起高大模板支撑系统的失稳倾斜。具体的混凝土浇筑顺序应符合下列规定：

①框架结构中连续浇筑立柱和梁板时，应按先浇筑墙、柱等竖向结构，后浇筑梁、板等水平结构的顺序进行；

②浇筑梁板或悬臂梁时，应按先从沉降变形大的部位向沉降变形小的部位顺序进行。

4）混凝土浇筑过程应有专人对高大模板支撑系统进行观测，发现有松动、变形等情况，必须立即停止浇筑，撤离作业人员，并采取相应的加固措施。

9. 模板支架拆除不符合设计要求，架体存在坍塌的风险

整改及防范措施：

1）模板支撑系统拆除前，项目技术负责人、项目总监应核查混凝土同条件试块强度报告，浇筑混凝土达到拆模强度后方可拆除，并履行拆模审批签字手续。

2）模板支撑系统的拆除作业必须自上而下逐层进行，严禁上下层同时拆除作业，分段拆除的高度不应大于两层。

设有附墙连接的模板支撑系统，附墙连接必须随支撑架体逐层拆除，严禁先将附墙连接全部或数层拆除后再拆支撑架体。

3）模板支撑系统拆除时，严禁将拆卸的杆件向地面抛掷，应有专人传递至地面，并按规格分类均匀堆放。

4）模板支撑系统搭设和拆除过程中，地面应设置围栏和警戒标志，并派专人看守，严禁非操作人员进入作业范围。

10. 对作业人员的安全交底缺乏针对性

整改及防范措施：

1）搭设模板支架的作业人员必须经过培训，掌握相应的专业知识和技能；搭设高大模板支架的作业人员应取得建筑施工脚手架特种作业操作资格证书后方可上岗。

2）模板支架搭设前，项目工程技术负责人或方案编制人员应当根据专项施工方案和有关标准、规范的要求，对现场管理人员、操作班组、作业人员进行安全技术交底，并履行签字手续。

安全技术交底的内容应包括模板支撑工程工艺、工序、作业要点和搭设安全技术要求等内容，并保留记录。

3）作业人员应严格按规范、专项施工方案和安全技术交底书的要求进行操作，并正确佩戴相应的劳动防护用品。

11. 未对模板支架进行验收，或对发现的问题未及时整改

整改及防范措施：

1）模板支架搭设过程中，应对立杆底部基础情况、垫木和底座设置情况、可调托撑伸出长度、立杆偏心受力情况、相关杆件设置情况及安全网挂设等巡回检查，发现问题，及时组织整改。

2）施工现场应按照规定做好对模板支架的阶段性验收、使用前验收及特殊情况下的检查与监测，作好相关记录。

3）现场还应编制防模板支架坍塌事故的应急救援预案，成立应急救援组织机构，定期组织演练，完善应急救援管控机制。

【事故案例】

2000 年 10 月 25 日，正在准备封顶的某电视台演播厅舞台楼盖在浇筑混凝土时，模板支架失稳倒塌，造成 6 人死亡，34 人受伤。

1. 事故经过

（1）工程概况

该工程地下 2 层，地上 18 层，建筑面积为 34000m²，采用现浇框架剪力墙结构体系。其中，发生模板支架倒塌事故的演播厅的屋盖标高为 +27.7m，底部标高为 -8.7m，平

均高度为 36.4m，局部高度为 38m，现场采用扣件式钢管模板支架系统。

(2) 事故经过

1) 演播中心演播厅舞台部位的模板支架搭设前，项目部在没有专项施工方案的情况下，已经完成 3 个演播厅、1 个门厅和 1 个观众厅的施工，上述 5 个分部工程的模板支架都属于高大模板支撑体系。于是，项目部按照过去的搭设方法，开始了演播厅舞台部位的模板支架搭设工作。

2) 2000 年 1 月，项目工程师茅×编制了一份《上部结构工程施工组织设计》，并于 1 月 30 日经项目副经理成×和其所在的建筑施工公司副主任工程师赵×批准。

3) 2000 年 7 月 22 日，现场开始搭设演播厅舞台部位的模板支架，搭设时没有专项施工方案，没有图纸，也没有对实施作业的班组和人员进行安全技术交底。项目部副经理成×决定参照过去的搭设方法搭设该部位的模板支架，现场搭设工作由项目施工员丁某组织实施。

4) 2000 年 8 月 6 日，当架体搭设实施了 15 天时，成×将一份《模板工程施工方案》交给了丁×，丁×接到施工方案后，针对现场已经搭设完成的模板支架与该《模板工程施工方案》不符一事向成×作了汇报，成×答复丁×，让其还按以前的尺寸搭设，搭设完成后再进行加固。

5) 模板支架由朱×工程队组织搭设，朱×系某厂职工，以个人名义挂靠在成×所在建筑公司的劳务基地，2000 年 6 月进入现场，从事模板支架的搭设工作。事故发生时，朱×工程队共有 17 名工人在场，其中，5 人没有特种作业人员操作证。

6) 事故发生地段由木工工长孙×负责现场施工管理，该模板支架工程于 2000 年 10 月 15 日搭设完成，总面积约 624m²。在模板支架搭设的全过程中，项目部没有组织开展自检、互检、交接检等工作，搭设完成后也未按规定办理验收手续。

7) 2000 年 10 月 17 日开始进行顶部模板安装，10 月 23 日，木工工长孙×向项目部副经理成×反映，说是支架的水平杆加固不到位，成×于是便安排架子工进行加固，到 10 月 25 日浇筑混凝土时，仍有 6 名架子工在模板底部进行模板支架的加固工作。

8) 2000 年 10 月 25 日开始浇筑混凝土，项目质量管理员姜某于上午 8：00 补发了《混凝土浇捣令》，并送现场监理单位处，让项目总监理工程师韩×签字，韩×将《混凝土浇捣令》上的日期改为了 10 月 24 日。

9) 现场的混凝土浇筑工作由项目混凝土工长邢×组织实施。

10) 现场用两台混凝土泵同时向上输送混凝土，输送高度约 40m，泵管长度约 60m。浇筑时，现场有混凝土工长 1 人、木工 8 人、架子工 8 人、钢筋工 2 人、混凝土工 20 人，以及建设方 3 名工作人员，共 42 人。当日 6：55 开始浇筑，至 10：10 一直正常，并已浇筑屋面混凝土 139m³，重 342t，占计划浇筑量的 51%。

11) 10：10，混凝土浇筑工作继续由北向南单向推进，浇至主次梁交叉点区域时，大厅模板支架发生坍塌，屋顶模板上的所有人员随塌落的支架和模板坠落，坠地的人员部分被支架、楼板和混凝土掩埋。

12) 该区域每平方米理论支撑钢管为 6 根，由于缺少水平联系杆，实际上只有 3 根立杆受力，加之梁底模下木方子呈纵向布置在支架的水平钢管上，使梁底中间立杆的荷载过大，个别立杆受力达 4t 多，综合立杆底部未设扫地杆、步距有的达到了 2.6m、立杆存在初弯曲等因素，以及混凝土泵管的冲击和振动等因素的影响，使节点区域的中间单立杆首先失稳，并随之带动相邻立杆失稳。

2. 事故原因

事故发生后，现场勘察分析认为，该模板支架在施工、管理和使用方面存在以下问题：

1）支架搭设不合理，特别是水平连系杆严重不足，三维尺寸过大、底部未设扫地杆，以及未搭设水平剪刀撑、竖向剪刀撑，从而导致主次梁交叉区域的单立杆受荷过大，引起立杆局部失稳。

2）梁底模的木楞放置方向不妥，导致大梁的主要荷载传至梁底中央排立杆，且该排立杆的水平联系杆不够，承载力不足，因而加剧了局部失稳。

3）屋盖下模板支架与周围结构固定与联系不足，加大了顶部的晃动。

4）施工组织管理混乱，安全管理失去有效控制，模板支架搭设无图纸，无专项技术交底，施工中无自检、互检等手续，搭设完成后没有组织验收；搭设开始时无施工方案，有施工方案后未按要求进行整改，支架搭设严重脱离原设计要求，致使支架承载力和稳定性不足，钢管强度和刚度不足等。

5）施工技术管理混乱，对高大模板施工未按程序进行，支架搭设开始后送交现场的施工方案中有关模板支架设计过于简单，缺乏必要的细部构造大样图和相关的详细说明，且无计算书，导致现场支架搭设时无规范可循。

6）总监理工程师韩×无监理资质，监理公司未对支架搭设过程严格把关，在未对模板支架系统的施工方案审查认可的情况下即同意施工，在没有对模板支架系统验收的情况下，即签发浇捣令，导致工人在存在重大事故隐患的模板支架上作业。

7）在上部浇筑屋盖混凝土时，又安排工人在模板支架下部进行加固作业，严重违反安全操作规程，是造成事故伤亡人员扩大的原因之一。

8）施工单位安全意识淡薄，对规章制度执行情况监督管理不力，对专项施工技术管理不严。

9）现场用工管理混乱，部分特种作业人员未持证上岗，未对工人进行安全教育和安全技术交底。

10）施工现场模板支架所使用的钢管和扣件在采购、租赁过程中质量管理把关不严，部分钢管和扣件不符合质量标准。

3. 事故处理

2001年5月，某电视台演播中心施工坍塌案一审判决：法院以重大责任事故罪分别判处成×、丁×有期徒刑6年，韩×有期徒刑5年。

法院审理查明，某电视台演播中心工程由某电视台投资兴建，某建筑施工公司于1999年3月与之签订了施工合同，成×任项目副经理，丁×为架子班组施工员，韩×为该电视台演播中心项目总监理工程师。

同年10月25日上午10时许，成×、丁×在无具体施工方案的情况下，即安排操作人员搭设演播厅舞台屋盖模板支架，韩×身为监理工程师未审查施工方案，且没有监督验收就签字同意进行屋盖模板整体浇筑混凝土。由于模板承重严重不足，支架失稳，并整体坍塌，造成6人死亡，1人重伤，33人轻伤。

四、脚手架工程安全技术要点

（一）基本知识

1. 概述

脚手架是由杆件、构配件通过相关连接，构成具有防护、支撑功能，并为建筑施工作业提供操作平台的固定或活动式架体。

脚手架的作用主要有：堆放及运输一定数量的建筑材料；使施工作业人员在不同部位进行操作；保证施工作业人员在高空操作时的安全。

2. 脚手架的种类

建筑施工脚手架根据其用途和使用功能划分为作业脚手架、承重支架和高处作业吊篮三大类。作业脚手架根据搭设方法和节点连接方式划分种类，包括：落地脚手架、悬挑脚手架、附着式升降脚手架、防护架。根据搭设材料常见的种类有扣件式钢管脚手架、碗扣式脚手架、承插型盘扣式钢管脚手架、工具式脚手架、竹脚手架、木脚手架等。

承重支架根据搭设材料、节点连接方式和用途划分种类，包括：结构安装承重支架、混凝土浇筑施工模板支架、满堂脚手架。

高处作业吊篮根据所用材料、规格、悬挂方式划分种类。

本节重点讲解扣件式钢管脚手架、碗扣式脚手架、门式脚手架、承插型盘扣式钢管脚手架、悬挑脚手架、满堂脚手架、附着式升降脚手架、高处作业吊篮等八类脚手架的安全技术要点。

3. 脚手架的形式及适用范围

本书各类脚手架的搭设形式及使用范围一般参照表 6-1 的规定。

脚手架的形式及适用范围　　　　　　　　　　　　　　　　表 6-1

类别	形式	适用范围
扣件式钢管脚手架	单排	适用于建筑工程施工用的单、双排脚手架、满堂脚手架
	双排	
	满堂架	
	悬挑架	
碗扣式钢管脚手架	双排架	适用于建筑工程施工中的双排脚手架、满堂脚手架
	满堂架	
门式脚手架	落地架	适用于建筑工程施工中搭设落地式脚手架、悬挑脚手架、满堂脚手架
	悬挑架	
承插型盘扣式钢管脚手架	双排架	适用于建筑工程施工中的脚手架搭设，一般搭设形式为双排落地外脚手架、满堂脚手架
	满堂架	
附着式升降脚手架	分片式	适用于高层、超高层建筑物或高耸构筑物上的外立面防护和结构施工
	整体式	
高处作业吊篮	悬挂式	适用于多层、高层建筑的外墙施工，幕墙安装、保温施工和维修清洗等高空作业

4. 脚手架安全管理

（1）专项施工方案及安全技术交底

依据《建设工程安全生产管理条例》及《危险性较大的分部分项工程安全管理规定》的规定，施工单位应在搭设脚手架前编制专项方案，对于超过一定规模的脚手架工程还需组织专家对方案进行论证。施工方案要组织危险源辨识，制定安全控制措施，对搭设人员、监护人员等进行安全技术交底。

（2）进场查验

材料进场查验是指用一定的检测手段（包括检查、测试、试验），按照程序对样品进行检测，并比照标准要求判定样品的质量等级。现场材料进场查验由总包单位组织，监理单位、材料供应等单位人员共同参与。现场进行产品质量查验的方法有目测法、实测法和试验法三种。

1）目测法

评判方法可归结为：看、摸、敲、照四个字。看：就是外观目测，要对照质量标准进行观察；摸：就是手感检查；敲：运用工具进行音感检查；照：采用镜子反射的方法检查，对封闭后光线较暗的部位可用灯光照射检查。查验工具主要是小锤、手电等。

2）实测法

实测法就是通过实测数据与设计、方案、规范要求及质量标准所规定的允许偏差进行对照，来判断质量是否合格。

评判方法可归结为：靠、量、吊、套四个字。靠：是测量平整度的手段；量：用工具检查；吊：用线坠吊垂直度；套：以方尺套方，辅之以塞尺检查。检查工具主要是卷尺、靠尺、塞尺、线坠等。

3）试验法

试验法是指必须通过试验手段，才能对产品质量进行评判的检查方法。比如焊缝内在质量、构件的抗拉强度等，需要专用设备进行试验才能评判。查验工具主要是拉力试验设备等。

（3）安全管理措施为

1）搭拆脚手架应由取得建设行政主管部门颁发的建筑架子工证的专业架子工担任，上岗前应进行体检，凡不适合登高作业者，不得上架作业。搭拆脚手架人员应正确佩戴质量合格的安全帽、安全带、防滑鞋等。

2）当有 6 级及以上强风、浓雾、雨或雪天气应停止脚手架搭拆作业。雨、雪后上架作业应有防滑措施，并应扫除积雪。搭拆脚手架时，地面应设警戒标志，并应派专人看守，严禁非操作人员入内。临街搭设脚手架时，外侧应有防止坠物伤人的防护措施。夜间不宜进行脚手架搭拆作业。

3）在脚手架上进行电、气焊作业时，应有防火措施和专人看守。脚手架应与架空输电线路保持安全距离；施工现场临时用电线路架设及脚手架接地防雷措施等应按《施工现场临时用电安全技术规范》JGJ 46—2005 的规定执行。

4）脚手架使用期间，严禁擅自拆除架体结构杆件。如需拆除应采取临时加固措施后，并经技术负责人同意，方可实施。

（4）安全防护措施

1）脚手架使用过程中，应在明显部位悬挂警示标志，标明架体安全出口，架设照明、防护设施。临边作业高度距基准面 2m 及以上时，应在临空一侧设置防护栏杆，并应采用密目式安全立网或工具式防护栏杆封闭。脚手板应铺设牢靠、严实，并应用安全网双层兜底。施工层以下每隔 10m 应张挂安全网。

2）单、双排脚手架、悬挑式脚手架沿架体外围应用密目式安全网全封闭，密目式安全网应设置在脚手架外立杆内侧，并应与架体绑扎牢固。

3）需要临时拆除或变动安全防护设施时，应采取能代替原防护设施的可靠措施，作业后应立即恢复。

（5）维护保养措施

脚手架搭拆和使用过程中，应加强安全管理和定期维修保养工作，定期检查立杆基础沉降情况，出现问题立即采取措施。使用后的脚手架构配件应清除表面粘结的灰渣，校正杆件变形，表面作防锈处理后待用。拆下的构配件应清除杆件的沾污物，并按规格分类检验和维修，按品种、规格分类整理存放，妥善保管。

（6）形象要求

1）脚手架使用前，应进行外观检查，不得使用严重锈蚀的钢管。

2）钢管涂层无锈蚀、破损者，宜再涂刷一遍面漆。钢管涂层破损或锈蚀的，其管壁应先除锈，再涂刷两遍防锈底漆，两遍面漆。根据钢管锈蚀情况，可采用人工除锈、机械除锈等方法清除钢管表面的灰尘、污垢和锈蚀，露出金属光泽。

3）根据《安全色》GB 2893—2008 的要求，在不同的使用场合，脚手架钢管面层分别选用通体黄色、红色和白色、黄色和黑色间隔条纹等三种形式。

4）剪刀撑搭设前应进行充分策划，保证搭设的剪刀撑顺直整齐、美观。

5）脚手架外网应采用密目式安全立网封闭。多层和高层建筑施工中的临边防护，在防护栏杆外侧也应加设此种立网作防护。

6）作业层脚手架外侧，沿外层脚手架作业层底部起设高度不小于 180mm 的挡脚板，挡脚板外立面刷黄色和黑色间隔条纹，条纹宽 20cm，并向一个方向倾斜 60°角。挡脚板应绑扎牢固，平整、顺直、美观。

7）脚手架搭设完，经验收合格后，应在建筑物的每层，每隔 20～30m 设脚手架验收合格牌和警示牌。

（二）安全技术要点

1. 钢管扣件式脚手架

（1）架体基础

1）脚手架底座底面标高宜高于自然地坪 50mm，地基周边应设置排水沟。

2）当脚手架基础下有设备基础、管沟时，在脚手架使用过程中不得开挖，否则必须采取加固措施。

（2）立杆

1）每根立杆底部应设置底座或垫板。

2）脚手架应设置纵、横向扫地杆。纵向扫地杆应采用直角扣件固定在距底座上皮不大于 200mm 处的立杆上。横向扫地杆应采用直角扣件固定在紧靠纵向扫地杆下方的立杆上。

3）脚手架立杆基础不在同一高度上时，必须将高处的纵向扫地杆向低处延长两跨与立杆固定，高低差不应大于 1m。靠近坡上方的立杆轴线到边坡的距离不应小于 500mm（图 6-33）。

4）脚手架底层步距不应大于 2m（图 6-33）。

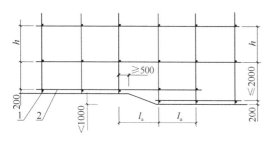

图 6-33 纵、横向扫地杆构造
1—横向扫地杆；2—纵向扫地杆

5）立杆接长除顶层顶步外，其余各层各步接头必须采用对接扣件连接。

6）立杆对接、搭接应符合下列规定：当立杆采用对接接长时，立杆的对接扣件应交错布置，两根相邻立杆的接头不应设置在同步内，同步内隔一根立杆的两个相隔接头在高度方向错开的距离不宜小于 500mm；各接头中心至主节点的距离不宜大于步距的 1/3；当立杆采用搭接接长时，搭接长度不应小于 1m，并应采用不少于 2 个旋转和扣件固定。端部扣件盖板的边缘至杆端距离不应小于 100mm。

7）立杆顶端宜高出女儿墙上皮 1m，高出檐口上皮 1.5m。

（3）纵、横向水平杆

1）纵向水平杆的构造应符合以下规定：纵向水平杆应设置在立杆内侧，其长度不宜小于 3 跨；纵向水平杆接长应采用对接扣件连接，也可采用搭接。

2）纵向水平杆的对接扣件应交错布置：两根相邻纵向水平杆的接头不应设置在同步或同跨内；不同步或不同跨两个相邻接头在水平方向错开的距离不应小于 500mm；各接头中心至最近节点的距离不应大于纵距的 1/3（图 6-34）。

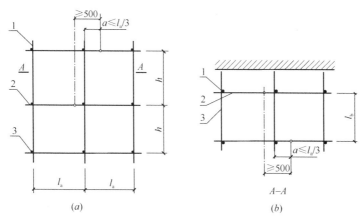

图 6-34 纵向水平杆对接接头布置
（a）接头不在同步内（立面）；（b）接头不在同跨内（平面）
1—立杆；2—纵向水平杆；3—横向水平杆

3）纵向水平杆搭接长度不应小于 1m，应等间距设置 3 个旋转扣件固定，端部扣件盖板边缘至搭接纵向水平杆杆端的距离不应小于 100mm。

4）主节点处应设置一根横向水平杆，用直角扣件扣接且严禁拆除。

5）作业层上非主节点处的横向水平杆，宜根据支承脚手板的需要等间距设置，最大间距不应大于纵距的1/2。

6）当使用冲压钢脚手板、木脚手板、竹串片脚手板时，双排脚手架的横向水平杆两端均应采用直角扣件固定在纵向水平杆上；单排脚手架的横向水平杆的一端，应用直角扣件固定在纵向水平杆上，另一端应插入墙内，插入长度不应小于180mm。

7）使用竹笆脚手板时，双排脚手架的横向水平杆两端，应用直角扣件固定在立杆上；单排脚手架的横向水平杆的一端，应用直角扣件固定在立杆上，另一端应插入墙内，插入长度亦不小于180mm。

（4）连墙件设置

1）连墙件设置的位置、数量应按专项施工方案确定，并应符合表6-2的规定。

连墙件布置最大间距表　　　　　　　表6-2

脚手架高度（m）		竖向间距（h）	水平间距（l_a）	每根连墙件覆盖面积（m²）
双排	≤50m	3h	$3l_a$	≤40
	>50	2h	$3l_a$	≤27
单排	≤24	3h	$3l_a$	≤40

2）连墙件应靠近主节点的布置，偏离主节点的距离不应大于300mm；应从底层第一步纵向水平杆处开始设置，当该处设置有困难时，应采用其他可靠措施固定；应优先采用菱形布置，或采用方形、矩形布置。

3）开口型脚手架的两端必须设置连墙件，连墙件的垂直间距不应大于建筑物的层高，并且不应大于4m。

4）连墙件中的连墙杆应呈水平设置，当不能水平设置时，应向脚手架一端下斜连接。

5）连墙件应采用可承受拉力和压力的构造。对高度24m以上的双排脚手架，应采用刚性连墙件与建筑物连接。当脚手架下部暂不能设连墙件时应采取防倾覆措施。当搭设抛撑时，抛撑应采用通长杆件，并用旋转扣件固定在脚手架上，与地面的倾角应在45°～60°之间；连接点中心至主节点的距离不应大于300mm。抛撑应在连墙件搭设后方可拆除。

6）架高超过40m且有风涡流作用时，应采取抗上升翻流作用的连墙措施。

（5）剪刀撑与横向斜撑

1）双排脚手架应设剪刀撑与横向斜撑，单排脚手架应设剪刀撑。

2）单、双排脚手架每道剪刀撑跨越立杆的根数宜按表6-3确定。每道剪刀撑宽度不应小于4跨，且不应小于6m，斜杆与地面的倾角宜在45°～60°之间。

剪刀撑跨越立杆的最多根数　　　　　　　表6-3

剪刀撑斜杆与地面的倾角 α	450	500	600
剪刀撑跨越立杆的最多根数 n	7	6	5

3）剪刀撑斜杆的接长应采用搭接或对接。

4）剪刀撑斜杆应用旋转扣件固定在与之相交的横向水平杆的伸出端或立杆上，旋转扣件中心线至主节点的距离不宜大于150mm。

5）高度在24m及以上的双排脚手架应在外侧立面连续设置剪刀撑；高度在24m以下的单、双排脚手架，均必须在外侧立面两端、转角及中间间隔不超过15m的立面上，各设置一道剪刀撑，并应由底至顶连续设置。

6）双排脚手架横向斜撑应在同一节间，由底至顶层呈之字形连续布置。高度在24m以下的封闭型双排脚手架可不设横向斜撑，高度在24m以上的封闭型脚手架，除拐角应设置横向斜撑外，中间应每隔6跨设置一道，开口型双排脚手架的两端均必须设置横向斜撑。

（6）脚手板

1）脚手板应铺满、铺实，与墙面的距离不应大于150mm，外侧应设置高度不低于180mm的挡脚板及1200mm高的两道防护栏杆。

2）冲压钢脚手板、木脚手板、竹串片脚手板等，应设置在3根横向水平杆上。当脚手板长度小于2m时，可采用2根横向水平支承，但应将脚手板两端与其可靠固定，严防倾翻。此三种脚手板的铺设可采用对接平铺，亦可采用搭接铺设。脚手板对接平铺时，接头处必须设2根横向水平杆，脚手板外伸长应取130～150mm，两块脚手板外伸长度的和不应大于300mm（图6-35a）；脚手板搭接铺设时，接头必须支在横向水平杆上，搭接长度应大于200mm，其伸出横向水平杆的长度不应小于100mm（图6-35b）。

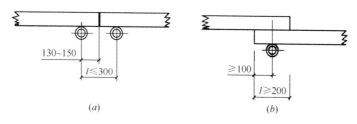

图6-35 脚手板对接、搭接构造
（a）脚手板对接；（b）脚手板对接

3）竹笆脚手板应按其主竹筋垂直于纵向水平杆方向铺设，且采用对接平铺，四个角应用直径不小于1.2mm的镀锌钢丝固定在纵向水平杆上。

4）作业层端部脚手板探头长度应取150mm，其板长两端均应与支承杆可靠地固定。

（7）门洞

1）单、双排脚手架门洞宜采用上升斜杆、平行弦杆桁架结构形式，斜杆与地面的倾角应在45°～60°之间。

2）门洞构造具体参考《建筑施工扣件式钢管脚手架安全技术规范》JGJ 130—2011相关要求。

（8）斜道

1）人行并兼作材料运输的斜道的形式宜按下列要求确定：高度不大于6m的脚手架，宜采用一字形斜道；高度大于6m的脚手架，宜采用之字形斜道。

2）斜道的构造应符合下列规定：斜道宜附着外脚手架或建筑物设置；运料斜道宽度不宜小于1.5m，坡度宜采用1：6；人行斜道宽度不宜小于1m，坡度宜采用1：3；拐弯处应设置平台，其宽度不应小于斜道宽度；斜道两侧及平台外围均应设置栏杆及挡脚板。

栏杆高度应为 1.2m，挡脚板高度不应小于 180mm。

3）脚手板横铺时，应在横向水平杆下增设纵向支托杆，纵向支托杆间距不应大于 500mm；脚手板顺铺时，接头宜采用搭接；下面的板头应压住上面的板头，板头的凸棱处宜采用三角木填顺；人行斜道和运料斜道的脚手板上应每隔 250～300mm 设置一根防滑木条，木条厚度宜为 20～30mm。

（9）满堂脚手架要求

1）满堂脚手架搭设高度不宜超过 36m；满堂脚手架施工层不超过 1 层。

2）满堂脚手架立杆的构造应符合本节扣件式钢管脚手架立杆搭设相关规定。水平杆的连接本节扣件式钢管脚手架纵横向水平杆的相关规定，水平杆长度不宜小于 3 跨。

3）满堂脚手架应在架体外侧四周及内部纵、横向每 6～8m 由底至顶设置连续竖向剪刀撑。当架体搭设高度在 8m 以下时，应在架顶部设置连续水平剪刀撑；当架体搭设高度在 8m 及以上时，应在架体底部及竖向间隔不超过 8m 分别设置连续水平剪刀撑。水平剪刀撑宜在竖向剪刀撑斜相交平面设置。剪刀撑宽度应为 6～8m。

4）剪刀撑应用旋转扣件固定在与之相交的水平杆或立杆上，旋转扣件中心线至主节点的距离不宜大于 150mm。

5）满堂脚手架的高宽比不宜大于 3，当高宽比大于 2 时，应在架体的外侧四周和内部水平间隔 6～9m、竖向间隔 4～6m 设置连墙件与建筑结构拉结，当无法设置连墙件时，应采取设置钢丝绳张拉固定等措施。

6）最少跨度为 2、3 跨的满堂脚手架，宜按本节扣件式钢管脚手架连墙件的规定设置连墙件。

7）当满堂脚手架局部承受集中荷载时，应按实际荷载计算并应局部加固。

8）满堂脚手架应设爬梯，爬梯踏步间距不得大于 300mm。

9）满堂脚手架操作层支撑脚手板的水平杆间距不应大于 1/2 跨距；脚手板的铺设应符合本节扣件式钢管脚手架脚手板的相关规定。

2. 碗扣式钢管脚手架

（1）架体基础

1）地基应坚实、平整，土层地基应有排水措施。

2）当搭设高度不大于 24m 时，立杆底部应铺设长度不少于 2 跨、厚度不小于 50mm，宽度不小于 200mm 的木垫板；当搭设高度大于 24m 时，立杆底部应铺设厚度不小于 50mm，宽度不小于 200mm 的通长木垫板并宜增设专用底座。

（2）杆件搭设

1）各步纵向水平杆宜拉通设置。

2）底层纵向、横向扫地杆距离地面高度不应超过 350mm。

3）当立杆基础表面高差较小时，可采用可调底座调整；高差较大时，可利用立杆钢管碗扣节点位差配合可调底座进行调整，且高处的立杆距离坡顶不得小于 500mm。设置在坡顶和坡面上的立杆底部应有可靠的固定措施。

（3）连墙件

1）当搭设高度不大于 6m 时，可设置抛撑，抛撑与地面的倾角应在 45°～60°之间。

2）当搭设高度大于 6m 时，必须设置连墙件，连墙件与结构的连接应为可承受拉、压荷载的刚性连接，连接应牢固可靠。

3）每层连墙件应设置在同一高度，其位置应根据建筑结构布置和风荷载计算确定，两连墙件间竖向垂直距离不宜大于层高，且不宜超过 2 步；两连墙件间水平投影距离不宜超过房屋建筑开间尺寸，不宜超过 3 跨，且不应大于 6m。

4）连墙件中的连墙杆应呈水平设置；当不能水平设置时，应向脚手架一端下斜连接。

5）连墙件应设置在靠近有横向水平杆的碗扣节点处。当采用钢管扣件做连墙件时，连墙件应与立杆连接，并应采用双扣件与结构拉结，当承载力不满足要求时，应选用螺纹或焊接方式连接，连接点距碗扣节点距离不应大于 300mm。

6）双排脚手架在建筑结构的阳角及阴角部位均应设置连墙件。

7）开口型双排脚手架的两端应设置连墙件。

（4）剪刀撑

1）钢管扣件式竖向剪刀撑两个方向的交叉斜向钢管宜分别采用旋转扣件设置在立杆的两侧。

2）竖向剪刀撑斜向钢管与地面的倾角应在 45°～60°之间。

3）剪刀撑杆件应每步与立杆扣接，扣接点距碗扣节点的距离不应大于 150mm；当出现不能与立杆扣接时，应与水平杆扣接。

4）剪刀撑杆件接长应采用搭接，搭接长度不应小于 800mm，并应等距离设置不少于 2 个旋转扣件，且两端扣件应在离杆端不小于 100mm 处固定。

（5）脚手板

脚手板设置要求同扣件式钢管脚手架。

（6）满堂脚手架要求

1）满堂脚手架应根据所承受的荷载选择立杆的间距和步距，底层纵、横向水平杆作为扫地杆，距地面高度应小于或等于 350mm，立杆底部应设置可调底座或固定底座。

2）满堂脚手架应在架体外侧四周及内部纵横向每 6～8m 从底至顶设置连续竖向剪刀撑。当架体高度大于 4.8m 时，顶端和底部应设置水平剪刀撑，中间水平剪刀撑间距应小于或等于 4.8m。

3）剪刀撑的设置按照本节碗扣式钢管脚手架剪刀撑的相关规定。

4）架体高宽比应小于等于 2；当高宽比大于 2 时可采取扩大下部架体尺寸或采取其他构造措施。

5）其他构造要求参考扣件式钢管脚手架中满堂脚手架搭设要求规定的相关内容。

3. 门式脚手架

（1）架体基础

门式脚手架架体基础详见本节扣件式钢管脚手架及悬挑脚手架架体基础相关要求。

（2）门架

1）门架应能配套使用，在不同组合情况下，均应保证连接方便、可靠，且应具有良好的互换性。

2）不同型号的门架与配件严禁混合使用。

3）上下榀门架立杆应在同一轴线位置上，门架立杆轴线的对接偏差不应大于 2mm。

4）门式脚手架的内侧立杆离墙面净距不宜大于 150mm；当大于 150mm 时，应采取内设挑架板或其他隔离防护的安全措施。

5）门式脚手架顶端栏杆宜高出女儿墙上端或檐口上端 1.5m。

（3）配件

1）配件应与门架配套，并应与门架连接可靠。

2）门架的两侧应设置交叉支撑，并应与门架立杆上的锁销锁牢。

3）上下榀门架的组装必须设置连接棒，连接棒与门架立杆配合间隙不应大于 2mm。

4）门式脚手架或模板支架上下榀门架间应设置锁臂，当采用插销式或弹销式连接棒时，可不设锁臂。

5）门式脚手架作业层应连续满铺与门架配套的挂扣式脚手板，并应有防止脚手板松动或脱落的措施。当脚手板上有孔洞时，孔洞的内切圆直径不应大于 25mm。

6）底部门架的立杆下端宜设置固定底座或可调底座。

7）可调底座和可调托座的调节螺杆直径不应小于 35mm，可调底座的调节螺杆伸出长度不应大于 200mm。

（4）加固杆

1）当门式脚手架搭设高度在 24m 及以下时，在脚手架的转角处、两端及中间间隔不超过 15m 的外侧立面必须各设置一道剪刀撑，并应由底至顶连续设置（图 6-36）。

2）当脚手架搭设高度超过 24m 时，在脚手架全外侧立面上必须设置连续剪刀撑。

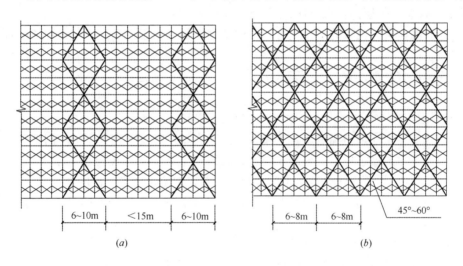

图 6-36　剪刀撑设置示意图

(a) 高度 24m 及以下剪刀撑的设置；(b) 高度 24m 以上剪刀撑的设置

3）对于悬挑脚手架，在脚手架全外侧立面上必须设置连续剪刀撑。

4）剪刀撑斜杆与地面的倾角宜为 45°～60°，应采用旋转扣件与门架立杆扣紧，剪刀撑斜杆应采用搭接接长，搭接长度不宜小于 1000mm，搭接处应采用 3 个及以上旋转扣件扣紧。

5）每道剪刀撑的宽度不应大于 6 个跨距，且不应大于 10m；也不应小于 4 个跨距，且不应小于 6m。设置连续剪刀撑的斜杆水平间距宜为 6～8m。

6）门式脚手架应在门架两侧的立杆上设置纵向水平加固杆，并应采用扣件与门架立杆扣紧。水平加固杆在顶层、连墙件设置层必须设置。

7）当脚手架每步铺设挂扣式脚手板时，至少每 4 步应设置一道，并宜在有连墙件的水平层设置。

8）当脚手架搭设高度小于或等于 40m 时，至少每两步门架应设置一道；当脚手架搭设高度大于 40m 时，每步门架应设置一道。

9）在脚手架的转角处、开口型脚手架端部的两个跨距内，每步门架应设置一道。

10）门式脚手架的底层门架下端应设置纵、横向通长的扫地杆。纵向扫地杆应固定在距门架立杆底端不大于 200mm 处的门架立杆上，横向扫地杆宜固定在紧靠纵向扫地杆下方的门架立杆上。

（5）转角处门架连接

1）在建筑物的转角处，门式脚手架内、外两侧立杆上应按步设置水平连接杆、斜撑杆，将转角处的两榀门架连成一体。

2）连接杆、斜撑杆应采用钢管，其规格应与水平加固杆相同，连接杆、斜撑杆应采用扣件与门架立杆及水平加固杆扣紧。

（6）连墙件

1）连墙件设置的位置、数量应按专项施工方案确定，并应按确定的位置设置预埋件。

2）在门式脚手架的转角处或开口型脚手架端部，必须增设连墙件，连墙件的垂直间距不应大于建筑物的层高，且不应大于 4m。

3）连墙件应靠近门架的横杆设置，距门架横杆不宜大于 200mm。连墙件应固定在门架的立杆上。

4）连墙件宜水平设置，当不能水平设置时，与脚手架连接的一端，应低于与建筑结构连接的一端，连墙杆的坡度宜小于 1:3。

（7）通道口

1）门式脚手架通道口高度不宜大于 2 个门架高度，宽度不宜大于 1 个门架跨距。

2）当通道口宽度为一个门架跨距时，在通道口上方的内外侧应设置水平加固杆，水平加固杆应延伸至通道口两侧各一个门架跨距，并在两个上角内外侧应加设斜撑杆。

3）当通道口宽为两个及以上跨距时，在通道口上方应设置经专门设计和制作的托架梁，并应加强两侧的门架立杆。

（8）满堂脚手架要求

1）满堂脚手架的门架跨距和间距应根据实际荷载计算确定，门架净间距不宜超过 1.2m。

2）满堂脚手架的高宽比不应大于 4，搭设高度不宜超过 30m。

3）满堂脚手架的构造设计，在门架立杆上宜设置托座和托梁，使门架立杆直接传递荷载。门架立杆上设置的托梁应具有足够的抗弯承载力和刚度。

4）满堂脚手架在每步门架两侧立杆上应设置纵向、横向水平加固杆，并应采用扣件与门架立杆扣紧。

5）搭设高度 12m 及以下时，在脚手架的周边应设置连续竖向剪刀撑；在脚手架的内部纵向、横向间隔不超过 8m 应设置一道竖向剪刀撑；在顶层应设置连续的水平剪刀撑（图 6-37a）。

6）搭设高度超过 12m 时，在脚手架的周边和内部纵向、横向间隔不超过 8m 应设置连续竖向剪刀撑；在顶层和竖向每隔 4 步应设置连续的水平剪刀撑。

7）竖向剪刀撑应由底至顶连续设置（图 6-37b）。

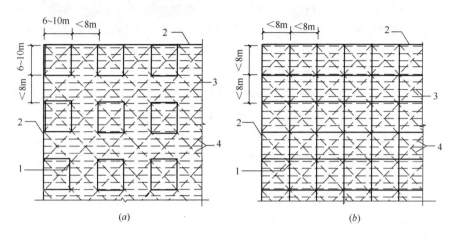

图 6-37　剪刀撑设置示意图

（a）搭设高度 12m 及以下时剪刀撑设置；（b）搭设高度超过 12m 时剪刀撑设置

1—竖向剪刀撑；2—周边竖向剪刀撑；3—门架；4—水平剪刀撑

8）在满堂脚手架的底层门架立杆上应分别设置纵向、横向扫地杆，并应采用扣件与门架立杆扣紧。

9）满堂脚手架顶部作业区应满铺脚手板，并应采用可靠的连接方式与门架横杆固定。操作平台上的孔洞应按现行行业标准《建筑施工高处作业安全技术规范》JGJ 80—2016 的规定防护。操作平台周边应设置栏杆和挡脚板。

10）对高宽比大于 2 的满堂脚手架，宜设置缆风绳或连墙件等有效措施防止架体倾覆。

11）满堂脚手架中间设置通道口时，通道口底层门架可不设垂直通道方向的水平加固杆和扫地杆，通道口上部两侧应设置斜撑杆，并应按现行行业标准《建筑施工高处作业安全技术规范》JGJ 80—2016 的规定在通道口上部设置防护层。

4. 承插型盘扣式钢管脚手架

（1）架体基础

承插型盘扣式钢管脚手架架体基础详见本节扣件式钢管脚手架及悬挑脚手架架体基础相关要求。

（2）杆件设置

1）用承插型盘扣式钢管支架搭设双排脚手架时，可根据使用要求选择架体几何尺寸，相邻水平杆步距宜选用 2m，立杆纵距宜选用 1.5m 或 1.8m，且不宜大于 3m，立杆横距宜选用 0.9m 或 1.2m。

2）脚手架首层立杆应采用不同的长度立杆交错布置，错开立杆竖向距离不应小于 500mm，当需要设置人行通道时，应符合《建筑施工承插型盘扣式钢管支架安全技术规程》JGJ 231—2010 的规定，立杆底部应配置可调底座。

3）承插型盘扣式钢管支架由塔式单元扩大组合而成，在拐角为直角部位应设置立杆间的竖向斜杆。当作为外脚手架使用时，通道内可不设置斜杆。

4）当设置双排脚手架人行通道时，应在通道上部架设支撑横梁，横梁截面大小应按跨度以及承受的荷载计算确定，通道两侧脚手架应加设斜杆；洞口顶部应铺设封闭的防护板，两侧应设置安全网；通行机动车的洞口，必须设置安全警示和防撞设施。

5）对双排脚手架的每步水平杆层，当无挂扣钢脚手架板加强水平层刚度时，应每5跨设置水平斜杆。

（3）连墙件

1）连墙件必须采用可承受拉压荷载的刚性杆件，连墙件与脚手架立面及墙体应保持垂直，同一层连墙件应在同一平面，水平间距不应大于3跨。

2）连墙件应设置在有水平杆的盘扣节点旁，连接点至盘扣节点距离不得大于300mm；采用钢管扣件做连墙杆时，连墙杆应采用直角扣件与立杆连接。

3）当脚手架下部暂不能搭设连墙件时应用扣件钢管搭设抛撑。抛撑杆应与脚手架通长杆件可靠连接，与地面的倾角在45°～60°之间，抛撑应在连墙件搭设后方可拆除。

（4）脚手板

1）钢脚手板的挂钩必须完全扣在水平杆上，挂钩必须处于锁住状态，作业层脚手板应满铺。

2）作业层的脚手板架体外侧应设挡脚板和防护栏，护栏高度宜为1000mm，均匀设置两道，并应在脚手架外侧立面满挂密目安全网。

3）挂扣式钢梯宜设置在尺寸不小于0.9m×1.8m的脚手架框架内，钢梯宽度应为廊道宽度的1/2，钢梯可在一个框架高度内折线上升；钢架拐弯处应设置钢脚手板及扶手。

（5）满堂脚手架要求

1）满堂脚手架应根据施工方案计算得出的立杆排架尺寸选用定长的水平杆，并应根据支撑高度组合套插的立杆段和可调底座。

2）当搭设高度不超过8m的满堂架时，架体四周外立面向内的第一跨每层均应设置竖向斜杆，架体整体底层以及顶层均应设置竖向斜杆，并应在架体内部区域每隔5跨由底至顶纵、横向均设置竖向斜杆或采用扣件钢管搭设的剪刀撑。当满堂脚手架的架体高度不超过4节段立杆时，可不设置顶层水平斜杆；当架体高度超过4节段立杆时，应设置顶层水平斜杆或扣件钢管水平剪刀撑。

3）当搭设高度超过8m的满堂架时，竖向斜杆应满布设置，水平杆的步距不得大于1.5m，沿高度每隔4～6个节段立杆应设置水平层斜杆或扣件钢管剪刀撑，并应与周边结构形成可靠拉结。对长条状的独立架，架体总高度与架体的宽度之比不应大于3。

4）当架体搭设成独立方塔架时，每个侧面步距均应设竖向斜杆。当有防扭转要求时，可在顶层及每隔3～4步增设水平层斜杆或钢管水平剪刀撑。

5）满堂脚手架应设置扫地水平杆，可调底座调节螺母离地高度不得大于300mm，作为扫地杆的水平杆离地高度应小于50mm，当可调底座调节螺母离地高度不大于200mm时，第一层步距可按照标准步距设置，且应设置竖向斜杆，并可间隔抽除第一层水平杆形成施工人员进入通道，与通道正交的两侧立杆间应设置竖向斜杆。

6）满堂架应与周围已建成的结构进行可靠连接。

7）当架体内设置人行通道，应在通道上部架设支撑横梁，横梁截面大小应按跨度以及承受荷载确定。通道两侧支撑梁的杆间距应根据计算结果设置，通道周围的架体应连成整体。洞口顶部应铺设封闭的防护板，两侧应设置安全网。通行机动车的口，应设置安全警示和防撞设施。

8）其他构造参照本节扣件式钢管脚手架相关要求。

5. 悬挑脚手架

（1）悬挑钢梁

1）型钢悬挑梁宜采用双轴对称截面的型钢。悬挑钢梁型号及锚固件应按设计确定，钢梁截面高度不应小于160mm。悬挑梁尾端应在两处及以上固定于钢筋混凝土梁板结构上。锚固型钢悬挑梁的U形钢筋拉环或锚固螺栓直径不宜小于16mm。

2）悬挑梁悬挑长度按设计确定。固定段长度不应小于悬挑段长度的1.25倍。型钢悬挑梁固定端应采用2个（对）及以上U形钢筋拉环或锚固螺栓与建筑结构梁板固定，U形钢筋拉环或锚固螺栓应预埋至混凝土梁、板底层钢筋位置，并应与混凝土梁、板底层钢筋焊接或绑扎牢固，其锚固长度应符合现行国家标准《混凝土结构设计规范（2015年版）》GB 50010—2010中钢筋锚固的规定（图6-38～图6-40）。

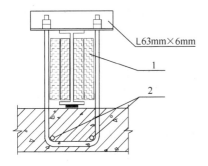

图6-38　悬挑钢梁U形螺栓固定构造
1—木楔侧向楔紧；2—两根1.5m
长直径18mm的HRB335钢筋

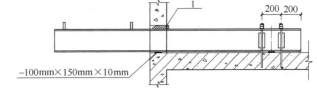

图6-39　悬挑钢梁穿墙构造
1—木楔楔紧

3）当型钢悬挑梁与建筑结构采用螺栓钢压板连接固定时，钢压板尺寸不应小于100mm×10mm（宽×厚）；当采用螺栓角钢压板连接时，角钢规格不应小于63mm×63mm×6mm。

4）型钢悬挑梁悬挑端应设置能使脚手架立杆与钢梁可靠固定的定位棒，连接棒的直径不应小于25mm，长度不应

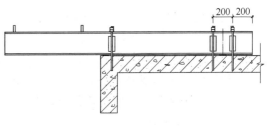

图6-40　悬挑钢梁楼面构造

小于100mm，应与型钢焊接牢固。连接棒离悬挑梁端部不应小于100mm。

5）锚固位置设置在楼板上时，楼板的厚度不宜小于120mm。如果楼板的厚度小于120mm应采取加固措施。

6）悬挑梁间距应按悬挑架架体立杆纵距设置，每一纵距设置一根。

7）锚固型钢的主体结构混凝土强度等级不得低于C20。

8）每个型钢悬挑梁外端宜设置钢丝绳或钢拉杆与上一层建筑结构斜拉结，钢丝绳、

斜拉杆不得作为悬挑支撑结构的受力构件。

（2）杆件设置

1）悬挑脚手架常见的形式有钢管扣件式、门式两种，具体构造详见钢管扣件式脚手架和门式脚手架构造要求。

2）悬挑架的外立面剪刀撑应自下而上连续设置。

3）悬挑脚手架在底层应满铺脚手板，并应将脚手板与型钢梁连接牢固。

6. 附着式升降脚手架

附着式升降脚手架根据附着形式，升降动力、架体布置等可以分为多种形式的附着式升降脚手架。不同企业生产的附着式升降脚手架虽有不同的特征，但其构造基本相同，可归纳为竖向主框架、水平支撑桁架、附着支撑结构、升降机构、荷载控制系统、防倾装置、防坠装置、架体构架等八部分构成。

（1）架体构造

1）架体总高度不得大于 5 倍楼层高度。

2）脚手架宽度小于等于 1.2m。

3）直线布置的架体支承跨度不得大于 7m，折线或曲线布置的架体，相邻两主框架支撑点处的架体外侧距离不得大于 5.4m。

4）架体的水平悬挑长度小于等于 2m，且不得大于跨度的 1/2。

5）升降和使用工况下，架体悬臂高度均不得大于架体高度的 2/5，且不得大于 6m。

6）架体全高与支承跨度的乘积不得大于 110m²。

（2）主构件安装

1）附着式升降脚手架在首层安装前应设置安装平台，安装平台应有保障施工人员安全的防护设施，安装平台的水平精度和承载能力应满足架体安装的要求。

2）当架体升降采用中心吊时，在悬臂梁行程范围内竖向主框架内侧水平杆去掉部分的断面，应采取可靠的加固措施。

3）主框架内侧应设有导轨。

4）架体构架的立杆底端应放置在上弦节点各轴线的交汇处。

5）当水平支承桁架不能连续设置时，局部可采用脚手架杆件进行连接，但其长度不得大于 2.0m，且应采取加强措施，确保其强度和刚度不得低于原有的桁架。

6）相邻竖向主框架的高差不应大于 20mm。

7）竖向主框架和防倾导向装置的垂直偏差不应大于 5‰，且不得大于 60mm。

（3）附着支座装置

1）竖向主框架所覆盖的每个楼层处应设置一道附墙支座。

2）在使用工况时，应将竖向主框架固定于附墙支座上。

3）在升降工况时，附墙支座上应设有防倾、导向的结构装置。

4）附墙支座应采用锚固螺栓与建筑物连接，受拉螺栓的螺母不得少于 2 个或应采用弹簧垫圈加单螺母；螺杆露出螺母端部的长度不应少于 3 扣，且不得小于 10mm；垫板尺寸应由设计确定，不得小于 100mm×100mm×10mm。

5）附墙支座支承在建筑物上连接处混凝土的强度应按设计要求确定，且不得小于 C10。

（4）防倾覆装置

1）防倾覆装置中应包括导轨和 2 个以上与导轨连接的可滑动的导向件。

2）在防倾导向件的范围内应设置防倾覆导轨，且应与竖向主框架可靠连接。

3）在升降和使用两种工况下，最上和最下两个导向件之间的最小间距不得小于 2.8m 或架体高度的 1/4。

4）应具有防止竖向主框架倾斜的功能。

5）应采用螺栓与附墙支座连接，其装置与导轨之间的间隙应小于 5mm。

（5）防坠装置

1）防坠落装置应设置在竖向主框架处并附着在建筑结构上，每一升降点不得少于 1 个防坠落装置，防坠落装置在使用和升降工况下都必须起作用。

2）防坠落装置必须采用机械式的全自动装置，严禁使用每次升降都需重组的手动装置。

3）防坠落装置应具有防尘、防污染的措施，并应灵敏可靠和运转自如。

4）防坠落装置与升降设备必须分别独立固定在建筑结构上。

5）钢吊杆式防坠落装置，钢吊杆规格应由计算确定，且不应小于 $\phi25mm$。

6）附着式升降脚手架升降时，必须配备有限制荷载或水平高差的同步控制系统。应具有超载、失载、报警和停机的功能，并自动声光报警。

（6）升降装置安装

附着式升降脚手架的升降装置是保障架体正常升降的重要装置，包括升降动力设备、上下承重点两大部分。所安装的动力设备必须合格、安装承重点处结构必须可靠。

（7）同步控制系统安装

附着式升降脚手架升降时，必须配备有限制荷载或水平高差的同步控制系统。连续式水平支承桁架，应采用限制荷载自控系统；简支静定水平支撑桁架，应采用水平高差同步自控系统；当设备受限时，可选择限制荷载自控系统。

（8）架体防护

1）附着式升降脚手架应使用密目式安全网配合钢板网防护，或使用原材料厚度不小于 0.7mm 钢板冲孔网。

2）附着式升降脚手架底层与建筑物墙面之间应设置硬质防护，安装可翻转的脚手板进行全封闭；脚手板下应采用安全网兜底。

3）作业层外侧应设置 1.2m 高的防护栏杆，和高度不小于 180mm 的踢脚板。

7. 高处作业吊篮

高处作业吊篮应由悬挑装置、吊篮平台、提升机构、防坠落机构、电气控制系统、钢丝绳和配套附件、连接件构成。

（1）悬挂机构

1）配重数量根据抵抗力矩大于 2 倍倾覆力矩的要求确定，配重块在悬挂机构后座两侧均匀放置，放置完毕，将配重块销轴顶端用铁线穿过拧死，以防止配重块被随意搬动。

2）吊篮组拼完毕，将起重钢丝绳和安全钢丝绳挂在挑梁前端的悬挂点上，紧固钢丝绳的马牙卡不得少于 4 个。

（2）电气控制系统

电气控制箱应有防水措施，电气系统应有可靠接零，并配备灵敏可靠的漏电保护装置。

（3）安全装置

1）检查安全锁动作是否灵活，扳动滑轮时应轻快，不得有卡阻现象。钢丝绳穿入后应调整起重钢丝绳与安全锁的距离，通过移动安全锁达到吊篮倾斜 300～400mm，安全锁能锁住安全钢丝绳为止。

2）安全锁为常开式，各种原因造成吊篮坠落或倾斜时，此时安全锁能在 100mm 以内将吊篮锁在安全钢丝绳上。

3）调试、试提升吊篮安装完毕，在使用前应进行荷载试验和试运行调试，确保操作系统、行程限位、安全锁、手动滑降等部件灵活可靠，运转正常，安全锁不得自动复位。

（4）升降作业要求

1）吊篮使用前，应将吊篮从地面提升 200mm 后检查支承系统、升降系统是否正常，吊篮架焊接是否开裂和连接是否松动。使用吊篮的操作工，应经培训、考核合格后，方可操作。

2）吊篮在升降时应设专人指挥，升降操作应同步，防止提升（降）差异。在阳台、窗口等处，设专人负责推动吊篮，预防吊篮碰撞建筑物或吊篮倾斜。升降吊篮时，严禁将 2 个或 3 个吊篮连在一起升降。当吊篮提升到使用高度后，应将保险安全绳拉紧卡牢并将吊篮与建筑物锚拉牢固。

（三）常见隐患及防范整改措施

1. 实际施工作业与施工方案不符

整改防范措施：

1）脚手架工程搭设前必须对相关单位和人员进行详细的方案交底。

2）作业人员应进行现场方案操作交底，尤其是脚手架基础第一步架搭设。

3）搭设过程方案编制人员须到现场实际节点指导、检查和纠偏。

2. 脚手架搭拆作业人员未持证上岗

整改防范措施：

架子工进场教育前先对特种作业证件进行查验，严禁无证上岗。

3. 个人防护用品未正确使用

整改防范措施：

1）建筑施工企业应为工人提供必要的安全防护用品。

2）项目安全管理部门应现场具体指导工人如何正确使用个人安全防护用品。

3）工程、安全等部门监督工人正确使用的情况，随时纠正不安全情况。

4. 剪刀撑搭设不连续、搭接长度不足、未与立杆相连

整改防范措施：

1）工人作业前的安全技术交底要具有指导性和针对性。

2）现场实际作业过程中工程、技术、安全等部门要进行现场指导，首次剪刀撑搭设要形成样板标准为后续搭设提供参考依据。

3）侧重于作业过程中的检查和阶段验收，杜绝工人搭设的随意性，减少成型后的外

侧整改。

5. 脚手架内与建筑物之间未进行封闭或封闭不严

整改防范措施：

1）脚手架在搭设过程中，工程、安全部门现场应随时指导、监督按照方案实施。

2）结构首层需要进行全封闭的硬隔离防护措施。

3）脚手架与结构之间每隔 10m 需进行安全平网软隔离防护。

4）使用过程中不定期地对脚手架进行检查维护，严禁私自拆除层间防护措施。

6. 支撑架与防护架连接，材料堆放过载

整改防范措施：

1）对模板、钢筋等工人作业前进行作业交底。

2）针对此类违规操作设立相应的处理措施。

3）过程中工程、安全等部门要日常巡查，及时落实整改措施。

7. 拉结点在装饰装修时被拆除后未及时恢复

整改防范措施：

1）脚手架方案编制时应充分考虑后期脚手架拉结点被拆除的风险，合理规避拆除位置。

2）无法规避需要拆除时，应先增设利用钢管扣件的临时拉结辅助后再拆除原拉结点，转角处的临时拉结数量要增加。

3）加强脚手架的日常检查和维护。

【事故案例】

2010 年 8 月，某建筑工地，施工人员开始搭设主楼 24 层外脚手架，脚手架搭设作业完毕后，施工人员进场施工，作业内容为：往外脚手架上运送石材。运送 6 块石材后，因升降机原因暂停运送；7 名施工人员在外脚手架上进行保温材料粘贴施工。上午 8 时 50 分许，外脚手架突然整体坍塌，脚手架上 7 名作业人员随之坠落，全部被坍塌的脚手架掩埋。造成施工作业人员 3 人死亡，4 人受伤。

1. 事故原因

（1）直接原因

石材在脚手架上集中超载堆放，过大的荷载传至立杆底部，超过立杆的承载能力立杆失稳造成脚手架整体竖向坍塌，这是本起事故发生的主要原因。

脚手架存在质量缺陷，脚手架钢管和扣件质量不符合规范规定；同时，事故发生时，局部脚手架连墙件已缺失，降低了脚手架的安全性，导致脚手架在短时间内整体坍塌。

（2）间接原因

工程管理混乱，施工单位在未派驻项目经理和安全员等管理人员的情况下，安排无执业资格人员组织作业人员进场施工，安全管理机构不健全，安全管理人员缺失，未能开展对作业人员的安全教育培训、安全技术交底等工作，也未能及时发现和制止在脚手架上超载堆放石材的违章作业行为。

工程项目经理部安全管理不到位，未对脚手架进行严格的安全管理，对脚手架钢管、扣件不符合规范和局部脚手架连墙件缺失的问题没有及时整改；同时，对分包单位安全管理不严格，未对分包单位使用脚手架的情况开展巡查，没有及时发现和制止脚手架上集中超载堆放石材的事故隐患。

工程监理单位未严格履行安全监理职责，在审批同意脚手架专项施工方案后，未对照法律、法规和工程建设强制性标准对脚手架搭设和使用的实际情况严格跟踪监理。

项目管理存在缺陷，在同意对外墙石材幕墙工程发包时，工作不细、把关不严，未能予以及时纠正，并以鉴证人名义对《工程外墙石材幕墙工程分包合同》确认，且未按照《安全生产责任书》规定，严格监督施工单位履行安全管理工作。

2. 事故处理

（1）对事故相关人员的处理意见

对项目经理、项目安全员由建设行政主管部门暂扣其安全生产考核证书，需经重新培训考核合格后方可领取证书；同时，由其所在公司按照公司奖惩制度给予其严肃处理。

对总包单位现场负责人，由司法机关立案侦查，依法处理。

对建设单位位副总经理、承接外墙石材工程的分包单位负责人，分别由所在公司按照奖惩规定对其进行严肃处理。

对施工总包单位副总经理，外墙石材分包单位所在总公司副总经理，由安全生产监管部门按照有关规定给予其相应的行政处罚。

对于项目总监，由建设主管部门按照有关规定给予其停止执业资格3个月的处理。

对建设单位总经理，由相关部门按照行政机关工作人员管理权限对其诫勉谈话。

（2）对事故单位的处理意见

对建设单位，由建设主管部门予以通报批评。

对总包单位，由安全生产监督管理部门按照《生产安全事故报告和调查处理条例》的规定给予其行政处罚；同时，由建设行政主管部门暂扣其《安全生产许可证》，并责令整改。

对外墙石材工程分包单位，由工商管理部门吊销其营业执照。

对监理单位，由建设主管部门依法给予其相应的行政处罚。

五、基坑工程安全技术要点

（一）基础知识

1. 概述

近年来，随着城市空间的缩小和建筑高度的提高，在超高层建筑物日益增多的情况下，基坑开挖深度与难度正在经历跨越式发展，主要体现在基坑工程的规模、深度与难度上。自20世纪90年代末期以来，城市基坑开挖深度迅速增大至20～60m，其中，2016年施工的深圳平安金融中心的基坑最深处已经达到60m。深基坑工程大多处于繁华的城市中心，其施工影响范围内往往有较为重要的建（构）筑物、道路、地下管线、地铁隧道等复杂环境。

基坑工程主要涉及工程勘察、支护结构设计与施工、土方开挖与回填、地下水控制、信息化施工及周边环境保护等内容。

2. 基坑工程安全等级划分标准

按照《岩土工程勘察规范（2009 年版）》GB 50021—2001 和《建筑地基处理技术规范》JGJ 79—2012，基坑工程安全等级分为三级。基坑工程安全等级划分主要是根据基坑工程与影响区域范围内环境设施的重要性、位置关系、场地岩土条件、工程埋深、结构特性与施工方法等因素划分，结合施工现场地质勘查报告，并按照"就高不就低"原则确定基坑侧壁安全等级，参见表 6-4。

基坑工程安全等级划分表　　　　　　　　表 6-4

安全等级	基坑开挖深度 h（m）	场地岩土工程条件	周边环境条件	破坏后果
一级	$h \geqslant 12$	场地地质、水文地质条件复杂，基坑揭露的软土厚度 $\geqslant 5m$	基坑周边 2～3 倍开挖深度范围内有重要建（构）筑物、市政设施或管线、古墓	很严重
二级	$6 \leqslant h < 12$	场地地质、水文地质条件一般，基坑揭露的软土厚度 $< 5m$	基坑周边 2～3 倍开挖深度范围内有重要建（构）筑物、市政设或管线	严重
三级	$h < 6$	场地地质、水文地质条件简单、无软土	基坑周边 3 倍开挖深度范围内有重要建（构）筑物、市政设施或管线	不严重

3. 现场勘察与环境调查

（1）基坑现场勘察和环境调查的重要性

随着基坑深度增加，基坑开挖、降水对周围环境的影响也随之增加。基坑开挖、降水会引起基坑周围土体变形，从而对一定范围内的建（构）筑物产生一定影响。为保证基坑周围建（构）筑物安全，基坑工程除要满足自身安全要求外，还要控制基坑及其周边土体变形，将基坑周边土体的变形控制在允许范围内，从而保证基坑周边建（构）筑物的安全和正常使用要求。

（2）基坑周边环境调查应查明的内容

1）周围 2～3 倍基坑深度范围内建（构）筑物的高度、结构类型、基础形式、尺寸、埋深、地基处理情况和建成时间、沉降变形、损坏情况等使用现状。

2）周围 2～3 倍基坑深度范围内各类地下管线的类型、材质、分布、重要性、使用情况、对施工振动和变形的承受能力，地面和地下贮水、输水等用水设施的渗漏情况及其对基坑工程的影响程度。

3）对基坑及周围 2～3 倍基坑深度范围内存在的旧建筑基础、人防工程、其他洞穴、地裂缝、河流水渠、人工填土、边坡等不良工程地质现象，应查明其空间分布特征和对基坑工程的影响。

4）基坑周边道路及运行车辆载重情况。

5）基坑周边地表水的汇集和排泄情况。

6）基坑周边正在进行抽降地下水施工时，应查明降深、影响范围和可能的停抽时间，以及对基坑侧壁土性指标的影响。

7）基坑周边有振动荷载时，应查明其影响范围和程度。

8）相邻已有基坑工程的支护方法、开挖和使用对本基坑工程安全的影响。

9）相邻工程盾构顶进、爆破等施工作业对本基坑安全的影响。

4. 施工安全专项方案编制的要求及内容

施工单位应根据环境条件、地质条件、设计文件等基础性资料和相关工程建设标准，结合自身施工经验，针对各级风险工程编制施工安全专项方案，经施工单位技术负责人签认后，报监理审查。

（1）基坑工程施工安全专项方案设计要求

1）应有针对危险源及其特性和安全等级的具体安全技术应对措施。

2）应按照消除、隔离、减弱危险源的顺序选择基坑工程安全技术措施。

3）应采用有可靠依据的分析方法确定安全技术方案的可靠性和可行性。

4）应根据工程施工特点提出安全技术方案实施过程中的控制原则、明确重点监控部位和最低监控指标要求。

5）应根据施工图设计文件、风险评估结果、周边环境与地质条件、施工工艺设备、施工经验等选择相应的安全分析、安全控制、监测预警、应急救援技术。

6）应根据事故发生的可能性设定报警指标，提出可行的抢险方案和加固措施；对施工现场的临时堆土、塔式起重机设置，应进行包括稳定性在内的计算复核。

（2）基坑工程安全专项方案编制内容

1）工程概况。

2）工程地质与水文地质条件。

3）风险因素分析。

4）工程危险控制重点与难点。

5）施工方法和主要施工工艺。

6）基坑与周边环境安全保护要求。

7）监测实施要求。

8）变形控制指标与报警值。

9）施工安全技术措施。

10）应急方案。

11）组织管理措施。

（二）基坑工程主要施工安全技术要点

1. 基坑支护结构施工

（1）常见的基坑支护类型

根据各地区土质不同，基坑施工常见的支护类型包括土钉墙、重力式水泥挡土墙、地下连续墙、灌注桩排桩围护墙、钢板桩围护墙、型钢水泥土搅拌墙、高压旋喷桩、土层锚杆、放坡及水平支撑体系等。

1）土钉墙。将基坑边坡通过由钢筋制成的土钉进行加固，边坡表面铺设一道钢筋网再喷射一层混凝土面层和土方边坡相结合的边坡加固型支护施工方法。其构造为设置在坡体中的加筋杆件与其周围土体牢固粘结形成的复合体，以及面层所构成的类似重力挡土墙的支护结构。

2）重力式水泥挡土墙。又称水泥土搅拌桩挡墙，其深层搅拌桩是用搅拌机械将水泥和地基土相拌和，形成相互搭接的格栅状结构形式，也可相互搭接成实体结构形式。

3）地下连续墙。使用专用挖槽机械，在泥浆护壁的条件下，开挖具有一定宽度与深度的沟槽，将接头管（箱）、钢筋笼吊入沟槽内，采用导管向沟槽内灌注混凝土并将泥浆转换出来，混凝土浇筑至设计标高，完成一个单元槽段施工，各单元槽段之间用特制的接头连接形成一道连续的地下钢筋混凝土墙。

4）灌注桩排桩围护墙。用钻孔灌注桩等作为基坑侧壁围护，顶部锚筋锚入压顶梁，结合水平支撑体系，达到基坑稳定的效果。

5）钢板桩围护墙。使用带有锁口的一种型钢，其截面有直板形、槽形及 Z 形等，有各种大小尺寸及连锁形式。钢板桩强度高，容易打入坚硬土层，防水性能好，能按需要组成各种外形的围堰，并可多次重复使用。

6）型钢水泥土搅拌墙。在水泥土桩内插入 H 型钢等，将承受荷载与防渗挡水结合起来，使之成为同时具有受力与抗渗两种功能的支护结构的围墙。

7）高压旋喷桩。以高压旋转的喷嘴将水泥浆喷入土层与土体混合，形成连续搭接的水泥加固体。旋喷桩施工占地少、振动小、噪声较低，但容易污染环境，成本较高。

8）土层锚杆。设置于钻孔内、端部伸入稳定土层中的钢筋或钢绞线与孔内注浆体组成的受拉杆体，它一端与工程构筑物相连，另一端锚固在土层中，通常对其施加预应力，以承受由土压力、水压力或风荷载等所产生的拉力，用以维护构筑物的稳定。

9）水平支撑体系。水平支撑体系分为现浇钢筋混凝土支撑和钢结构支撑，其中现浇钢筋混凝土支撑布置形式有对撑、边桁架、环梁结合边桁架等。混凝土硬结后刚度大，变形小，强度的安全性和可靠性较高，施工方便，但混凝土浇筑后养护时间较长，围护结构处理无支撑的暴露状态时间较长，造成软土中被动区土体的位移变形大。钢支撑一般运用钢管、H 型钢、角钢等增强基坑围护结构的稳定性，其布置形式有水平撑、斜撑，平面布置形式一般为对撑、井字撑、角撑。钢支撑拆卸、安装施工方便，可周转使用，支撑中可施加预应力，可调整轴力有效控制围护墙变形。

（2）各基坑支护类型的适用范围可按表 6-5 采用。

各基坑支护类型适用范围 表 6-5

基坑支护方式		适用情况	常见支护深度
土钉墙		适用于具有一定黏性的砂土、黏性土、粉土、填土	<6m
重力式水泥挡土墙		适用于淤泥、淤泥质土和含水量高的黏土、粉质黏土、粉土以及砂土等	软土基坑，<5m 非软土基坑，≤7m
型钢水泥土搅拌墙	SMW 工法	适用于淤泥质土、黏性土、粉土和砂土	650mm 型钢水泥土墙，<8m 850mm 型钢水泥土墙，<10m 1000mm 型钢水泥土墙，<12m
	TRD 工法	适用于各类土层	
排桩支护体系	悬臂式排桩支护	适用于黏土、砂性土、淤泥质土	黏土层，<10m 砂性土层，<8m 淤泥质土层，<6m
	锚拉式排桩支护	适用于砂土、粉土或黏性土	8~12m
	灌注桩排桩支护	适用于各类土层	—

基坑支护方式	适用情况	常见支护深度
地下连续墙	适用于各种地层	＞10m
高压旋喷桩	适用于淤泥、淤泥质土、流塑、软塑或可塑黏性土、粉土、砂土、黄土、素填土和碎石土	—
钢板桩围护墙	适用于各种土层	型钢长度范围内
土层锚杆	适用于深基坑支挡、边坡加固、滑坡整治、水池抗浮、挡墙锚固和结构抗倾覆	—

（3）基坑支护结构施工安全技术要点

1）基坑支护结构施工应严格按照专项施工方案实施，做好方案交底及施工安全技术交底，加强施工过程检查及隐蔽验收工作，严把各工序质量，确保连续施工。

2）钢筋混凝土预制接头应达到设计强度的100%后方可运输及吊放，吊装的吊点位置及数量应根据计算确定，钢筋笼吊装所选用的吊车应满足吊装高度及起重量的要求，主吊和副吊应根据计算确定。钢筋笼吊点布置应根据吊装工艺和计算确定，并应进行整体起吊安全验算，按计算结果配置吊具、吊点加固钢筋、吊筋等，严禁超载，机械作业及吊装区域作好警戒。钢筋笼采用双机抬吊作业时，应统一指挥，动作应配合协调，载荷应分配合理，其行走路线应满足承载能力要求及高压线防护要求。遇有雷雨及风力大于6级等恶劣天气时，应停止大型机械设备的起吊工作。支护结构周边堆载必须严格控制，涉及临边及洞口作业的还应作好防护及夜间示警。

3）应经常检查各种卷扬机、成槽机、起重机钢丝绳的磨损程度，并按规定及时更新。起重机械进场前进行检验，施工前进行调试，施工中应定期检验和维护，重视监督检验工作质量。

4）钢支撑施焊应符合动火作业要求，安拆时应确保警戒区域下方无人，现场做好防下坠措施。安装及拆除时应确保吊索具、吊环等符合要求。安装时，预应力分级施加，拆除时应先释放预应力。

5）加强对易燃易爆危险化学品的管理，夜间施工需要配备足够的照明，电缆线应用绝缘支架架设并做好标识，避免车辆辗压。

2.地下水与地表水控制

基坑施工中，为避免产生渗透破坏和坑壁土体的坍塌，保证施工安全，减少基坑开挖对周围环境的影响，当基坑开挖深度内存在饱和软土层和含水层及坑底以下存在承压含水层时，需要选择适合的方法进行地下水控制，采取适宜的截水及降水形式。

（1）地下水降水形式及适用条件（表6-6）。

（2）截水帷幕

基坑截水帷幕类型有：三轴水泥土搅拌桩截水帷幕、钢板桩截水帷幕、兼作截水帷幕的地下连续墙、兼作截水帷幕的钻孔咬合桩、冻结法截水帷幕等。

1）三轴水泥土搅拌桩截水帷幕

三轴水泥土搅拌桩截水帷幕应采用套接孔法施工，相邻桩的搭接时间间隔不宜大于24h。当帷幕前设置混凝土排桩时，宜先施工截水帷幕，后施工灌注桩。当采用多排三轴水泥土搅拌桩内套挡土桩墙方案时，应控制三轴搅拌桩施工对基坑周边环境的影响。

地下水降水形式及适用条件 表6-6

降水形式	适用条件		
	土的渗透系数 k（cm/s）	水位降深（m）	适用土层
截水	不限	不限	黏性土、粉土、砂土等
集水明排	$<1\times10^{-2}$	<5	填土、粉土、黏性土
轻型井点降水	$1\times10^{-7}\sim1\times10^{-4}$	$\leqslant6$	粉细砂、粉土、填土、含薄层粉砂的粉质黏土
多级轻型井点降水		$6\sim20$	粉砂的粉质黏土、淤泥质粉质黏土、有机土
管井降水	$>1\times10^{-5}$	>6	砂土、粉土、含薄层粉砂的粉质黏土、有机土

2）钢板桩截水帷幕

钢板桩截水帷幕应评估钢板桩施工对周围环境的影响。在拔除钢板桩前应先用振动锤振动钢板桩，拔除后的桩孔应采用注浆回填。钢板桩打入与拔除时应对周边环境进行监测。

3）兼作截水帷幕的地下连续墙

在地面上采用挖槽机械，沿着开挖轴线，在泥浆护壁条件下，开挖出一条狭长的深槽。清槽后，在槽内吊放钢筋笼，然后用导管法灌筑水下混凝土筑成一个单元槽段，如此逐段进行，在地下筑成一道连续的钢筋混凝土墙壁，作为截水、防渗、承重、挡水结构。

4）兼作截水帷幕的钻孔咬合桩

采用全套管钻孔咬合桩施工，应根据产生管涌的不同情况，采取相应的克服砂土管涌的技术措施，并应随时观察孔内地下水和穿越砂层的动态，按少取土多压进的原则操作，确保套管超前。套管底口应始终保持超前于开挖面2.5m以上，当遇套管底无法超前时，可向套管内注水来平衡第一序列桩混凝土的压力，阻止管涌发生。

5）冻结法截水帷幕

采用冻结法截水帷幕时，冻结孔施工应具备可靠稳定的电源和预备电源，冻结管接头强度应满足拔管和冻结壁变形作用要求，冻结管安装应进行管路密封性试验，伸入地层后应进行试压，并应采取措施保证冻结站的冷却效率，正式运转后不得无故停止或减少供冷。在施工过程中应采取措施减小成孔引起土层沉降，开挖前应对冻结壁的形成进行检测分析，并对冻结运转参数进行评估，检验合格以及施工准备工作就绪后进行试开挖判定具备开挖条件后可进行正式开挖，开挖过程应维持地层温度稳定，并应对冻结壁进行位移和温度监测。冻结壁解冻过程中应对土层和周边环境进行连续监测，必要时应对地层采取补偿注浆等措施，冻结壁全部融化后应继续监测直到沉降达到控制要求。冻结工作结束后，应对遗留在土层中的冻结管进行填充和封孔，并应保留记录。

6）截水失效的应对

当截水失效时，应采取的措施有设置倒流水管，采用遇水膨胀材料或压密注浆、聚氨酯注浆等方法堵漏，快硬早强混凝土浇筑围护墙，在基坑外壁增设高压旋喷或水泥土搅拌桩截水帷幕，增设坑内降水和排水设施等。

（3）降水与排水

基坑的上、下部和四周必须设置排水沟和集水井，流水坡向及坡率应明显和适当，不得积水，应及时排除。基坑上部排水沟与基坑边缘应保持一定的安全距离，满足设计要求，排水沟底和侧壁必须作防渗处理。

3. 基坑土方开挖

基坑土方开挖是基础阶段施工的关键环节，随着深基坑的不断涌现，在土方开挖过程中发生的生产安全事故屡见不鲜。基坑坍塌、透水等事故的发生，不仅影响工期，增加造价，对周围环境也容易造成巨大影响。例如周边建筑物沉降开裂，地下管线遭到破坏影响周围居民正常生活，造成严重的经济损失和社会危害，故基坑土方开挖必须要符合基坑支护结构设计的要求。

（1）常用的开挖方式

常用的开挖方式有岛式开挖、盆式开挖、分层退台开挖、分块开挖等方式。

（2）土方开挖常用设备

建筑工程土方施工的机械设备较多，使用性能完好的设备是安全生产的保证，因此必须对机械设备的合格证书、年度审核标识和环保标识加以检查，机械设备进场前必须经过验收，合格后方能使用。司机应持有交通主管部门颁发的驾驶证，对于在现场作业的机械设备操作人员应持有主管部门颁发的岗位操作资格证书。

常用的机械设备有：推土机、铲运机、装载机、挖掘机、压路机、自卸汽车、洒水车、水泵等；常用工具有：铁锹、十字镐、大锤、钢钎、钢撬棍、手推车等。

（3）基坑土方开挖安全技术要点

1）土方开挖前应按要求进行施工方案交底和安全技术交底，充分了解地下管线、人防设施及其他建（构）筑物的情况，防止盲目开挖造成对管线的破坏。在现场电力、通信电缆 2m 范围内和燃气、热力、给水排水等管道 1m 范围内开挖时，必须在主管单位审批后，方可组织开挖。土方开挖必须遵循"先设计后施工"的原则，应按设计和施工方案要求，分层、分段、对称、均衡开挖，使支护结构受力连续均匀，严禁超深挖土。土方开挖过程中如发现古墓、古物、地下管线或其他不能辨认的异物及液体、气体等异常情况时，严禁擅自挖掘，应立即停止作业，及时向上级相关部门报告，待相关部门进行处理后，方可继续开挖。

2）基坑土方开挖应严格按专项施工方案执行，操作时应随时注意边坡的稳定情况，如发现有裂纹或部分塌落现象，要及时进行支撑或改缓放坡，并注意支撑的稳固和边坡的变化。槽、坑、沟边 1.2m 以内不得堆载，3m 内限制堆载，遇有不可避免的附加荷载时，稳定性验算应计入附加荷载的影响，以确保边坡稳定。土质较差且施工工期较长的基坑，边坡宜采用钢丝网水泥抹面或其他材料进行护坡。

3）人工开挖土方，操作人员之间要保持安全距离，一般两人横向间距不得小于 2m，纵向间距不得小于 3m。挖土方前周围环境要认真检查，不能在危险岩石或建（构）筑物下面进行作业。土方开挖过程中还会涉及破桩工作，应严格破桩程序，做好与塔式起重机的吊装配合及过程监控，避免桩倒伤人。

4）采用机械挖土时，要自上而下，逐层进行，严禁先挖坡脚的危险作业，多台机械开挖，挖土机距离应大于10m。配合机械挖土清理槽底作业时，严禁作业人员进入铲斗回转半径范围，必须待挖机停止作业后，方准进去铲斗作业半径内清土。机械挖土时坑底应保留200～300mm厚基土，用人工挖除整平，并防止坑底土体扰动。土方挖至设计标高后，尽量减少暴露时间，应立即浇筑垫层，如不能立即进行下道工序，要预留150～300mm厚覆盖土层，待基础施工再挖。基坑内有局部加深的电梯井、水池等，土方开挖前应对其边坡作必要的加固处理。除设计允许外，挖土机械和车辆不能直接在支撑上行走操作，严禁挖土机械碰撞支撑、立柱、井点管、围护墙和工程桩，严格保护支护结构或检测点等其他技术措施的设施。

5）多道内支撑基坑开挖遵循"分层支撑、分层开挖、限时支撑、先撑后挖"的原则，且分层厚度须满足设计工况要求，支撑与挖土相配合，严禁超挖，在软土层及变形要求较为严格时，应采用"分层、分区、分块、分段、抽条开挖，留土护壁，快挖快撑，先形成中间支撑，限时对称平衡形成端头支撑，减少无支撑暴露时间"等方式开挖。

6）分层支撑和开挖的基坑上部可采用大型施工机械开挖，下部宜采用小型施工机械和人工挖土，在内支撑以下挖土时，每层开挖深度不得大于2m，施工机械不得损坏和挤压工程桩及降水井。

7）立柱桩周边300mm土层及塔式起重机基础下钢格构柱周边300mm土层须采用人工挖除，格构柱内土方由人工清除。

8）夜间施工时，施工现场应根据需要安设照明设施，在危险地段应设置红灯警示。土方开挖时，若采用挡土墙做支护，临近挡土结构处的土方不应卸载太快，防止墙一侧土压力释放太快使挡土墙产生过大变形。弃土应及时运出，如需要临时堆土，或留作回填土，堆土坡脚至坑边距离应按挖坑深度、边坡坡度和土的类别确定，在边坡支护设计时应考虑堆土附加的侧压力。季节性施工安全技术要点详见本章第十节。

9）土方工程开挖时遇石方还有可能涉及爆破施工，爆破作业必须严格按照安全技术操作规程进行。承接爆破工程的施工企业必须具有行政主管部门审批核发的爆破施工企业资质证书、安全生产许可证书及爆破作业许可证书，爆破作业人员应按核定的作业级别、作业范围持证上岗。作业现场严禁用烟火和明火照明，无关人员应撤离现场，爆破作业人员应按爆破设计进行装药，当需调整时，应征得现场技术负责人员同意并作好变更记录。在装药和填塞过程中，应保护好起爆网线；当发生装药阻塞，严禁用金属杆（管）捣捅药包。爆前应进行网路检查，在确认无误的情况下再起爆。炸药等危险化学品必须专库存放，严格进出领用制度，严禁烟火，运输及使用须做好公安机关的备案手续。

10）涉及桩头破除的应做好作业人员的安全技术交底，避免工人破桩造成倒桩伤人事故的发生，破桩工作需持有效证件的信号工指挥塔式起重机配合做好废旧桩头的吊运。

11）位于市中心等施工场地极为紧张的情况下，可根据施工需要设置施工栈桥。施工栈桥应根据周边场地条件、基坑形状、支撑布置、施工方法等进行专项设计，施工过程中应按照设计要求对施工栈桥的荷载进行控制。

4. 基坑监测

建立风险监控体系，基坑监测要委托有资质的单位进行第三方监测。基坑周边的建（构）筑物，必须在围护结构施工前开始进行监测。制定监测点的保护措施，施工过程中必须保证所有监测点的完好并能正常使用，对遭到破坏的监测点必须及时进行修复，无法恢复的监测点应与设计单位协商，采取补救措施。施工现场管理人员在巡视检查时如发现异常和危险情况，应结合监测数据进行综合分析，并及时通知相关单位。

（1）基坑监测主要内容

基坑监测的主要内容有基坑周边地面沉降、周边重要建筑沉降、周边建筑物及地面裂缝、支护结构裂缝、坑内外地下水位、地下管线渗漏情况等。对安全等级为一级的基坑工程，施工监测的内容应包括围护墙或临时开挖边坡顶部水平位移、围护墙或临时开挖边坡顶部竖向位移、坑底隆起、支护结构与主体结构相结合时主体结构的相关监测情况等。

基坑监测项目的选择应根据支护结构的安全等级进行确定，可按表 6-7 采用。

基坑监测项目选择一览表　　　　　　　　表 6-7

监测项目	支护结构的安全等级		
	一级	二级	三级
支护结构顶部水平位移	应测	应测	应测
基坑周边建（构）筑物、地下管线、道路沉降	应测	应测	应测
坑边地面沉降	应测	应测	宜测
支护结构深部水平位移	应测	应测	选测
锚杆拉力	应测	应测	选测
支撑轴力	应测	宜测	选测
挡土构件内力	应测	宜测	选测
支撑支柱沉降	应测	宜测	选测
支护结构沉降	应测	宜测	选测
地下水位	应测	应测	选测
土压力	宜测	选测	选测
孔隙水压力	宜测	选测	选测

注：基坑支护结构安全等级按《建筑基坑支护技术规程》JGJ 120—2012 对支护结构失效、土体过大变形对基坑周边环境或主体结构施工采用原则性划分方法，将其影响分为一级（很严重）、二级（严重）、三级（不严重）。

（2）安全检查、监测和险情预防

开挖深度超过 5m、垂直开挖深度超过 1.5m 的基坑、软弱土层中开挖的基坑，应采用精密仪器进行基坑监测，并应向基坑支护设计人员、技术人员、安全人员、监理等相关人员及时通报监测成果，以便了解监测数据，掌握基坑的稳定状况。

基坑开挖过程中，应及时、定时对基坑边坡及周边环境进行巡视，随时检查边坡位移（土体裂缝）、边坡倾斜、土体及周边道路沉陷或隆起、支护结构变形、地下水涌出、管线开裂、不明气体冒出和基坑防护栏杆的安全性等，同时要作好观测井的保护。

5. 安全风险及控制措施

基坑工程安全风险控制应在基坑施工和使用中全过程实施，并应根据基坑工程特点和要求，制定现场事故应急抢险预案。

当出现现场监测数据达到基坑环境变形限值；基坑支护结构或周边土体的位移出现异常情况或基坑出现渗漏、流砂、管涌、隆起或陷落；基坑支护结构的支撑或锚杆体系出现过大变形、压屈、断裂、松弛或拔出的迹象；周边建（构）筑物的结构部分、周边地面出现可能持续发展的不均匀沉降或较严重的开裂、塌陷或出现其他事故征兆必须应急处理等情况时，应立即停止施工，并对基坑支护结构和周边环境保护对象采取风险处置措施。

基坑工程常见安全风险及控制措施如下：

1）地连墙施工冷缝。由于地连墙施工不连续，形成墙缝夹泥、夹绕流混凝土，新旧墙体结合不紧密，在基坑开挖过程中，该冷缝处会成为薄弱环节，轻者在此处会产生较大渗漏水，重者在此处会形成断裂，引发较大的生产安全事故。

控制措施：①基坑开挖过程中对冷缝部位进行探挖，对中断施工的地连墙作好记录；②如有渗漏水，采取墙后注浆止水；③基坑开挖过程中，严禁超挖，开挖到指定深度后立即进行钢支撑架设，缩短冷缝处应力集中时间。

2）地连墙接缝漏水。由于垂直度偏差、墙缝夹泥、地下连续墙变形等均会造成地连墙接缝漏水。

控制措施：①渗水较小，放入聚乙烯泡沫条等进行填充，注入超早强微膨胀水泥等进行注浆止水；②渗水较大，把预先加工好的封堵钢板贴置于地下连续墙面上，漏水点与导流钢管正对，保持水流畅通，打入膨胀螺栓，使封堵钢板固定牢固。用棉沙拌和黏状油脂材料封边，用扁状钢钎沿封堵钢板四周缝隙打入，使封堵钢板与地下连续墙之间缝隙填充密实，然后用堵漏灵或快硬水泥封堵钢板周边。关闭阀门，在地下连续墙外侧注浆处理或者进行旋喷桩止水加固。

3）基坑土体滑移。基坑土体边坡倾角过大、边坡顶部荷载过大、边坡周边机械设备振动、地下水波动或地表水渗透进土体等均会造成基坑土体滑移。土体的突然滑移，会导致坑内土体作用于地连墙上的作用力突然释放，在外部水土作用下，地连墙变形会骤增，导致地连墙渗水或墙体损坏，从而基坑外部会发生较大沉降。

控制措施：①根据土层性能计算放坡倾角，放坡坡度不能过大，一般为1∶3，坡顶及坡脚设置排水沟，基坑内设置集水坑，及时抽排积水；②对基坑周边管线、道路及建筑物沉降、坑内土体位移、围护结构水平位移进行不间断的连续监测；③对基坑内坡顶土体进行卸载，卸载过程中先清理出支撑安装部位，并及时架设钢支撑，控制机械操作，避免在坡顶附近行走或者振动。

4）钢支撑松弛。由于支撑预加轴力不足、支撑螺栓连接扭矩不足、支撑变形、基坑向外变形、温差变化等均会造成支撑松弛，形成脱落风险。

控制措施：①支撑架设时，确保各连接接头连接紧密，并及时复紧，钢支撑长细比不宜过大，支撑构件尺寸、形式严格按照设计要求加工；②安装时端头下托上挂，基坑跨度较大时支撑跨中底部设置联系梁，支撑在联系梁底部垫实，两侧及顶部设置防滚动抱箍，在支撑预应力加设前后各12h内，加大监视频率；③发现预应力损失或围护结构变形速率无明显收敛时，复加预应力至设计值，加强支撑轴力的监测，发现异常立即附加预应力。

5）基坑变形。基坑变形过大会造成坑内支撑体系偏轴心受力和作用减小，严重时造成基坑坍塌。

控制措施：①减小基坑周边荷载，基坑开挖一定范围内不得堆放施工物资、不过重型机械设备；②及时对围护渗漏情况进行处理，防止坑外水土流失和造成地表沉降；③加强基坑变形观测，及时整理基坑变形曲线，作好变形预警提示。

6）基坑围护体系折断。主要是由于超量挖土，支撑架设跟不上，缺少大量设计上必需的支撑，或者由于施工单位不按图施工，抱侥幸心理，少加支撑，致使围护体系应力过大而折断或支撑轴力过大而破坏或产生大变形。

控制措施：①设计单位应作好支撑围护体系的设计计算，确保围护体系稳定；②施工单位按图施工，不得偷工减料、少加支撑；③严格按照土方开挖施工方案实施，不得超量挖土。

7）周边建筑物沉降。由于围护结构渗漏水、基坑变形、建筑物周边堆载或动载过大均会造成建筑物沉降，尤其是浅基础建筑物，受到的影响更为明显。沉降尤其是不均匀沉降过大时会造成建筑物出现裂缝，严重时导致建筑物坍塌，从而造成极大的经济损失、人员伤亡和社会不良影响。

控制措施：①停工期间基坑及建筑物周边不集中堆载、不过重型设备；②做好沉降观测，在地上设施、周围建筑物的沉降观测出现异常时，及时增加观测密度；③建筑物变形超过预警值，立即对建筑物基础进行处理，对地基可采取注浆加固措施。

8）管线变形。由于围护结构渗漏水、基坑变形、建筑物周边堆载过大均会造成地表及管线变形。变形严重会引起管线断裂、漏水、漏电、漏气、中断通信及电视网络信号，造成经济损失和不良社会影响，煤气泄漏、高压线破损则有可能引起人员中毒、触电、死亡，甚至发生爆炸的危险。

控制措施：①在地下管线较多的区域施工时，应选用对管线扰动较小的施工工艺，不宜采用荷载大的重型机械施工；②在选用对土体产生挤压、引起土体变形和产生不均匀沉降的施工工艺时，应尽量分阶段进行，以减小对附近管线的扰动；③避免围护漏水，出现渗漏及时处理；④管线上方地表不集中堆载、不过重型设备，管线出现险情时立刻拉起警示带，禁止无关人员靠近，同时报告管线产权单位请求维修，出现事故时按照程序上报，启动应急预案；⑤对于深埋且接近基坑的管线，可以采用隔离法，通过各种桩来限制管线周围的土体位移；对于埋藏较浅的管线，可将管线开挖出来，采用悬吊保护的方式，不让土体对其产生作用。

9）流砂。指土的松散颗粒被地下水饱和后，由于水头差的存在，动水压力会使这些松散颗粒产生悬浮流动。主要发生在颗粒级配均匀而细的粉、细砂等砂土中，有时在粉土中亦会发生。其表现形式是所有的颗粒同时从近似管状通道中被动水流冲走，发展的结果是使基础发生滑移、不均匀下沉、基坑坍塌、基础悬浮等。流砂的发生一般是突发性的，对工程的危害极大。

控制措施：流砂的应对，应视不同的施工条件和周围环境，采取工人降水开挖、排桩封堵、沉井施工、水下挖土、打钢板桩、混凝土护壁、地下连续墙等方法应对。

10）基坑泡槽。地面明水流入基坑、坑内水位未降至基底下1m，受停电等外力影响突然中断降水造成地下水快速上升等均会造成基底泡槽。地基土被水浸泡，会造成地基松软、承载力降低、地基下沉。

控制措施：①基坑周边设置挡水墙、排水沟，避免明水流入基坑；②开挖至坑底后及时进行垫层及底板施工；③储备足够的备用水泵和备用发电机，遇突然断电或水泵损坏，立刻启动备用设备；④已被水淹泡的基坑，应立即检查降排水设施，疏通排水沟，并采取措施将水引走、排净；⑤已被水浸泡扰动的土，可根据具体情况，采取排水晾晒后夯实，或抛填碎石、小块石后夯实，或换三七灰土夯实。

11）基底管涌。由于承压水坡度大、压力大造成承压水通过地连墙墙趾越流而从基底喷涌。降水井不满足需求，造成水位无法降至基底下 1m，而使地下水从基底喷涌。基底管涌会造成坑内泥沙随水一起涌进基坑，出现边挖边冒而无法开挖的现象。土层含砂量高、出现流砂时，地基土完全失去承载力，不但使施工条件恶化，而且严重时会引起基坑边坡塌方、附近建筑物下沉或倾斜等。

控制措施：①及时施作垫层，封闭基底；②坑内回填混凝土或者块石等，增加坑内土体反压、减少动水压力；③在管涌口处用编织袋或麻袋装土抢筑围井，井内同步铺填反滤料，从而制止涌水带砂，以防险情进一步扩大；④可以对管涌处对应围护结构范围施作旋喷桩或搅拌桩止水。

12）基坑突涌。当基坑下有承压水存在，开挖基坑减少了含水层上覆不透水层的厚度，当它减小到一定程度时，与承压水的水头压力不能平衡时能顶裂或冲毁基坑底板，造成突涌。突涌的形式表现为：基底顶裂，出现网状或树状裂缝，地下水从裂缝中涌出，并带出下部的土体颗粒。基坑底发生流砂现象，从而造成边坡失稳和整个地基悬浮流动，基底发生类似于"沸腾"的喷水现象，使基坑积水，地基土扰动。

控制措施：可采用隔水、降压、封底等技术手段和注浆、井点降水、冻结、地下连续墙等处理方法解决基坑突涌问题。

13）基底隆起。在软弱的黏性土土层中开挖基坑，当基坑内的土体不断开挖，挡土结构内外土面的高差等于结构外在基坑开挖水平面上作用下附加荷载。挖深增大，荷载也增加。当挡土结构入土深度不足时，会使基坑内土体大量隆起，坑外土体过量沉陷，支撑系统应力陡增，导致支护结构整体失稳破坏。

控制措施：①当基底土隆起时，应加大坑内管井抽水量，或采用石子包增加压重；②基坑开挖至坑底标高后应尽快浇筑混凝土垫层，使坑底土层封闭，防止底土上隆。

14）桩间土塌落。在土方开挖过程中，机械与排桩之间应保持可靠的安全距离，避免发生机械碰动排桩影响支护结构稳定。由于桩间土未及时清理，在后序施工过程中，桩间土长时间暴露在外，受风化影响，导致桩间土塌落伤人。

控制措施：在机械开挖过程中，不得一挖到底，应每开挖一定深度，由人工配合清理桩间土方。

15）现浇支撑体系底部垫层底模脱落。在土方开挖时，应清除支撑底模，否则附着的底模在基坑后续施工过程中一旦脱落，可能造成人员伤亡事故。

控制措施：支撑底模应具有一定的强度、刚度和稳定性，混凝土垫层不得用作底模。若采用混凝土垫层作底模，为了方便清除，应在支撑与混凝土垫层底模之间设置油毡等隔离措施，并在支撑以下土方开挖时及时清理干净。

6. 支撑拆除

（1）支撑拆除方式

基坑支撑拆除的方式有人工拆除、机械拆除和爆破拆除等。基坑支撑拆除的拆除方式、拆除顺序应符合专项施工方案要求。

（2）支撑拆除安全控制要点

1）拆除施工前，必须对施工作业人员进行书面安全技术交底，施工中应加强安全检查。拆除作业施工范围内严禁非操作人员入内，拆除的部位严禁随意抛落。支撑拆除时应设置安全可靠的防护措施和作业空间，当利用永久性结构底板或楼板作为拆除平台时，应采取有效的加固和保护措施，并征得主体结构设计单位同意。

2) 采用爆破拆除的，承接爆破工程的施工企业必须具有行政主管部门审批核发的爆破施工企业资质证书、安全生产许可证书及爆破作业许可证书，爆破作业人员应按核定的作业级别、作业范围持证上岗支撑爆破拆除前应设置隔离防护措施，并应对永久结构及周边环境采取保护措施，根据支撑结构特点，搭设防护架及雾炮等设施，以控制飞石和粉尘，保护永久结构和周边环境。

7. 基坑安全使用与维护

1) 基坑工程应在四周设置高度大于 0.15m 的防水围挡，并应设置防护栏杆，防护栏杆埋深不应小于 0.60m，高度宜为 1.00～1.20m，栏杆柱距不得大于 2.0m，距离坑边水平距离不得小于 0.50m。在基坑的危险部位、临边、临空位置应设置明显的安全警示标识或警戒。

2) 基坑开挖前，应根据专项施工方案应急预案中所涉及的机械设备与物资进行准备，确保完好，并存放现场便于随时立即投入使用。

3) 基坑工程施工完毕，应在按规定的程序和内容组织验收合格后，方可使用，基坑工程的安全管理与维护工作应由下道工序施工单位承担，使用单位应对后续施工中存在的影响基坑安全的行为及时制止，消除可能发生的安全隐患。

4) 使用单位应有专人对基坑安全进行巡查，每天早晚各 1 次，雨期应增加巡查次数，应作好记录，发现异常情况应立即报告项目安全负责人，并通报基坑监测单位和基坑围护施工单位；应有专人检查基坑周围原有的排水管、沟，确保不得有渗水漏水迹象；当地表水、雨水渗入土坡或挡土结构外侧土层时，应立即采取截、排等处置措施。

5) 降水期间应对抽水设备和运行进行维护检查，每天检查不应小于 3 次。对所有井点要有明显的安全保护标识，防止杂物掉入井内，防止渗漏，避免井点破坏影响降水效果，冬期降水应采取防冻措施。

6) 当发生停电时，应及时更新电源，保持正常降水。

7) 对基坑每次监测数据应及时进行分析整理并应通知有关责任主体，当变形值超过设计警戒值时，应发生预警，停止施工，撤离人员，并应按应急预案中的措施进行处理。

8) 地下结构施工到地面后，对基槽应及时回填，回填质量应按照相关规范和设计要求进行控制。

（三）常见隐患及防范整改措施

1. 未按土方开挖方案施工
整改防护措施：加强对挖土人员的交底和过程指挥、监督，合理安排土方开挖计划。
2. 基坑支撑拆除方式不符合方案要求
整改防范措施：结合现场实际，在符合规范和设计要求的前提下，及时优化方案。
3. 基坑临边无防护措施
整改防范措施：及时搭设临边防护栏，设置生命线，设置上下爬梯。
4. 基坑边堆放钢筋等材料

整改防范措施：设立坑边警戒区域，禁止堆物。

5. 机械车辆伤害

整改防范措施：作好现场大门出入管理，设置现场减速带和交通协调员，书面告知土方车司机场内慢行；设置工程机械作业监督管理，减少人员进入作业范围。

【事故案例】

2008 年 11 月，某地铁站基坑施工现场发生大面积坍塌事故，造成 21 人死亡，24 人受伤，直接经济损失约 4961 万元。

（1）事故原因分析

1）直接原因

施工单位违规施工、冒险作业，施工过程中基坑严重超挖，钢管支撑架设不及时，引起局部范围地下连续墙产生过大侧向位移，墙体横向断裂并倒塌，基坑周边地面塌陷。

2）间接原因

① 施工方面的原因

未严格按照设计工况进行土方开挖。由于上方超挖，支撑施加不及时，支撑轴力、地下连续墙的弯矩及剪力大幅度增加，超过围护设计条件。现场钢支撑安装不规范，钢管支撑与工字钢联系梁的连接不满足设计要求，钢立柱之间也未按设计要求设置剪刀撑，降低了钢管支撑的承载力和支撑体系的总体稳定性，易导致在偶发冲击荷载或地下连续墙异常变形情况下丧失支撑功能。

② 设计方面的原因

未根据当地软土特点综合判断、合理选用基坑围护设计参数，力学参数选用偏高，降低了基坑围护结构体系的安全储备。基坑安全等级为一级，但监测设计方案相对标准规范要求减少了周围地下管线位移、土体侧向变形及立柱沉降变形三项必测内容。

③ 勘察方面的原因

未考虑采用薄壁取土器取样对土强度参数的影响，未根据当地软土特点综合判断选用推荐土体力学参数。

④ 监测方面的原因

监测内容及测点数量不满足规范要求，部分监测内容的测试方法存在严重缺陷，提供伪造的监测数据。

（2）风险防控

在基坑施工阶段，为了确保基坑施工安全及基坑周边环境安全，在施工前进行可行性分析，施工时严格遵守相关规定，严格各方责任制落实及施工程序管控，完善相关监督管理等措施，预防可能发生的风险。

六、施工临时用电安全技术要点

（一）基础知识

1. TN-S 接零保护系统

施工现场专用的电源中性点直接接地的 220/380V 三相四线制低压电力系统必须采用

TN-S接零保护系统。电气设备的金属外壳与专用保护零线连接，保护零线应由工作接地线、配电室（总配电箱）电源侧零线或总漏电保护器电源侧零线处引出，如图6-41所示。

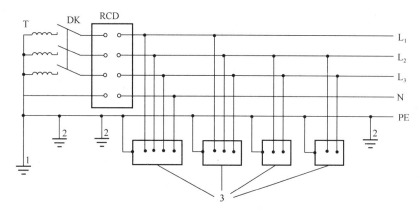

图6-41　专用变压器供电时TN-S接零保护系统示意

1—工作接地；2—PE线重复接地；3—电气设备金属外壳（正常不带电的外露可导电部分）；

L_1、L_2、L_3—相线；N—工作零线；PE—保护零线；DK—总电源隔离开关；

RCD—总漏电保护器（兼有短路、过载、漏电保护功能的漏电断路器）；T—变压器

2. 三级配电系统

如图6-42所示，配电系统可分为三级：

（1）一级

总配电箱（柜）：总配电箱（柜）的主要作用是监控、系统设备保护、分配、控制、报警等。

（2）二级

分配电箱（柜）：分配电箱（柜）的主要作用是系统设备保护、分配、控制等。

（3）三级

开关箱：主要作用是人身安全保护及用电设备控制、保护。

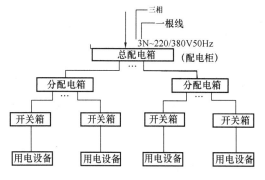

图6-42　三级配电系统结构形式示意图

3. 两级漏电保护

是指配电系统中总配电箱、开关箱中分别设置漏电保护。漏电保护器按照有无电子元器件，分为电子式和电磁式两种，建筑施工现场宜采用电磁式漏电保护器。

4. 外电线路

施工现场临时用电工程配电线路以外的电力线路。

5. 接地

设备的一部分为形成导电通路与大地的连接。其中工作接地是为了电路或设备达到运行要求的接地，如变压器低压中性点和发电机中性点的接地；重复接地是设备接地线上一处或多处通过接地装置与大地再次连接的接地。

6. 保护零线

是指中性点接地时，由中性点或中性线引出，不作为电源线，仅用作连接电气设备外露可导电部分的导线，工作时仅提供漏电电流通路。

7. 接地装置

接地体和接地线的总和。

8. 接地体

埋入地中并直接与大地接触的金属导体。其中自然接地体是施工前已埋入地中，可兼作接地体用的各种构件，如钢筋混凝土基础的钢筋结构、金属井管、金属管道（非燃气）等。每一接地装置的接地线应采用2根及以上导体，在不同点与接地体作电气连接，如图6-43所示。

不得采用铝导体做接地体或地下接地线。垂直接地体宜采用角钢、钢管或光面圆钢，不得采用螺纹钢。

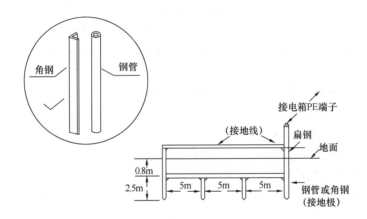

图 6-43　接地装置及材质选择

9. 接地线

连接设备金属结构和接地体的金属导体（包括连接螺栓）。

10. 接地电阻

接地装置的对地电阻，它是接地线电阻、接地体电阻、接地体与土壤之间的接触电阻和土壤中的散流电阻之和。接地电阻可以通过计算或测量得到它的近似值，其值等于接地装置对地电压与通过接地装置流入地中电流之比。

11. 带电部分

正常使用时要被通电的导体或可导电部分，它包括中性导体（中性线），不包括保护导体（保护零线或保护线），按惯例也不包括工作零线与保护零线合一的导线（导体）。

12. 外露可导电部分

电气设备的能触及的可导电部分。它在正常情况下不带电，但在故障情况下可能带电。

13. 触电（电击）

电流流经人体或动物体，使其产生病理生理效应。触电又分为直接接触和间接接触。直接接触指人体、牲畜与带电部分的接触。间接接触指人体、牲畜与故障情况下变为带电体的外露可导电部分的接触。

14. 常用检测仪表

万用表是多用途、多量程的便携式仪表，可用来测量直流电压、交流电压、直流电流、直流电阻、交流电流、电感、电容等参量。兆欧表是用于测量绝缘电阻的专用仪表，主要由手摇发电机（或其他直流电源）和磁表系比率计组成。接地电阻仪是以测量接地电阻为主的中值电阻测量仪器。最常见的是电位差计型测量仪表，由手摇发电机（或交流电源）和电位差计式测量机构组成。

（二）管理要求和技术要点

1. 临时用电组织设计

1）施工现场临时用电设备在 5 台及以上或设备总容量在 50kW 及以上者，应编制用电组织设计。

2）施工现场临时用电组织设计应包括下列内容：

① 现场勘测：结合总平面图，了解建筑物所在的位置，地下有无上下水管线或其他管线。周围有无外电架空线路，了解清楚外电线路电压等级及距建筑物的安全距离，确定电源变压器位置，电源进线位置，总配电室位置。

② 根据施工现场的总用电量进行负荷计算。

③ 确定电源进线、变电所或配电室、配电装置、用电设备位置及线路走向。

④ 选择供电变压器。

⑤ 设计配电系统：设计配电线路，选择导线或电缆；设计配电装置，选择电器；设计接地装置；绘制临时用电工程图纸，主要包括用电工程总平面图、配电装置布置图、配电系统接线图、接地装置设计图等。

⑥ 设计防雷装置，防雷装置包括防雷接地装置、引下线、避雷针（接闪器）。

⑦ 确定防护措施，包括外电防护、箱体防护、线路防护等。

⑧ 制定安全用电措施和电气防火措施。安全用电措施有专业电工操作、定期检查和隐患排查、电气设备进场验收等；电气防火措施有合理选择电气设备、规范接线方法和工艺、高热照明器具与可燃物的隔离、线缆和电气设备的绝缘强度检测符合规范要求等。

3）临时用电工程图纸应单独绘制，临时用电工程应按图施工。

4）临时用电组织设计及变更时，必须履行"编制、审核、批准"程序，由电气工程技术人员组织编制，经相关部门审核及具有法人资格企业的技术负责人批准后实施。变更用电组织设计时应补充有关图纸资料。

5）临时用电工程必须经编制、审核、批准部门和使用单位共同验收，合格后方可投入使用。

2. 接地与接零保护系统

1）保护零线（PE 线）必须由电源进线零线重复接地处或总漏电保护器电源侧零线处，引出形成局部 TN-S 接零保护系统，如图 6-44 所示。

2）电机、变压器、电器、照明器具、手持式电动工具的金属外壳；电气设备传动装置的金属部件；配电柜与控制柜的金属框架；配电装置的金属箱体、框架及靠近带电部分的金属围栏和金属门；电力线路的金属保护管、敷线的钢索、起重机的底座和轨道、滑升模板金属操作平台；安装在电力线路杆（塔）上的开关、电容器等电气装置的金属外壳及

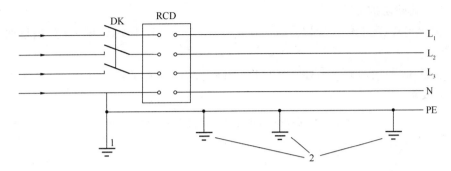

图 6-44　三相四线供电时局部 TN-S 接零保护系统保护零线引出示意
1—NPE 线重复接地；2—PE 线重复接地；L₁、L₂、L₃—相线；N—工作零线；
PE—保护零线；DK—总电源隔离开关；RCD—总漏电保护器
（兼有短路、过载、漏电保护功能的漏电断路器）

支架应接保护零线。

3）保护零线严禁装设开关、熔断器或通过工作电流，且严禁断线，必须采用绝缘导线。

4）保护零线材质、规格及颜色标记应符合规范要求，颜色标记应使用绿/黄双色，其截面要求如表 6-8 所示。

PE 线截面与相线截面的关系　　　　　　　　　　　　　　　　表 6-8

相线芯线截面 S（mm²）	PE 线最小截面（mm²）
$S \leqslant 16$	S
$16 < S \leqslant 35$	16
$S > 35$	$S/2$

5）工作接地与重复接地的设置、安装及接地装置的材料应符合《施工现场临时用电安全技术规范》JGJ 46—2005 的要求。

6）工作接地电阻不应大于 4Ω，重复接地电阻不应大于 10Ω，防雷装置的冲击接地电阻不得大于 30Ω。

7）施工现场起重机、物料提升机、施工升降机、脚手架防雷措施应符合表 6-9 的要求。

施工现场内机械设备及高架设施需安装防雷装置的规定　　　　　　表 6-9

地区年平均雷暴日（d）	机械设备高度（m）
$\leqslant 15$	$\geqslant 50$
>5，<40	$\geqslant 32$
$\geqslant 40$，<90	$\geqslant 20$
$\geqslant 90$ 及雷害特别严重地区	$\geqslant 12$

8）做防雷接地机械上的电气设备，所连接的 PE 线必须做重复接地，同一台机械电气设备的重复接地和机械的防雷接地可共用同一接地体，但接地电阻应符合重复接地电阻值的要求。

3. 外电线路防护

外电线路与在建工程（含脚手架）、高大施工设备、场内机动车道必须满足如下安全距离的要求：

1）在建工程（含脚手架）的周边与架空线路的边线之间的最小安全操作距离应符合表 6-10 的要求。

脚手架与周边架空线路边线的最小安全操作距离 表 6-10

外电线路电压等级（kV）	<1	1～10	35～110	220	330～550
最小安全操作距离（m）	4.0	6.0	8.0	10	15

2）施工现场的机动车道与架空线路交叉时的最小垂直距离，应符合表 6-11 的要求。

施工现场的机动车道与架空线路交叉时的最小垂直距离 表 6-11

外电线路电压等级（kV）	<1	1～10	35
最小垂直距离（m）	6.0	7.0	7.0

3）起重机与架空线路的最小安全距离，应符合表 6-12 的要求。

起重机与架空线路的最小安全距离 表 6-12

电压（kV） 安全距离（m）	<1	10	35	110	220	330	500
沿垂直方向	1.5	3.0	4.0	5.0	6.0	7.0	8.5
沿水平方向	1.5	2.0	3.5	4.0	6.0	7.0	8.5

4）防护设施与外电线路之间的最小安全距离应符合表 6-13 的要求

防护设施与外电线路之间的最小安全距离 表 6-13

外电线路电压等级（kV）	≤10	35	110	220	330	500
最小安全距离（m）	1.7	2.0	2.5	4.0	5.0	6.0

4. 配电室的设置要求

1）配电柜正面的操作通道宽度，单列布置或双列背对背布置不小于 1.5m，双列面对面布置不小于 2m。

2）配电柜后面的维护通道宽度，单列布置或双列面对面布置不小于 0.8m，双列背对背布置不小于 1.5m，个别地点有建筑物结构凸出的地方，则此点通道宽度可减少 0.2m。

3）配电柜侧面的维护通道宽度不小于 1m。

4）配电室的顶棚与地面的距离不低于 3m；室内设置值班或检修室时，该室边缘处配电柜的水平距离大于 1m，并采取屏障隔离；室内的裸母线与地向垂直距离小于 2.5m 时，采用遮栏隔离，遮栏下通道的高度不小于 1.9m；围栏上端与其正上方带电部分的净距不小于 0.075m。

5）配电装置的上端距顶棚不小于 0.5m。

6）配电室内的母线涂刷有色油漆，以标志相序；以柜正面方向为基准，其涂色符合表 6-14 的规定。

母线涂色　　　　　　　　　　　　　　　　表 6-14

相别	颜色	垂直排列	水平排列	引下排列
L1（A）	黄	上	后	左
L2（B）	绿	中	中	中
L3（C）	红	下	前	右
N	淡蓝	—	—	—

7）配电室的建筑物和构筑物的耐火等级不低于 3 级，一般情况下室内配置沙箱和二氧化碳灭火器。

8）配电室的门应向外开，并配锁。

9）配电室的照明分别设置正常照明和应急照明。

5. 配电箱的设置要求

施工现场的配电箱是电源与用电设备之间的中枢环节，它们的设置和使用直接影响施工现场的用电安全，必须严格执行规范中"三级配电，二级漏电保护"和"一机、一闸、一漏、一箱"的规定，并且在设计、施工、验收和使用阶段，都要作为检查监督的重点。

1）分配电箱与开关箱的距离不得超过 30m，开关箱与其控制的固定式用电设备的水平距离不宜超过 3m。

2）每台用电设备必须有各自专用的开关箱，严禁用同一个开关箱直接控制 2 台及以上用电设备（含插座）。

3）动力配电箱与照明配电箱宜分别设置，当合并设置为同一配电箱时，动力和照明应分路配电。动力开关箱与照明开关箱必须分设。

4）配电箱、开关箱应采用冷轧钢板或阻燃绝缘材料制作，钢板厚度应为1.2～2.0mm，其中开关箱箱体钢板厚度不得小于 1.2mm，配电箱箱体钢板厚度不得小于1.5mm，箱体表面应作防腐处理。

5）固定式配电箱、开关箱的中心点与地面的垂直距离应为 1.4～1.6m。移动式配电箱、开关箱应装设在坚固、稳定的支架上。其中心点与地面的垂直距离宜为 0.8～1.6m，如图 6-45 所示。

6）配电箱的电器安装板上必须分设 N 线端子板和 PE 线端子板。N 线端子板必须与

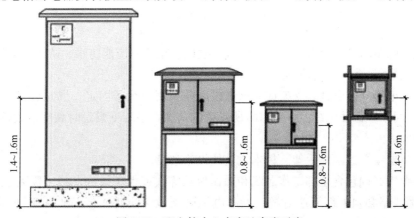

图 6-45　配电箱中心点离地高度示意

金属电器安装板绝缘；PE 线端子板必须与金属电器安装板作电气连接。进出线中的 N 线必须通过 N 线端子板连接；PE 线必须通过 PE 线端子板连接。

7）金属箱门与金属箱体必须采用编织软铜线作电气连接。

8）箱体应设置系统接线图和分路标记，并应有门、锁及防雨措施。

9）总箱、开关箱应安装漏电保护器，参数应匹配并灵敏有效。

10）配电箱、开关箱的电源进线端严禁采用插头和插座作活动连接。

11）开关箱中漏电保护器的额定漏电动作电流不应大于 30mA，额定漏电动作时间不应大于 0.1s。使用于潮湿或有腐蚀介质场所的漏电保护器应采用防溅型产品，其额定漏电动作电流不应大于 15mA，额定漏电动作时间不应大于 0.1s。

12）总配电箱中漏电保护器的额定漏电动作电流应大于 30mA，额定漏电动作时间应大于 0.1s，但其额定漏电动作电流与额定漏电动作时间的乘积不应大于 30mA·s。

13）对配电箱、开关箱进行定期维修、检查时，必须将其前一级相应的电源隔离开关分闸断电，并悬挂"禁止合闸、有人工作"的停电标志牌，严禁带电作业。

6. 配电线路

1）电缆直接埋地敷设深度不应小于 0.7m，并应在电缆紧邻上、下、左、右侧均匀敷设不小于 50mm 厚的细沙，然后覆盖砖或混凝土板等硬质保护层。如图 6-46 所示。

2）埋地电缆与其附近的外电电缆和管沟的平行间距不得小于 2m，交叉间距不小于 1m。

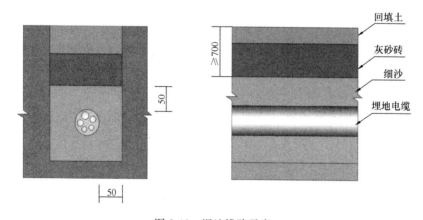

图 6-46　埋地线路示意

3）埋地电缆的接头应设在地面上的接线盒内，接线盒应能防水、防尘、防机械损伤，并应远离易燃、易爆、易腐蚀场所。

4）架空电缆应沿电杆、支架或墙壁敷设，并采用绝缘子固定，绑扎线必须采用绝缘线，固定点间距应保证电缆能承受自重所带来的荷载，沿墙壁敷设时高度最大弧垂距地不得小于 2.0m。

5）架空电缆严禁沿脚手架、树木或其他设施敷设。

6）电缆中必须包含全部工作芯线和用作保护零线或保护线的芯线。需要三相四线制配电的电缆线路必须采用五芯电缆。五芯电缆必须包含淡蓝、绿/黄二种颜色绝缘芯线。淡蓝色芯线必须用作 N 线；绿/黄双色芯线必须用作 PE 线，严禁混用。

7）电缆线路必须设短路、过载保护。

8）室内非埋地明敷主干线距地面高度不小于 2.5m。

9）架空进线的室外端应采用绝缘子固定，过墙处应穿管保护，距地面高度不得小于 2.5m，并应采取防雨措施。

10）室内配线所用导线或电缆的截面应根据用电设备或线路的计算负荷确定。

11）施工现场常用的塑料绝缘挂钩挂线方式如图 6-47 所示。

7. 现场照明

1）照明用电应与动力用电分设。

2）安全特低电压：隧道、人防工程、高温、有导电灰尘、比较潮湿或灯具离地面高度低于 2.5m 等场所的照明，电源电压不应大于 36V；潮湿和易触及带电体场所的照明，电源电压不得大于 24V；特别潮湿场所、导电良好的地面、锅炉或金属容器内的照明，电源电压不得大于 12V；手持照明灯应使用 36V 以下电源供电。

3）照明变压器必须使用双绕组安全隔离变压器，严禁使用自耦变压器。

4）灯具金属外壳必须接保护零线。

5）室外 220V 灯具距地面不得低于 3m，室内 220V 灯具距地不得低于 2.5m。

普通灯具与易燃物距离不宜小于 300mm；聚光灯、碘钨灯等高热灯具与易燃物距离不宜小于 500mm，且不得直接照射易燃物。达不到规定安全距离时，应采取隔热措施。

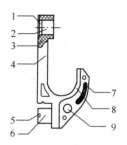

图 6-47　施工现场常用的塑料绝缘挂钩挂线方式

1—止退环；2—挂孔；
3—导向槽；4—挂钩杆；
5—止退卡；6—挂杆；
7—反光标志；8—弧形钩；9—备用孔

8. 电动建筑机械和手持电动工具

（1）起重机械

1）塔式起重机的电气设备应符合现行国家标准《塔式起重机安全规程》GB 5144—2006 中的要求。

2）塔式起重机应作重复接地和防雷接地，对角设置并不少于 2 根。轨道式塔式起重机接地装置的设置应符合下列要求：轨道两端各设置一组接地装置；轨道的接头处作电气连接，两条轨道端部作环形电气连接；较长轨道每隔不大于 30m 加一组接地装置。

3）塔式起重机与外电线路的安全距离应符合表 6-12 的要求。

4）轨道式塔式起重机的电缆不得拖地行走。

（2）焊接机械

1）电焊机械应放置在防雨、干燥和通风良好的地方。焊接现场不得有易燃、易爆物品。

2）交流弧焊机变压器的一侧电源线长度不应大于 5m，其电源进线处必须设置防护罩。发电机式直流电焊机的换向器应经常检查和维护，应消除可能产生的异常电火花。

3）电焊机械开关箱中的漏电保护器必须符合："开关箱中漏电保护器的额定漏电动作

电流不应大于 30mA，额定漏电动作时间不应大于 0.1s。使用于潮湿或有腐蚀介质场所的漏电保护器应采用防溅型产品，其额定漏电动作电流不应大于 15mA，额定漏电动作时间不应大于 0.1s。"交流电焊机应配装防二次侧空载降压保护装置。

4）电焊机械的二次线应采用防水橡皮护套铜芯软电缆，电缆长度不应大于 30m，不得采用金属构件或结构钢筋代替二次线的地线。

5）使用电焊机械焊接时必须穿戴防护用品。严禁露天冒雨从事电焊工作。

（3）手持式电动工具

1）在潮湿场所或金属构架上操作时，必须选用Ⅱ类或由安全隔离变压器供电的Ⅲ类手持式电动工具。金属外壳Ⅱ类手持式电动工具使用时，开关箱和控制箱应设在作业场所外面。

2）手持式电动工具的负荷线应采用耐气候型的橡皮护套铜芯软电缆，并不得有接头。

3）手持式电动工具的外壳、手柄、插头、开关、负荷线必须完好无损，使用前必须作绝缘检查和空载检查，在绝缘合格、空载运站正常后方可使用。绝缘电阻不应小于表 6-15 规定的数值。

手持式电动工具绝缘电阻限值　　　　　　　　　　　　　表 6-15

测量部位	绝缘电阻（MΩ）		
	Ⅰ类	Ⅱ类	Ⅲ类
带电零件与外壳之间	2	7	1

注：绝缘电阻用 500V 兆欧表测量。

4）使用手持式电动工具时，必须按规定穿戴绝缘防护用品。

（4）其他电动建筑机械

混凝土搅拌机、插入式振动器、平板振动器、地面抹光机、水磨石机、钢筋加工机械、木工机械、盾构机械、水泵等设施漏电保护器的额定漏电动作电流不应大于 30mA，额定漏电动作时间不应大于 0.1s。

使用于潮湿或有腐蚀性介质场所的漏电保护器应采用防溅型产品，其额定漏电动作电流不应大于 15mA，额定漏电动作时间不应大于 0.1s。

9. 宿舍智能配电系统

为防止宿舍区发生电气火灾事故，目前许多建筑施工工地生活区采用了智能配电系统和低压供电系统。

1）宿舍智能配电系统配电箱主要由时间控制器及交流接触器、漏电保护开关及智能限电模块、36V 安全变压器等组成。其中智能限电模块的作用是正常工作时能实时检测，当判断出阻性负载功率（如电热器、电炉、热得快等）超过 100W 时，自动切断电源。延迟 60s 后自动恢复供电，并继续检测。若判断出阻性负载不超过 100W，则保持正常供电，保证电脑、电视、手机充电等电器设备正常用电，如图 6-48 所示。

2）为保证用电安全，宿舍内不宜设置 220V 以上插座，手机充电采用 USB 充电接口，如图 6-49 所示。

通过这些做法，有效解决了宿舍区私拉乱接、违规使用大功率电器从而引发火灾的情况。

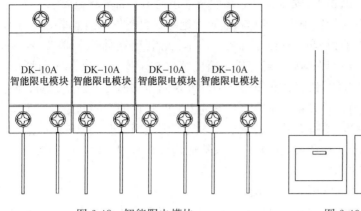

图 6-48　智能限电模块

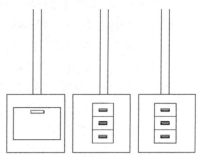

图 6-49　USB 充电接口

（三）常见隐患排查及整改措施

1. 施工现场配电未采用三级配电两级漏电保护系统

整改措施：建筑施工现场临时用电工程专用的电源中性点直接接地的 220/380V 三相四线制低压电力系统，必须符合下列规定——采用三级配电系统；采用 TN-S 接零保护系统；采用二级漏电保护系统。

2. 电气设备未接保护零线

整改措施：①TN-S 系统中，电气设备的金属外壳必须与保护零线连接；②在 TN 系统中，电机、变压器、电器、照明器具、手持式电动工具的外壳；电气设备传动装置；配电柜的框架；配电装置的箱体、框架及靠近带电部分的围栏和门；起重机的底座和轨道、滑升模板金属操作平台；电力线路杆上的开关、电容器等装置的外壳及支架应接保护零线。

3. 作防雷接地机械上的电气设备，保护零线未作重复接地

整改措施：作防雷接地机械上的电气设备，所连接的 PE 线必须同时作重复接地，同一台机械电气设备的重复接地和机械的防雷接地可共用同一接地体，但接地电阻应符合重复接地电阻值的要求。

4. 接地体材质、埋深、设置不符合规范要求

整改措施：每一接地装置的接地线应采用 2 根及以上导体，在不同点与接地体作电气连接；不得采用铝导体作接地体或地下接地线。垂直接地体宜采用角钢、钢管或光面圆钢，不得采用螺纹钢。

5. 电缆线材质、规格或敷设不符合规范要求

整改措施：电缆中必须包含全部工作芯线和用作保护零线或保护线的芯线。需要三相四线制配电的电缆线路必须采用五芯电缆；五芯电缆必须包含淡蓝、绿/黄二种颜色绝缘芯线。淡蓝色芯线必须用作 N 线；绿/黄双色芯线必须用作 PE 线，严禁混用。

6. 用电设备未设专用开关箱

整改措施：每台用电设备必须有各自专用的开关箱，严禁用同一个开关箱直接控制 2 台及以上用电设备（含插座）。

7. 箱体结构、箱内电器设置、安装位置、高度及周边通道不符合规范要求

整改措施：配电箱、开关箱应采用冷轧钢板或阻燃绝缘材料制作，钢板厚度应为1.2～2.0mm，其中开关箱箱体钢板厚度不得小于1.2mm，配电箱箱体钢板厚度不得小于1.5mm，箱体表面应作防腐处理；配电箱、开关箱应装设在干燥、通风及常温场所，不得装设在瓦斯、烟气、潮气及其他有害介质中、易受外来固体物撞击、强烈振动、液体浸溅及热源烘烤场所；配电箱、开关箱周围应有足够2人同时工作的空间和通道，不得堆放任何妨碍操作、维修的物品，不得有灌木、杂草；固定式配电箱、开关箱的中心点与地面的垂直距离应为1.4～1.6m。移动式配电箱、开关箱应装设在坚固、稳定的支架上。其中心点与地面的垂直距离宜为0.8～1.6m。

8. 漏电保护器参数不匹配或检测不灵敏

整改措施：开关箱中漏电保护器的额定漏电动作电流不应大于30mA，额定漏电动作时间不应大于0.1s；使用于潮湿或有腐蚀介质场所的漏电保护器应采用防溅型产品，其额定漏电动作电流不应大于15mA，额定漏电动作时间不应大于0.1s；总配电箱中漏电保护器的额定漏电动作电流应大于30mA，额定漏电动作时间应大于0.1s，但其额定漏电动作电流与额定漏电动作时间的乘积不应大于30mA·s。

9. 分配电箱与开关箱、开关箱与用电设备的距离不符合规范要求

整改措施：分配电箱与开关箱的距离不得超过30m，开关箱与其控制的固定式用电设备的水平距离不宜超过3m。

10. 非专业电工私自接线

整改措施：电工必须按国家现行标准考核合格后，持证上岗工作；其他用电人员必须通过相关安全教育培训和技术交底，考核合格后方可上岗工作；安装、巡检、维修或拆除临时用电设备和线路，必须由电工完成，并应有人监护。电工等级应同工程的难易程度和技术复杂性相适应。

11. 起重机与外电线路之间的距离不符合规范要求

整改措施：起重机与架空线路的最小安全距离应满足规范要求。

【事故案例】

1. 事故经过

某建筑工程有限责任公司购买了一批钢筋运至施工现场旁边，项目部雇用了一辆吊车卸钢筋。17时20分，吊车卸完了车上的两卷线材、四卷螺纹钢，项目部钢筋工负责人贾某要求吊车司机将一卷线材往钢筋棚处移动一下。吊车起重臂高过高压线，吊车司机谢某按照贾某的指示将线材吊了起来，线材刚离开地面，吊起的线材开始摆动，在摆动中吊车的钢丝绳与高压线接触了一起，扶线材的李某被电流击倒在地上，经医院抢救无效死亡。

2. 直接原因

吊车操作员谢某违章作业。在未经电力部门批准和未采取任何安全保护措施的情况下，操作起重机械进入11kV架空高压线的正下方区域进行违章作业，致使起重机械设备与高压线接触，起吊物带电造成事故。《施工现场临时用电安全技术规范》JGJ 46—2015中第4.1.4条要求"起重机严禁越过无防护设施的外电架空线路作业。"在本案例中，在11kV外电架空线路附近吊装时，起重机的任何部位或被吊物边缘在最大偏斜时与架空线路边线应沿垂直方向至少保持3m以上的最小安全距离。

3. 间接原因

施工单位未按施工平面布置图要求设置钢筋棚场地，将钢筋棚设置在危险区域（高压线下面），属违规设置施工作业面，且未设置安全警示标志。《施工现场临时用电安全技术规范》JGJ 46—2015 中第 4.1.1 条要求"在建工程不得在外电架空线路正下方施工、搭设作业棚、建造生活设施或堆放构件、架具、材料及其他杂物等。"

4. 责任鉴定及应吸取的教训

吊车司机在明知道高压线旁边作业危险仍违规操作，在本次事故中负直接责任；项目部安全员未履行施工现场安全管理责任，对工人违章操作未采取有效的管理措施，对事故负有管理责任；项目部对外来人员及车辆进入施工现场未制定管理制度，施工现场安全管理混乱，违规设置钢筋场地，在危险区未设置安全警示标志，对现场安全监管不力，在事故中负有管理责任。

七、高处作业安全技术要点

建筑施工行业从业人员多，露天高处作业多，近几年，施工现场高处坠落事故发生起数和造成伤害人数，在建筑行业事故总量中所占比例较大，以 2016 年房屋市政工程生产安全事故统计为例，全国共发生房屋市政工程生产安全事故 634 起，其中高处坠落事故 333 起，占总数的 52.5%。因此，高处作业是施工现场安全管理的重点内容。

（一）高处作业基础知识

1. 高处作业分级

（1）高处作业相关术语

1）高处作业，是指凡距坠落高度基准面 2m 或 2m 以上有可能坠落的高处进行的作业。

2）坠落高度基准面，是指通过可能坠落范围内最低处的水平面。

3）可能坠落范围，是指以作业位置为中心，可能坠落范围为半径划成的与水平面垂直的柱形空间。

4）可能坠落范围半径，是指为确定可能坠落范围而规定的相对于作业位置的一段水平距离，通常用 R 表示，单位为米。

5）基础高度，以作业位置为中心，6m 为半径，划出的垂直于水平面的柱形空间内的最低处与作业位置间的高度差。基础高度通常用 h_b 表示，单位为 m。

6）高处作业高度，是指作业区各作业位置至相应坠落高度基准面的垂直距离中的最大值。高处作业高度通常用 h_w 表示，单位为 m。

高处作业高度是相对概念，无论是高层、地面还是基坑，只要作业区的侧面存在可能导致人员坠落的坑、洞口或空间，其高度达到 2m 以上就是高处作业。

（2）高处作业分级

1）高处作业高度的区段划分

高处作业高度分为 2～5m、5～15m、15～30m 及 30m 以上四个区段。

高处作业高度在 2～5m 时，由于高度不太高，所以在此高度范围内造成的事故，大部分是轻伤。

高处作业高度在 5～15m 时，发生重伤的可能性较大，因此将 15m 定为一个分界点。

高处作业高度在 15～30m 时，发生直接坠落的事故基本上是死亡事故。

30m 以上高处作业发生的事故，从伤害严重性来看，又比 15～30m 高处作业更为严重。当高度引起的危险性达到极端（即指最危险状态）时，就没有必要再细分。因此，将 30m 以上的作业统统划为一个区域。

2）引起高处作业坠落的客观危险因素

通常有 11 种较易引起坠落的客观危险因素：

① 阵风风力五级（8.0m/s）以上；②国家标准《高温作业分级》GB /T 4200—2008 规定的Ⅱ级或Ⅱ级以上的高温条件；③平均温度低于或等于 5℃的作业环境；④接触冷水温度低于或等于 12℃的作业；⑤作业场地有冰、雪、霜、水、油等易滑物；⑥作业场所光线不足，能见度差；⑦作业活动范围与危险电压带电体的距离小于规定距离；⑧作业者无法维持正常姿势可能造成摆动，如立足处不是平面或只有很小的平面，即任意一边小于 500mm 的矩形平面、直径小于 500mm 的圆形平面、具有类似尺寸的其他形状的平面；⑨Ⅲ级或Ⅲ级以上的体力劳动强度；⑩存在有毒气体或空气中含氧量低于 19.5％的作业环境；⑪可能会引起各种灾害事故的作业环境和抢救突然发生的各种灾害事故。

3）高处作业分级

在划分高处作业等级时，一是从高处作业高度考虑，二是从引起高处作业坠落的客观危险因素考虑，将可能坠落的危险程度用高处作业级别表示。分级时，不存在上述列举的任一种直接引起坠落的客观危险因素的高处作业，按表 6-16 规定的 A 类法分级，存在上述列举的一种及以上直接引起坠落的客观危险因素的高处作业，按表 6-16 规定的 B 类法分级。

高处作业分级

表 6-16

分类法	高处作业高度（m）			
	$2 \leqslant h_w \leqslant 5$	$5 < h_w \leqslant 15$	$15 < h_w \leqslant 30$	$h_w > 30$
A	Ⅰ	Ⅱ	Ⅲ	Ⅳ
B	Ⅱ	Ⅲ	Ⅳ	Ⅳ

（3）高处作业高度计算方法

1）可能坠落范围半径的确定：

根据基础高度 h_b 确定可能坠落范围半径 R：

① 当基础高度 $2m \leqslant h_b \leqslant 5m$ 时，可能坠落范围半径 R 为 3m；

② 当基础高度 $5m < h_b \leqslant 15m$ 时，可能坠落范围半径 R 为 4m；

③ 当基础高度 $15m < h_b \leqslant 30m$ 时，可能坠落范围半径 R 为 5m；

④ 当基础高度 $h_b > 30m$ 时，可能坠落范围半径 R 为 6m。

2）高处作业高度计算步骤如下：

① 以高处作业临边为中心，6m 为半径，划出垂线，以作业位置和最低点的高度差，确定基础高度 h_b；

② 根据高处作业分级，确定可能坠落范围半径 R 和坠落高度基准面；

③ 根据作业位置至相应坠落高度基准面的垂直距离，确定高处作业高度 $h_{\rm w}$。

例如，在如图 6-50 所示的高处作业环境中，作业面距基础的高度 $h_{\rm b}=18{\rm m}$，距基础高度 5m 处有一宽 5.5m 的平台。根据上文可得出其坠落半径 $R=5{\rm m}$，坠落高度小于中间平台的宽度，因此坠落高度基准面应为中间平台，高处作业高度 $h_{\rm w}=13{\rm m}$。

2. 高处作业的基础知识

（1）高处作业的基本类型

建筑施工中高处作业主要包括临边、洞口、攀登、悬空、交叉等五种基本类型。

1）临边作业

临边作业是指在作业面边沿无围护或围护设施高度低于 800mm 的高处作业，如沟、坑、槽和深基础周边、楼层周边、楼梯侧边、平台或阳台边、屋面周边等处的作业。临边作业时，应在临空一侧设置防护栏杆，并采取密目式安全立网或工具式栏板封闭，防护栏杆常用钢管搭设或采用定型化防护设施。

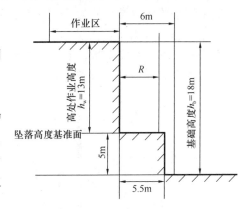

图 6-50　高处作业高度计算

2）洞口作业

洞口作业是指在地面、楼面、屋面和墙面等有可能使人和物料坠落，其坠落高度大于等于 2m 的洞口处的高处作业，如施工现场的地面、楼面、屋面和墙面等处存在的预留洞口、电梯井口、通道口和楼梯口等，这些孔洞有可能使人和物料坠落。洞口作业时，应设置防护门、防护栏杆、盖板、安全平网等防护设施。

3）攀登作业

攀登作业是指借助于登高用具或登高设施进行的高处作业，施工组织设计或施工技术方案中应明确施工中使用的登高和攀登设施，人员登高应借助建筑结构或脚手架的上下通道、梯子及其他攀登设施和用具。

4）悬空作业

悬空作业是指在周边无任何防护设施或防护设施不能满足防护要求的临空状态下进行的高处作业，如工人安装钢梁的作业。悬空作业应设有牢固的立足点，并应配置登高和防坠落的设施。

5）交叉作业

交叉作业是指垂直空间呈贯通状态下，可能造成人员或物体坠落，并处于坠落半径范围内的、上下左右不同层面的立体作业。施工安排时应尽量减少交叉作业，不能避免的，应采取防护隔离措施。

（2）安全防护用品、用具、设施和登高机械

1）安全帽

安全帽是建筑工人保护头部，防止和减轻头部伤害，保证生命安全的重要的个体防护用品。安全帽主要由帽壳、帽衬、下颌带与附件组成。

当前安全帽的产品种类很多，制作安全帽的材料有塑料、玻璃钢、竹、藤等。无论选择哪种安全帽，必须满足耐冲击、耐穿透、耐低温等性能，且应符合《安全帽》GB

2811—2007 的规定。

2）安全带

安全带是防止高处作业人员发生坠落或发生坠落后将作业人员安全悬挂的个人防护装备。

安全带按照作业类别分为坠落悬挂安全带、围杆作业安全带、区域限制安全带，如图6-51所示，施工现场作业人员常用坠落悬挂安全带。按结构形式分为单腰带式、双背带式、全身式（五点）安全带，安全带挂钩有单挂钩和双挂钩两种。从事悬空作业的应使用全身式（五点）双挂钩安全带，如钢结构安装作业等。

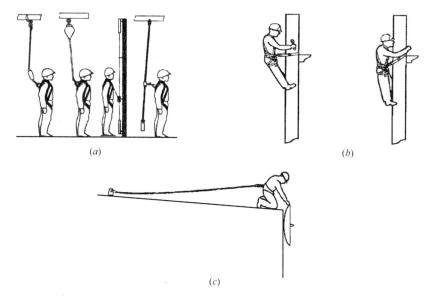

图 6-51　安全带作业方式分类
（a）坠落悬挂安全带；（b）围杆作业安全带；（c）区域限制安全带

安全带的标识由永久标识和产品说明组成，永久标识应缝制在主带上，包括产品名称、产品标准号、产品类别、制造厂名、生产日期等内容，产品说明包括生产厂商的联系方式、穿戴和检查方法、报废和更换零部件的说明等。

安全带由带、绳、金属配件三部分组成，其材质、零部件、织带与绳、力学性能等应符合《安全带》GB 6095—2009 的规定。

3）安全网

安全网是用来防止人员、物体坠落，或用来避免、减轻坠落及物体打击伤害的网具。施工现场常用的安全网包括安全平网、立网和密目式安全立网。

安全平网主要用于洞口、屋面、外挑网等平面防护，用于防止人、物坠落。安全平网的材质有锦纶、维纶、涤纶或其他材料等。单张平网质量不宜超过 15kg，宽度不应小于3m，网目边长不大于8cm。用字母 P 代表平网，常用安全平网规格为宽度 3m，长度 6m，可表示为 P-3×6。安全平网由网绳、边绳、系绳、筋绳等组成，其边绳的断裂张力不得小于 7kN。

安全立网在施工现场用得较少，如用于物料提升机和井架的立面封闭防护。用字母 L

表示立网，其材质、单张网质量、组成等与安全平网一致，立网宽（高）度不应小于 1.2m，其边绳的断裂张力不得小于 3kN。

密目式安全立网主要用于脚手架外侧、临边防护、洞口防护等，用于阻挡人员、视线、自然风、建筑材料飞溅及工具等，采用阻燃聚乙烯合成材料编织而成。密目网的宽度应介于 1.2~2m，网眼孔径不大于 12mm，长度由合同双方协议条款指定，但最低不应小于 2m。用字母 ML 代表密目式安全立网，如宽度为 1.8m、长度为 6m 的密目式安全网，表示为 ML-1.8×6。密目式安全立网由网体、开眼环扣、边绳和附加系绳组成，其力学性能应满足"断裂强力×断裂伸长"不小于 65kN·mm。密目式安全网的网目密度应为 10cm×10cm 面积上大于或等于 2000 目。

安全平网、立网和密目式安全立网应使用阻燃型产品，续燃及阴燃时间不应大于 4s，其耐贯穿、耐冲击、耐腐蚀、耐老化等性能应符合《安全网》GB 5725—2009 的规定。

4）防坠器（速差自控器）

防坠器又叫速差自控器，性能应符合《坠落防护　速差自控器》GB 24544—2009 的规定，常用于钢结构安装等高处作业，是一种在发生坠落时因速度变化引发制动作用的保护装置。

防坠器的安全绳主要有织带、纤维绳索和钢丝绳三类，施工现场常用钢丝绳速差器，钢丝绳直径不应小于 5mm，长度一般在 3~40m 之间，常用型号有 5m、10m、15m、20m、30m 等。

5）操作平台

操作平台是指在施工现场搭设的各种临时性平台，用于施工现场高处作业和载物，包括移动式、落地式、悬挑式等平台操作平台的架体结构应采用钢管、型钢等材料组装，应符合《钢结构设计规范》GB 50017—2017 及相关脚手架行业标准规定。平台面铺设的钢、木或竹胶合板等材质的脚手板，应符合材质和承载力要求，并应平整满铺及可靠固定。

悬挑式操作平台是以悬挑形式搁置或固定在建筑物结构边沿的操作平台，分为斜拉式悬挑操作平台和支撑式悬挑操作平台，用于倒运楼层内钢管、方木、模板等周转料具和其他材料，如图 6-52 所示。

移动式操作平台带脚轮或导轨，移动方便，可用于楼层内安装、装饰等高处作业，如图 6-53 所示。

落地式操作平台是从地面或楼面搭起、不能移动的操作平台，可进行施工作业，也可承载物料，如图 6-54 所示。

6）梯子

梯子是登高作业用具，包括便携式直梯和折梯、固定式直梯、钢挂梯、扶梯等，梯子的材质有木材质、竹材质、钢材质、不锈钢材质、玻璃纤维材质、铝合金材质等，施工现场常用木梯、铝合金梯和钢梯等。

梯子的材质、强度、荷载、尺寸等各项性能，应满足《便携式金属梯安全要求》GB 12142—2007 和《便携式木梯安全要求》GB 7059—2007 及相关标准规范的规定。

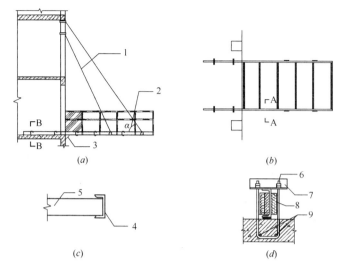

图 6-52　悬挑式操作平台示意

(a) 侧面图；(b) 平面图；(c) A-A 剖面；(d) B-B 剖面

1—钢丝绳；2—钢丝绳与水平梁夹角不小于 45°；3—限位；4—型钢；5—型钢；6—锚环；
7—63mm×6mm 角钢；8—木楔侧向楔紧；9—2 根长 1.5m 直径 18mm 的 HRB400 钢筋

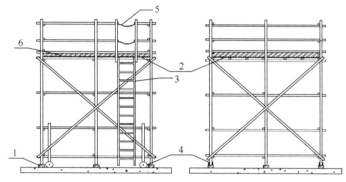

图 6-53　移动式操作平台示意

1—木楔；2—竹笆或木板；3—梯子；4—带锁脚轮；5—活动防护绳；6—挡脚板

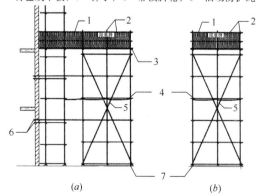

图 6-54　落地式操作平台示意

(a) 侧面图；(b) 正面图

1—密目网；2—防护栏杆；3—50mm 厚木板；4—安全平网；5—剪刀撑；6—连墙件；7—垫板

7）升降式高空作业平台

升降式高空作业平台分剪叉式、曲臂式、直臂式高空作业平台，用于施工现场防火涂料施工、机电管道安装、装饰装修等。

剪叉式高空作业平台有固定式、移动式、自行式、车载式等类型。常用的剪叉式高空作业平台的安全工作荷载范围在200～600kg，作业高度范围在8～18m。

曲臂式高空作业平台有柴油机自行式、电瓶自行式、拖车式等类型。常用的曲臂式高空作业平台的安全工作荷载在230kg左右，作业高度范围在15～20m。

直臂式高空作业平台的安全工作荷载在230kg左右，作业高度范围在15～40m。

升降式高空作业平台使用、检查和操作应符合《移动式升降工作平台　安全规则、检查、维护和操作》GB/T 27548—2011规定。

3. 高处作业管理要求

（1）高处作业人员管理

高处作业人员应定期进行体检，有不适于高处作业病症的人员，不得从事高处作业。

从事脚手架搭拆作业等高处作业人员，必须经专业培训、考试合格取得操作资格证，方可从事高处作业。

进场作业人员须按规定接受安全教育，经考试合格，方可上岗作业。项目部应组织开展安全教育活动，如定期安全教育、节假日安全教育、班前安全教育等。有条件的项目，组织高处作业人员进行安全体验，如安全带体验、高处坠落体验、平衡体验、操作平台体验等。

作业人员操作时应严格遵守安全操作规程和劳动纪律，如高处作业人员应正确佩戴和使用个人防护用品、用具；禁止赤脚、穿硬底鞋、高跟鞋、带钉易滑鞋或拖鞋、赤膊裸身从事高处作业；禁止酒后作业；作业时应精神集中，不得打闹；所有人员必须在规定的通道上下行走；工具应随手放入工具袋，传递物体时不得抛掷；应及时清理拆卸下的物体及余料、废物，不得任意放置或向下丢弃等。

（2）高处作业防护用品、用具、设施和机械管理

进入施工现场的安全帽、安全带、安全网、防坠器、定型化防护设施、升降式高空作业平台等，应按照要求进行验收，确保进入现场的劳保用品、防护设施、机械等相关产品为合格产品。验收合格的设施和设备应挂验收牌或贴验收标志。

任何人不得损坏或擅自移动、拆除安全防护设施，需要临时拆除或移动安全防护设施时，应办理拆除审批手续，作业后应立即恢复。

（3）高处作业安全技术管理

建筑施工中凡涉及临边与洞口作业、攀登与悬空作业、操作平台、交叉作业及安全网搭设的，应在施工组织设计或施工方案中制定高处作业安全技术措施。

高处作业施工前，应对作业人员进行安全技术交底。

应按类别对安全防护设施进行验收，验收合格后方可进行作业，并作好验收记录，验收可分层或分阶段进行。

加大安全生产新技术应用推广力度。施工现场安全新技术应用越来越广泛，如吊钩可视化系统、二维码检查验收系统、危险区域语音警示系统、远程监控系统、多媒体安全培训工具箱、超载报警系统等，在施工现场应用效果良好，各企业应积极推广。

（4）高处作业安全检查

项目经理每周组织开展安全检查，技术、施工、安全等管理人员参加，项目安全管理人员应每日巡查，发现并制止违章作业。

检查中发现安全技术设施有缺陷和隐患时，必须立即报告，及时解决。危及人身安全时，必须立即停止作业，隐患整改应保留记录。

推广信息化安全巡检系统、执法记录仪、可视化管理等安全检查新技术应用，提升安全检查管理水平。

（5）其他要求

遇到六级以上强风、浓雾、沙尘暴等恶劣天气，不得进行露天悬空与攀登高处作业。暴风雪、台风及暴雨后，应对高处作业安全设施进行检查，当发现有松动、变形、损坏或脱落、漏电等现象，应立即由专业技术人员修理完善或维修合格后再使用。

（二）高处作业安全技术要点

1. 施工作业安全技术要点

（1）临边作业防护设施规定

1）坠落高度基准面 2m 及以上进行临边作业时，应在临空一侧设置防护栏杆，并应采用密目式安全立网或工具式栏板封闭。

2）施工中的楼梯口、楼梯平台和梯段边，应安装防护栏杆；外设楼梯口、楼梯平台和梯段边，还应采用密目式安全立网封闭。

3）建筑物外围边沿处，对没有设置外脚手架的工程应设置防护栏杆；对有外脚手架的工程，应采用密目式安全立网全封闭。密目式安全立网应设置在脚手架外侧立杆上，并应与脚手杆紧密连接。

4）施工升降机、龙门架和井架物料提升机等，在建筑物间设置的停层平台两侧边，应设置防护栏杆、挡脚板，并应采用密目式安全立网或工具式栏板封闭。

5）停层平台口应设置高度不低于 1.8m 的楼层防护门，并应设置防外开装置。多笼井架、物料提升机通道中间，应分别设置隔离措施。

6）临边作业的防护栏杆应由横杆、立杆及不低于 180mm 高度的挡脚板组成，如图 6-55 所示，且应符合下列规定：

① 防护栏杆应为两道横杆，上杆距地面高度应为 1.2m，下杆应在上杆和挡脚板中间设置。当防护栏杆高度大于 1.2m 时应增设横杆，横杆间距不应大于 600mm。

② 防护栏杆立杆间距不应大于 2m，立杆底端应固定牢固。当在土体上固定时，应采用预埋或打入方式固定；当在混凝土楼面、地面、屋面或墙面固定时，应将预埋件与立杆连接牢固；当在砌体上固定时，应预先砌入相应规格含有预埋件的混凝土块，预埋件应与立杆连接牢固。

③ 采用钢管作为防护栏杆杆件时，横杆及立杆应采用脚手钢管，并应采用扣件、焊接、定型套管等方式进行连接固定；当采用其他材质作防护栏杆杆件时，应选用与钢管材质强度相当的材料，并应采用螺栓、销轴或焊接等方式进行连接固定。

④ 防护栏杆的立杆和横杆的设置、固定及连接，应确保防护栏杆在上下横杆和立杆任何部位处，均能承受任何方向 1kN 的外力作用。当栏杆所处位置有发生人群拥挤、物

件碰撞等可能时，应加大横杆截面或加密立杆间距。

⑤ 防护栏杆应张挂密目式安全立网或其他材料封闭。

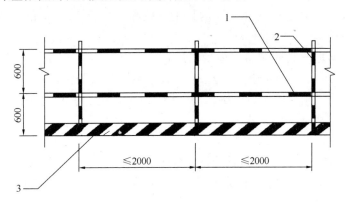

图 6-55　防护栏杆示意

1—横杆；2—立杆；3—高 180mm 踢脚板（红白漆@150）

注：基坑临边除用钢管做栏杆外，还需用密目网或踢脚板做挡板。

（2）洞口作业

1）各类洞口的防护应根据具体情况采取措施，提倡采用工具式、定型化的防护设施，并应符合以下规定：

① 当竖向洞口短边边长小于 500mm 时，应采取封堵措施；当垂直洞口短边边长大于或等于 500mm 时，应在临空一侧设置高度不小于 1.2m 的防护栏杆，并应采用密目式安全立网或工具式栏板封闭，设置挡脚板；

② 当非竖向洞口短边边长为 25～500mm 时，应采用承载力满足使用要求的盖板覆盖，盖板四周搁置应均衡，且应防止盖板移位；作为临时传递材料的洞口，可设计能够翻转的钢盖板，作业后应及时复位；

③ 当非竖向洞口短边边长为 500～1500mm 时，应采用专项设计盖板覆盖并应采取固定措施，如采用混凝土预设钢筋网片，上方采用模板覆盖等；

④ 当非竖向洞口短边边长大于或等于 1500mm 时，应在洞口作业侧设置高度不小于 1.2m 的防护栏杆，洞口应采用安全平网封闭。

2）施工过程中的电梯井口应设置防护门，其高度不应小于 1.5m，防护门底端距地面高度不应大于 50mm，并应设置挡脚板。为防止作业人员意外开启，建议设置自动报警装置。

3）在电梯安装前，电梯井道应每隔 2 层且不大于 10m 加设一道水平安全网，超高层电梯井内宜增设水平硬防护，采用钢管和模板搭设，如图 6-56 所示。

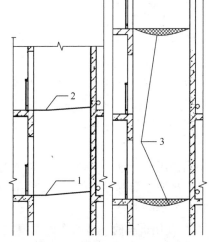

图 6-56　电梯井水平防护示意

1—首层硬隔离；2—硬性隔离（每层均应设置）；

3—安全平网软隔离（每隔一层且

不小于 10m 设置一道）

电梯井内的施工层上部，应设置隔离防护设施，现场常采用以钢管、模板搭设隔离防护，也可用型钢和钢板制作定型化的隔离防护设施，与施工进度同步安装。

4）洞口盖板应能承受不小于 1kN 的集中荷载和不小于 $2kN/m^2$ 的均布荷载，有特殊要求的盖板应另行设计。

5）墙面等处落地的竖向洞口、窗台高度低于 800mm 的竖向洞口，以及框架结构在浇筑完混凝土未砌筑墙体时的洞口，应按临边防护要求设置防护栏杆。

6）施工现场通道附近的洞口、坑、沟、槽、高处临边等危险作业处，除悬挂安全警示标志外，夜间应设灯光警示。

（3）攀登作业

攀登作业使用的各种梯子，包括便携式梯子、固定式直梯、钢挂梯、扶梯等，不同类型的梯子都有国家标准及规定，如角度、斜度、宽度、高度、连接措施、拉攀措施和受力性能等。

攀登作业所用设施和用具的结构构造应牢固可靠；当采用梯子攀爬时，作用在踏步、踏板上的荷载不应大于 1.1kN，当梯面上有特殊作业时，应按实际情况进行专项设计。

1）便携式梯子包括直梯和折梯，应符合以下规定：

便携式梯子使用前应进行检查，确保梯子处于完好状态。

梯子底部应放置在牢固的水平支撑面上，在没有适当措施防止滑移时，梯子不应放在冰、雪或光滑的表面上使用。

便携式梯子不允许侧向荷载，同一梯子上不得两人同时作业。在通道处使用梯子作业时，应有专人监护或设置围栏。当有人在梯子上时，不得挪动梯子重新定位。使用者在梯子上时，不得有推、拉梯子的动作。

使用者上下梯子时应面向梯子，并保持手、脚与梯子三点接触状态，使用者不得从侧面攀上梯子，不得从一部梯子攀到另一部梯子，不得从晃动平面攀上梯子。

金属梯不得在可能与带电线路接触场所使用，在有带电线路的场所使用梯子时，操作者应与带电线路保持安全距离。

除专门设计外，不得采用其他方法增加梯子的工作长度。

① 使用直梯时还应符合以下规定：

单梯放置时，应保持稳定，梯脚不得垫高，顶部或支撑点应使两侧梯框同时与支撑面靠紧。梯子使用时应与水平面成 75°夹角。

当梯子顶部支撑是柱子、灯杆、建筑墙角或靠在树上作业时，应采取可靠措施进行固定。

当使用梯子进入高处平面时，如屋面或平台，梯子应延伸到进入平面上方 1m，在进入上方平面或离开梯子前，应确保梯子与上方平面可靠固定，要避免动作过猛引起梯子侧向倾倒或梯脚滑移。

② 使用折梯时还应符合以下规定：

折梯不得在合拢状态下作为直梯使用，使用者不得站在折梯顶端上作业。

折梯张开到工作位置时，应有整体的金属撑杆或可靠的锁定装置，两梯段的倾角不应大于 77°。

应定期检查折梯的金属配件、易损件和其他附件，保持其正常工作状态。

2）固定式直梯应采用金属材料制成，并符合现行国家标准《固定式钢梯及平台安全要求　第1部分：钢直梯》GB 4053.1—2009 的规定。

① 固定直梯的净宽应为400～600mm，支撑应采用不小于L70×6 的角钢，埋设与焊接应牢固。直梯顶端的踏步应与攀登的顶面齐平，并应加设1.1～1.5m 高的扶手；

② 使用固定式直梯进行攀登作业时，当攀登高度超过3m 时，宜加设护笼，当攀登高度超过8m 时，应设置梯间休息平台。

3）钢挂梯常用于钢结构攀登作业，与防坠器配合使用，应满足以下规定：

① 钢挂梯上部用圆钢制作挂钩，梯框常用角钢、钢管制作，踏棍用钢管或圆钢焊接在梯框上，焊缝应符合要求；

② 钢挂梯应与钢柱作可靠连接，上部与柱顶连接牢固，梯身用钢丝固定在钢柱上，钢挂梯可接长使用。钢挂梯与钢柱宜保留10cm 的间隙，以方便人员上下。

4）扶梯常用于屋面、基坑施工，应符合以下规定：

① 安装屋架时，应在屋脊处设置扶梯，扶梯的踏步间距不应大于400mm，屋架弦杆安装时，搭设的操作平台应设置防护栏杆，或设置供作业人员挂接安全带的安全绳；

② 深基坑施工应设置扶梯或其他措施，如入坑踏步、斜道、梯笼、专用载人设备等。采用斜道时，应加设间距不大于400mm 的防滑条。作业人员严禁沿坑壁、支撑或乘运土工具上下。

（4）悬空作业

1）构件吊装与管道安装时的悬空作业，应符合以下规定：

① 钢结构吊装，构件宜在地面组装，安全设施如钢挂梯、安全绳、防坠器等应一并设置，如图6-57 所示；

② 吊装钢筋混凝土屋架、梁、柱等大型构件前，应在构件上预先设置登高通道、操作立足点等安全设施；

③ 在高空安装大模板、吊装第一块预制构件或单独的大中型预制构件时，应站在作业平台操作；

④ 钢结构安装施工，宜在施工层搭设水平通道，两侧应设置防护栏杆；当利用钢梁作为水平通道时，应在钢梁一侧设置连续的安全绳，安全绳宜采用钢丝绳，并用花篮螺栓收紧；钢丝绳的自然下垂度不应大于绳长的 1/20，且不应大于 100mm；

⑤ 钢结构、管道等安装施工的安全防护宜采用工具化、定型化设施；

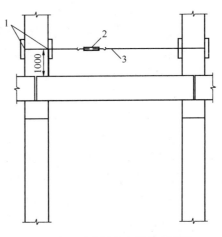

图 6-57　吊装前安全设施的设置
1—垫块；2—花篮螺栓；3—钢丝绳

⑥ 严禁在未固定、无防护设施的构件及管道上进行作业或通行。

2）模板支撑体系搭设与拆卸的悬空作业，应符合以下规定：

① 模板支撑的搭设和拆卸应按规定的程序进行，不得在上下同一垂直面上同时装拆模板；

② 在坠落基准面 2m 及以上高处搭设与拆除柱模板及悬挑结构的模板时，应设置操作平台；

③ 在进行高处拆模作业时，应配置登高用具或搭设支架。

3）绑扎钢筋和预应力张拉的悬空作业，应符合以下规定：

① 绑扎立柱和墙体钢筋，不得沿钢筋骨架攀登或站在骨架上作业；

② 在坠落基准面 2m 及以上高处绑扎柱钢筋和进行预应力张拉时，应搭设操作平台。

4）混凝土浇筑与结构施工应符合以下规定：

① 浇筑高度 2m 及以上的混凝土结构构件时，应设置脚手架或操作平台；

② 悬挑的混凝土梁、檐、外墙和边柱等结构施工时，应搭设脚手架或操作平台。

5）屋面作业时应符合以下规定：

① 在坡度大于 25°的屋面上作业，当无外脚手架时，应在屋檐边设置不低于 1.5m 高的防护栏杆，并应采用密目式安全立网全封闭；

② 在轻质型材等屋面上作业，应搭设临时走道板，不得在轻质型材上行走；安装轻质型板材前，应采取在梁下支设安全平网或搭设脚手架等安全防护措施。

6）外墙作业应符合以下规定：

① 门窗作业时，应有防坠落措施，操作人员在无安全防护措施时，不得站立在门窗框、阳台栏板上作业；

② 外墙装修作业宜采用电动吊篮，作业人员在施工过程中，安全带必须挂在安全绳上，作业人员严禁在高空中从吊篮跨越到建筑物内。

（5）交叉作业

1）交叉作业时，下层作业位置应处于上层作业的坠落半径之外。在坠落半径内进行交叉作业时，应符合以下要求：

① 应设置安全防护棚或安全防护网等安全隔离措施；

② 未设置安全隔离措施时，应设置警戒隔离区，严禁人员进入隔离区内，如拆除脚手架时，应在地面设置警戒隔离区，严禁下方人员进入。

2）施工现场人员进出的通道口，以及处于起重机臂架回转范围内的通道，应搭设安全防护棚，并符合以下要求：

① 当建筑物高度大于 24m 并采用竹笆、木模板搭设时，应搭设双层安全防护棚，两层防护的间距不应小于 700mm；当采用木板或与其等强度的其他材料搭设时，可采用单层搭设，木板厚度不应小于 50mm；防护棚的长度应根据建筑物高度与可能坠落范围半径确定；

② 当安全防护棚为非机动车辆通行时，棚顶至地面高度不应小于 3m；机动车辆可以通行的安全防护棚，其棚顶至地面高度不应小于 4m；安全防护棚上部严禁堆放材料；

③ 当采用脚手架钢管搭设安全防护棚时，应符合国家现行相关脚手架标准的规定。

3）对未搭设脚手架和设置安全防护棚时的交叉作业，应设置安全防护外挑网，并符合以下规定：

① 当在多层、高层建筑外立面施工时，应在二层及每隔四层设一道固定的安全防护外挑网；

② 安全防护外挑网搭设时，应在水平方向每隔 3m 设一道支撑杆，其水平夹角不宜小于 45°；

③ 在楼层设支撑杆时，应预埋钢筋环或在结构内外侧各设一道横杆；

④ 安全防护外挑网应外高里低，安全网应拼接严密。

2. 安全防护用品、用具、设施和登高机械安全技术要点

安全防护用品进场须查验其质量保证资料，包括生产厂家营业执照、生产许可证、特种劳动防护用品安全标志、产品合格证、出厂检验报告等。

（1）安全帽

进入施工现场必须戴好安全帽，安全帽的佩戴要符合标准，使用要符合规定。如果佩戴和使用不正确，就起不到充分的防护作用。一般应注意下列事项：

1）安全帽须戴正戴牢，调节好后帽箍，系紧下颌带，这样不至于被大风吹掉，或者是被其他障碍物碰掉，或者由于头的前后摆动，使安全帽脱落。

2）安全帽不得随意拆卸或添加附件，以免影响其原有的防护性能。

3）帽衬顶端与帽壳内顶部应保持 25～50mm 的空间，形成一个能量吸收系统，使冲击均匀分布在头盖骨的整个面积上，减轻对头部伤害。

4）安全帽外观存在明显缺陷应立即报废。

5）不得在安全帽上打孔，不要随意碰撞安全帽，作业过程中不得将安全帽脱下，搁置一旁，不得将安全帽当板凳使用，以免影响其强度。

6）经受过一次冲击或做过试验的安全帽应报废，不能再次使用。要定期检查安全帽，查看有没有龟裂、下凹、裂痕和磨损等情况，发现异常现象要立即更换，不准再继续使用；任何受过重击、有裂痕的安全帽，不论有无损坏现象，均应报废。

7）室内作业也要戴好安全帽，特别是在室内带电作业时，更要认真戴好安全帽，因为安全帽不但可以防碰撞，还能起到绝缘作用。

8）严禁使用只有下颌带与帽壳连接的安全帽，即帽内无缓冲层的安全帽。

9）安全帽不能在有酸碱或化学试剂污染的环境中存放，不能放置在高温、日晒或潮湿的场所中，以免其老化变质。

10）平时使用安全帽时应保持整洁，不能接触火源，不要任意涂刷油漆，如丢失或损坏，必须立即补发或更换，未戴好安全帽一律不准进入施工现场。

11）安全帽的使用期：从产品制造完成之日计算，塑料帽不超过两年半；玻璃钢（包括维纶钢）不超过三年半，超过有效期的安全帽应报废。

（2）安全带

在距坠落高度基准面 2m 及 2m 以上，有发生坠落危险的场所作业，作业人员应使用安全带，使用应注意以下几点：

1）使用前，检查各部位是否完好无损，安全绳、系带有无撕裂、开线、霉变，金属配件是否有裂纹、是否有腐蚀现象，弹簧弹跳性是否完好，以及是否有其他影响安全带性能的缺陷，如发现存在影响安全带强度和使用功能的缺陷，应立即更换。

2）安全带应高挂低用，拴挂于牢固的构件或物体上，禁止将安全带挂在移动、带尖锐棱角的、不牢固的物件上。

3）使用安全带时，挂点应位于工作平面上方，安全绳同主带的连接点应固定于佩戴者的后背、后腰或胸前，不应位于腋下、腰侧或腹部。

4）安全绳与系带不能打结使用，以免造成松股，安全带挂钩应挂在连接环上使用。

5）不应随意拆除安全带各部件，安全绳护套应完好，若发现护套损坏或脱落，须更换护套再使用。

6）安全绳（含未打开的缓冲器）不应超过2m，有2根安全绳（包括未展开的缓冲器）的安全带，其单根有效长度不应大于1.2m。不应擅自将安全绳接长使用，如需使用2m以上的安全绳应采用自锁器或速差式防坠器。

7）安全带使用2年后，使用单位应按购进批量的大小，选择一定比例的数量作一次抽检，用80kg的沙袋做自由落体试验，若破断则不可继续使用，抽检的样带应更换新的挂绳才能使用；如试验不合格，购进的这批安全带就应报废。

8）安全带应在制造商规定的期限内使用，一般不应超过3～5年。

（3）安全网

安全网必须符合现行国家标准的规定。安全网使用前，应检查产品分类标记、产品合格证、网体重量等，确认合格后方可使用。安全网的搭设和使用应符合以下要求：

1）安全网的搭设和拆除，必须由考核合格的持有效证件的专业架子工进行，安全网搭设完成后，须经验收合格方可使用。

2）安全网应搭设牢固、网间严密，安全网的支撑架应具有足够的承载力和稳定性，必要时应做耐冲击性能试验及耐贯穿性能试验。

3）应根据使用部位和使用需要，选择符合现行标准要求的、合适的密目式安全立网、立网和平网。

4）安全立网、密目式安全立网搭设使用还应符合以下规定：

① 立网、密目式安全立网严禁作为平网使用，其安装平面应垂直于水平面；

② 密目式安全立网搭设时，每个开眼环扣应穿入系绳，系绳应绑扎在支撑架上，间距不得大于450mm，相邻密目网间应紧密结合或重叠；

③ 当立网用于龙门架、物料提升架及井架的封闭防护时，四周边绳应与支撑架贴紧，边绳的断裂张力不得小于3kN，系绳应绑在支撑架上，间距不得大于750mm；

④ 立网或密目网拴挂好后，人员不应倚靠在网上，或将物品堆积、靠压在立网或密目网上。

密目式安全立网应在制造商规定的期限内使用，一般不应超过2年。

5）安全平网搭设使用还应符合以下要求：

① 安全平网不宜绷得过紧或过松，其初始下垂不应超过短边长度的10%；网面与下方物体表面的最小距离不应小于3m；

② 用于电梯井、钢结构和框架结构及构筑物封闭防护的平网，每个系结点上的边绳应与支撑架靠紧，边绳的断裂张力不得小于7kN，系绳沿网边均匀分布，相邻系绳间距不应大于750mm；电梯井内平网网体与井壁的空隙不得大于25mm，安全网拉结牢固；

③ 平网不应当成堆放物品的场所，也不应作为人员通道，作业人员不应在平网上站立或行走；应及时清理安全网上的落物，避免安全网受力疲劳；当安全网受到较大冲击后应及时更换；

④ 平网、立网应在制造商规定的期限内使用，一般不应超过3年。

（4）防坠器（速差自控器）

1）防坠器性能应符合以下要求：

① 速差器应带有可防止下落过程中安全绳被过快抽出的自动锁死装置，以达到使用效果；

② 当钢丝绳作为速差器安全绳使用时，直径不得小于 5mm；

③ 静态性能：在规定测试力下保持 5min，应无任何元件断裂和破裂，连接器不允许打开（除缓冲器外），不应出现运动构件卡死等使速差器失效的情况；

④ 动态性能：速差器安全绳在正常使用及全部拉出情况下，应能自锁且冲击力不大于 6kN，坠落距离不大于 2m，应无任何元件断裂和破裂，连接器不允许打开（除缓冲器外），不应出现运动构件卡死等使速差器失效的情况；

⑤ 速差防坠器的提升和下降性能应满足：装置无脱落和损坏，且滑移距离不大于 50mm；

⑥ 速差器的收缩性、而腐蚀性、自锁可靠性及特殊技术性能且应符合《坠落防护速差自控器》GB 24544—2009 的规定。

2）防坠器的使用应符合以下要求：

① 速差防坠器与安全带配合使用，必须高挂低用，使用时应悬挂在使用者上方坚固结构物上；

② 为了保证使用效果，每次使用前应对安全绳、外观作检查，并试锁 2～3 次，如发现有破损变质情况及异常情况时，停止使用，以确保操作安全。试锁方法：将安全绳以正常速度拉出，应发出"嗒"、"嗒"声，用力猛拉安全绳，应能锁止；松手时，安全绳应能自动回收到器内，如安全绳未能完全回收，只需稍拉出一些安全绳即可；

③ 使用速差防坠器进行倾斜作业时，原则上倾斜度不超过 30°，30°以上应考虑能否撞击到周围物体；

④ 速差防坠器关键零部件已作耐磨、耐腐蚀等特种处理，并经严密调试，使用时不需加润滑剂，以免影响使用；速差防坠器严禁安全绳扭结使用，以免松股，造成受力不均；

⑤ 严禁拆卸改装，应存放在干燥少尘的地方。

（5）操作平台

一般来说，操作平台的临边应设置防护栏杆，移动式操作平台应设置供人上下的梯子，踏步间距不大于 400mm。操作平台投入使用时，应在操作平台明显位置设置限载牌，标明允许负载值及限定允许的作业人数，物料应及时转运，不得超重、超高堆放。

1）移动式操作平台应符合以下规定：

① 移动式操作平台面积不宜大于 10m²，高度不宜大于 5m，高宽比不应大于 2：1，施工荷载不应大于 1.5kN/m²；

② 移动式操作平台的轮子与平台架体连接应牢固，立柱底端离地面不得大于 80mm；行走轮和导向轮应配有制动器或刹车闸等制动装置；

③ 移动式行走轮的承载力不应小于 5kN，制动力矩不应小于 2.5N·m，移动式操作平台架体应保持垂直，不得弯曲变形；制动器除在移动情况外，均应保持制动状态；

④ 操作平台移动时，上面不得站人。

2）落地式操作平台应符合以下规定：

① 高度不超过 15m，高宽比不应大于 3：1，施工平台的施工荷载不应大于 2.0kN/m²；当

接料平台的施工荷载大于 $2.0kN/m^2$ 时，应进行专项设计；

② 落地式操作平台应与建筑物进行刚性连接或加设防倾措施，不得与脚手架连接；

③ 用脚手架钢管搭设操作平台时，其立杆间距和步距等结构要求，应符合国家现行相关脚手架规范的规定，应在立杆下部设置底座或垫板、纵向与横向扫地杆，并应在外立面设置剪刀撑或斜撑；

④ 落地式操作平台应从底层第一步水平杆起逐层设置连墙件，且连墙件间隔不应大于 4m，并应设置水平剪刀撑；连墙件应为可承受拉力和压力的构件，并应与建筑结构可靠连接；

⑤ 按国家现行相关脚手架标准的规定，落地式操作平台应计算受弯构件承载力、连接扣件抗滑承载力、立杆稳定性、连墙杆件承载力与稳定性及连接强度、立杆地基承载力等；

⑥ 落地式操作平台一次搭设高度，不应超过相邻连墙件以上两步；落地式操作平台拆除应由上而下逐层进行，严禁上下同时作业，连墙件应随拆除进度逐层拆除；

⑦ 落地式操作平台检查验收应符合以下规定：操作平台的钢管和扣件应有产品合格证，搭设前应对基础进行检查验收，搭设中应随施工进度按结构层对操作平台进行检查验收；遇 6 级以上大风、雷雨、大雪等恶劣天气及停用超过 1 个月，恢复使用前，应进行检查，保证其安全可靠性。

3）悬挑式操作平台

悬挑式操作平台的结构应保持稳定可靠，承载力应符合设计要求，并应符合以下规定：

① 操作平台的搁置点、拉结点、支撑点应设置在稳定的主体结构上，且应可靠连接；

② 悬挑式操作平台悬挑长度不宜大于 5m，均布荷载不应大于 $5.5kN/m^2$，集中荷载不应大于 15kN，悬挑梁应锚固固定；

③ 采用斜拉方式的悬挑式操作平台，平台两侧的连接吊环应与前后两道斜拉钢丝绳连接，每一道钢丝绳应能承载该侧所有荷载；

④ 采用支承方式的悬挑式操作平台，应在钢平台下方设置不少于 2 道斜撑，斜撑的一端应支承在钢平台主结构钢梁下，另一端应支承在建筑物主体结构；

⑤ 采用悬臂式的操作平台，应采用型钢制作悬挑梁或悬挑桁架，不得使用钢管，其节点应采用螺栓或焊接的刚性节点；当平台板上的主梁采用与主体结构预埋件焊接时，预埋件、焊缝均应经设计计算，建筑主体结构应同时满足承载力要求；

⑥ 悬挑式操作平台应设置 4 个吊环，吊运时应使用卡环，不得使吊钩直接钩挂吊环。吊环应按通用吊环或起重吊环设计，并应满足强度要求；

⑦ 悬挑式操作平台安装时，钢丝绳应采用专用的钢丝绳夹连接，钢丝绳夹数量应与钢丝绳直径相匹配，且不得少于 4 个；建筑物锐角、利口周围系钢丝绳处应加衬软垫物；

⑧ 悬挑式操作平台的外侧应略高于内侧；外侧应安装防护栏杆，并应设置防护挡板全封闭；

⑨ 在悬挑式操作平台吊运、安装时，人员不得上下；

⑩ 为防止悬挑式卸料平台超载，宜采用超载报警系统。

（6）登高机械（升降式高空作业平台）

1）升降式高空作业平台操作人员，应符合以下要求：

① 操作人员应接受培训，经考试合格取得操作证后，方可上岗作业；

② 应对操作人员进行安全技术交底，操作人员应按安全操作规程操作。

2）升降式高空作业平台的工作环境应符合以下规定：

① 作业前应对工作环境进行检查，包括边缘、坑洞、斜坡、地面障碍和电缆、顶部障碍物、带电导体、地面、风和天气情况、现场人员情况及其他危险部位等，高空作业平台不得在超过设备性能的斜坡、台阶或拱形地面上操作，不得在浮船、脚手架等类似设施设备上操作；

② 工作场所内出现其他移动设备和车辆时，应采取防范措施，如拉警戒线、警示灯、路障等进行警示；

③ 禁止在危险区域进行操作，如易燃易爆场所、高压线附近等。

3）升降式高空作业平台作业时，应符合以下规定：

① 应按要求使用支腿，保持设备稳定，不得通过靠、捆、拴的方式固定在另一个物体上来保持稳定；

② 作业平台上的荷载及分布应符合要求。任何高度下，平台转移或运输荷载时，荷载不应超过额定值；

③ 平台护栏应安装牢固，入口门或开口应关闭，操作人员在高空作业平台上保持稳定立足，应佩戴安全带，并确保头部距离障碍有足够的间隙；禁止踩踏工作平台挡脚板、中部栏杆或顶部围栏，禁止在工作平台上使用厚木板、梯子或其他设备来增加或延伸高度；

④ 平台上作业人员不应超过 2 人，并严禁 2 人同时操作。

4）升降式高空作业平台行走时应符合以下规定：

① 应保持支撑面和行进路线视野良好；

② 与障碍物、碎片、边缘、坑洞、斜坡等危险部位保持安全距离；

③ 不得在举升位置行走。

5）作业过程中出现的任何安全问题或故障，操作人员应立即停止作业，并马上报告。当平台上操作开关失灵时，操作人员不得从高空作业车的臂杆上爬下来，应采取措施将平台上的作业人员运送下来，再进行检修。

（三）常见隐患及防范整改措施

1. 高处作业人员违章作业常见隐患及防范整改措施

常见隐患，如：未正确使用劳保用品，如进入施工现场不戴安全帽，高处作业不系安全带；特种作业人员未持证上岗；未经许可擅自拆除安全防护设施；未按规定的安全通道进出现场及作业面，如攀爬外脚手架上下；交叉作业时违章进入警戒区域；违反劳动纪律，如酒后作业、高空作业打闹等。

整改防范措施：

1）管理人员加强巡查，制止违章作业。

2）加强对工人教育培训，提升从业人员的安全意识。

3）加强对进场人员的资格审查，特种作业人员应持证上岗。

4）实行危险作业许可制度，防护设施拆除应先申请，在采取可靠的防范措施后拆除，作业后立即恢复。

2. 高处作业防护设施常见隐患及防范整改措施

常见隐患，如：临边、洞口无防护设施，或防护设施搭设不符合要求，如未搭设防护栏杆、未按要求搭设安全平网等；悬空作业未设置安全防护或无可靠立足点，如绑扎柱子钢筋时，作业人员踩在钢筋或方木上作业；交叉作业未设警戒区，如拆除脚手架的区域，未按要求设置警戒区等；攀登作业未按要求设置梯子或未按规定使用梯子，如钢柱安装时未设置钢挂梯，工人攀爬栓钉上下等。

整改防范措施：

1）现场所有临边、洞口等按要求及时进行防护。

2）悬空作业前，按要求搭设防护平台，为作业人员提供可靠的立足处，并视具体情况，配置防护栏杆、安全网或其他安全设施。

3）合理安排施工，减少垂直交叉作业，分包单位应签订安全协议，划分安全职责；交叉作业区拉设警戒线，并设专人监管。

4）攀登作业时，为作业人员提供便携式梯子、钢挂梯、扶梯、操作平台、高空作业车等登高用具、设施和设备。

3. 安全防护用品、用具常见隐患及防范整改措施

常见隐患，如：不合格的安全防护用品进入施工现场，防护用品破损后未报废；搭设防护栏杆的钢管、扣件质量不合格，如钢管壁厚不足、锈蚀严重、变形、扣件破损等；安全网破损未及时维护；操作架未满铺脚手板或脚手板未绑扎固定；未设置防坠落措施或措施不符合要求；攀登工具不合格，如梯子损坏，缺少踏步等。

整改防范措施：

1）严格履行安全防护用品进场验收制度，确保进入施工现场的防护用品为合格产品，作业人员的安全防护用品报废后及时更换合格产品。

2）钢管、扣件应符合要求，防护设施搭设牢固。

3）破损的安全网及时更换。

4）操作架满铺脚手板，并绑扎牢固。

5）应按要求设置安全绳、防坠器、自锁器及安全带悬挂设施，作业人员使用安全带应高挂低用，防坠落措施到位。

6）加强对攀登工具的检查，保持梯子处于完好状态，钢结构吊装前，钢挂梯固定牢固。

4. 操作平台常见隐患及防范整改措施

1）操作平台常见隐患

落地式操作平台常见隐患如：落地式操作平台未按方案搭设，如立杆和横杆间距过大，未设置剪刀撑，垂直度偏差大，平台四周未设防护栏杆等；基础承载力不够，如基础未硬化，未设置通长垫板；平台未与建筑物拉结牢固，如拉结点数量不足，平台同脚手架拉结等。

移动式操作平台常见隐患如：移动式操作平台搭设不符合构造要求；操作平台变形；平台四周未设防护栏杆，平台未设爬梯；作业人员未系挂安全带，操作平台带人移动；作业时未固定或刹车失灵等。

悬挑式操作平台常见隐患如：悬挑式操作平台制作不符合方案要求；钢丝绳固定拉结

等不符要求，如钢丝绳直径、绳夹数量和方向等不符合要求；悬挑梁锚固不牢；操作平台与建筑物间隙防护不严；操作平台搁置在外脚手架上。

落地式操作平台、移动式操作平台、悬挑式操作平台常见隐患，还包括未经过验收即投入使用，未挂验收牌和限载牌，操作平台超载等。

2）整改防范措施

① 按要求编制操作平台方案。

② 搭设平台前进行安全技术交底。

③ 搭设完成后，组织相关人员进行验收，验收合格后悬挂验收牌和限载牌；悬挑式操作平台每次移位安装完成后，应及时组织验收。

④ 加强过程检查，发现隐患及时整改。

⑤ 加强对作业人员的安全教育，严禁超载使用。

5. 升降式高空作业平台常见隐患及防范整改措施

常见隐患如：操作人员没有经过培训合格即上岗作业；作业环境不良，如地面基础不平，大风天气等进行作业；超载使用；进场设备未经验收合格即投入使用等。

整改防范措施：

1）应对操作人员进行培训，经考试合格后，持证上岗。

2）作业前，应对作业环境进行检查，符合要求方可作业。

3）严禁超载使用，严禁多人同时操作。

4）对进场的设备进行验收，合格后方可使用。

八、电气焊（割）作业安全技术要点

（一）基础知识

1. 焊接与切割分类

（1）焊接

焊接是以加热、高温或者高压的方式接合金属或其他热塑性材料的一种制造工艺及技术，是借助于原子的结合，把两个分离的物体连接成为一个整体的过程。目前，应用最多的是金属焊接。

按照焊接过程中金属所处的状态不同，金属焊接可分为熔（化）焊、压力焊和钎焊三种类型，详见表6-17 焊接分类及特点。

焊接分类及特点　　　　　　　　　　　　　　　　　表 6-17

序号	焊接类型	原理特点	举例
1	熔（化）焊	利用局部加热的方法将连接处的金属加热至熔化状态而完成的一种焊接方法。熔焊的关键是要有一个热量集中的局部加热源，在加热的条件下，增强了金属原子的动能，促进原子间的相互扩散，当被焊接金属加热至熔化状态形成液态熔池时，原子之间可以充分扩散和紧密接触，当冷却凝固后，即形成牢固的焊接接头。适用于对各种金属、合金的焊接	电弧焊、气体保护焊、等离子弧焊、气焊等

续表

序号	焊接类型	原理特点	举例
2	压力焊	焊接时必须施加一定的压力，从而完成焊接的一种方法。压力焊有加热和不加热两种基本形式。 建筑施工现场电渣压力焊、闪光对焊等属于压力焊，利用电流通过焊件及接触处产生的电阻热作为热源，将焊件局部加热至塑性或熔化状态，然后在压力下形成焊接接头的一种焊接方法。电阻焊具有生产率高、焊件变形小、不需要添加焊接材料、易于自动化等特点，但其设备较一般熔化焊较为复杂，耗电量也很大，适用的接头形式与可焊工件的厚度（或断面）受到限制	锻焊、接触焊、摩擦焊、气压焊、电渣压力焊；冷压焊、爆炸焊等
3	钎焊	利用熔点比焊接金属（母材）低的钎料作填充金属，通过加热将钎料熔化，把处于固态的工件连接到一起的一种焊接方法。焊接时，被焊金属处于固体状态，工件无需受到压力的作用，只需适当加热，依靠液态金属与固态金属之间的原子扩散而形成牢固的焊接接头。适合于各种材料的焊接加工，也适合于不同金属或异类材料的焊接加工	熔铁钎焊、火焰钎焊、感应钎焊

（2）切割

切割是利用压力或高温的作用断开物体的连接，把板材或型材等切割成所需形状和尺寸的坯料或工件的过程。金属的切割方法很多，分为冷切割和热切割。详见表6-18。

切割分类及特点 表 6-18

序号	切割类型	原理特点	举例
1	冷切割	直接利用工具介质将材料分离断开，冷切割能够保持现有的材料特性	锯切割、线切割、超高压水切割
2	热切割	利用集中热源使材料分离的一种方法	火焰切割、等离子弧切割、电弧切割和激光切割

焊接与切割在人们的生产、生活中有着极为重要的作用，建筑施工现场常见的有电焊、气焊与气割。

2. 电焊

电焊是利用电能，通过加热、加压使两个或两个以上的焊件熔合为一体的工艺。建筑工程中多采用电弧焊、闪光对焊、电渣压力焊与二氧化碳保护焊等。

（1）电弧焊

电弧焊是利用焊材与焊件之间的电弧热量熔化金属之后进行的连接。电弧焊不仅可以焊接各种碳素钢、低合金结构钢、不锈钢、铸铁以及部分高合金钢，还可以焊接多种有色金属，如铝、铜、镍及其合金等，是一种应用最为广泛的焊接方法。

手工电弧焊由焊接电源、焊接电缆、焊钳、焊材、焊件、电弧构成回路。

焊接时，采用焊材和工件接触引燃电弧，在焊接电源提供合适电弧电压和焊接电流下，电弧稳定燃烧，产生高温，焊条和焊件局部被加热到熔化状态，焊材端部熔化的金属和被熔化的焊件金属熔合在一起，形成熔池。

焊接中，电弧随焊材不断向前移动，熔池也随着移动，熔池中的液态金属逐步冷却结晶后便形成了焊缝，两焊件被焊接在一起。

焊接中，焊条的焊芯熔化后以熔滴的形式向熔池过渡，同时焊条药皮产生一定量的气体和液态熔渣。产生的气体充满在电弧和熔池周围，隔绝空气。液态熔渣密度比液态金属密度小，浮在熔池上面，从而起到保护熔池的作用。熔池内金属冷却凝固时熔渣也随之凝固，形成焊渣覆盖在焊缝表面，防止高温的焊缝金属被氧化，并且降低焊缝的冷却速度。

焊接中，液态金属与液态熔渣和气体间进行脱氧、去硫、去磷、去氢和渗合金元素等复杂的冶金反应，从而使焊缝金属获得合适的化学成分和组织。

（2）闪光对焊

闪光对焊是将两个安放成对接形式的工件（如钢筋）夹紧，接通电源，然后逐渐移动被焊工件使之相互接触，由于工件表面不平，首先只是某些点接触，强电流通过这些点时，迫使它们迅速熔化，在电磁力的作用下，液体金属发生爆破，以火花形式从接触面飞出，造成闪光现象。继续移动工件，使之产生新的接触点，则闪光现象连续发生，热量传到工件内部，待工件被加热到端面全部熔化时，迅速对工件加压并切断电源，工件即在压力下产生塑性变形而焊接到一起。

电弧焊是利用外部的电弧作热源，使焊条和焊件熔化，产生共同晶粒，冷却凝固后形成焊缝；而闪光对焊则是利用焊件通电时产生的内部电阻热作热源，加热相互接触的两个焊件，产生共同晶粒，在外力作用下形成焊缝。因此，电阻热与机械力的恰当配合是闪光对焊焊接工艺过程中获得优质焊接接头的必要条件。

闪光对焊在建筑施工现场应用较为广泛，如现场梁、板钢筋的纵向连接、预应力钢筋与螺丝端杆的焊接等，一般都采用闪光对焊这种焊接工艺。闪光对焊一般可分为连续闪光对焊与预热闪光对焊两种。

（3）电渣压力焊

电渣压力焊是将两个工件安放成竖向对接形式，利用焊接电流通过两工件间隙，在焊剂层下形成电弧和电渣，产生电弧热和电阻热，熔化工件，加压完成的一种压焊方法。

电渣压力焊的焊接包括引弧、电弧、电渣和顶压四个过程。

与电弧焊相比，电渣压力焊的工效高、成本低，适用于施工现场现浇混凝土结构中竖向或斜向（倾斜度在 4∶1 范围内）钢筋的连接，对于高层建筑的柱、墙钢筋接长，更适合采用电渣压力焊焊接工艺。

焊接时，首先在上、下两钢筋端面间引燃电弧，使电弧周围焊剂熔化；随之，焊接电弧在两钢筋间燃烧，电弧热将两钢筋端部熔化，熔化的金属形成熔池，熔融的焊剂形成熔渣（渣池）覆盖于熔池之上，此时，随着电弧的燃烧，上、下两钢筋端部逐渐熔化，将上部钢筋不断下送，以保持电弧的稳定，继续电弧过程；随电弧过程的延续，两钢筋端部熔化量增加，熔池和渣池加深，待达到一定深度时，加快上部钢筋的下送速度，使其端部直接与渣池接触，这时，电弧熄灭而变电弧过程为电渣过程；待电渣过程产生的电阻热使上、下两钢筋的端部达到全截面均匀加热时，迅速将上钢筋向下顶压，挤出全部熔渣和液态金属，随即切断焊接电源，完成焊接工作。

（4）二氧化碳（CO_2）气体保护焊

二氧化碳气体保护焊是一种以 CO_2 作为保护气体的电弧焊，即用一种特殊的焊炬或焊枪，不断通以 CO_2 气体，以保护电弧和焊接区域，使电弧和熔池与周围的空气隔离，从而保证获得优质焊接接头的焊接方法。

二氧化碳气体保护焊可分为半自动焊和自动焊两类。

半自动焊焊枪的行走由焊工操纵，自动焊的焊枪装在机头上自动行走，两者的焊接原理完全相同。二氧化碳气体保护焊是目前应用较为广泛的一种熔化极气体保护焊接方法。

CO_2 气体保护焊具有生产效率高、焊接变形小、操作简单、成本低等优点，但抗风性差，现场施焊作业时常常采用帆布等材料对施焊作业区进行围挡，以减少风的影响。

3. 气焊与气割

（1）气焊

气焊是利用可燃气体与助燃气体混合燃烧生成的火焰为热源，熔化焊件和焊接材料，使之达到原子间结合的一种焊接方法。

（2）气割

气割是利用可燃气体与氧气混合燃烧的热能将工件切割处预热到一定温度后，喷出高速切割氧流，使金属剧烈氧化并放出热量，利用切割氧流把熔化状态的金属氧化物吹掉，而实现切割的方法。

金属的气割过程实质是切割金属在纯氧中的燃烧过程，而不是熔化过程。

助燃气体主要为氧气，可燃气体主要采用乙炔、液化石油气等。所使用的焊接材料主要包括可燃气体、助燃气体、焊丝、气焊熔剂等。

设备主要包括氧气瓶、乙炔瓶（如采用乙炔作为可燃气体）、减压器、焊枪、胶管等。由于所用储存气体的气瓶为压力容器、气体为易燃易爆气体，该方法是所有焊接方法中危险性较高的一种。

（二）电气焊（割）安全技术要点

1. 电气焊（割）作业通用安全技术要点

1）焊接与切割操作人员属特殊工种人员，须经有关部门培训、考核，掌握操作技能和有关安全知识，取得操作证件，持证上岗作业。未经培训、考核合格者，不准上岗作业。

2）电焊作业人员作业时必须戴绝缘手套，穿绝缘鞋和工作服，使用护目镜和面罩，高空危险处作业，须系挂安全带。施焊前，应检查焊把线及其他线路是否绝缘良好，焊接完成后应拉闸断电。

3）施工现场焊、割作业须执行"动火证制度"，进行动火审批，开具动火证，并要切实做到动火有措施，灭火有准备，施焊时由专人看火。施焊完成后，要留有充分的时间观察，确认作业部位及下方溶滴部位无复燃的危险后，方可离开。

4）焊工在金属容器内、地下、地沟或狭窄、潮湿等处施焊时，要安排专人进行监护。监护人必须认真负责，坚守岗位，且熟知焊接操作规程和应急救护方法。需要照明的，其电源电压不应高于 12V。

5）夜间工作或在黑暗处施焊时，应有足够的照明，在车间或容器内操作时要有通风换气或消烟设备。

6) 严禁对承压状态的压力容器和装有剧毒、易燃、易爆物品的容器、管道进行焊接或切割作业。

7) 在可能形成易燃、易爆蒸汽或聚集爆炸型粉尘的作业环境中，禁止实施焊接、切割作业。

2. 常用焊接设备使用安全技术要点

常用的电焊机有弧焊整流器、逆变式焊接电源、晶体管弧焊电源和弧焊变压器等多种类型。前三种均采用电力电子技术，具有节能高效的优点，弧焊变压器具有廉价、耐用、易维修的特点，是施工现场最常用的一种电焊机。

各类型的电焊机一次、二次侧电压都有一定危险性，施工作业过程中应注意做好防范工作。

1) 交流电焊机的电源电压为380/220V，空载电压为60～80V，工作电压为30V，功率为20～30kW，焊接电流为50～450A。

2) 硅整流式直流电焊机的电源电压为380/220V，空载电压为50～80V，工作电压为30V，功率为12～30kW，焊接电流为45～320A。

3) 交流电焊机和直流电焊机均应空载合闸启动，直流发电机式电焊机应按照规定的方向旋转，带有风机的要注意风机旋转方向是否正确。

4) 电焊机在接入电网时，须注意电压的符合性，多台电焊机同时使用时，应分别接在三相电网上，尽量使三相负载保持平衡。

5) 电焊机需要并联使用时，应将一次线并联接入同一相位电路，二次线也需同相相连，对二次侧空载电压不等的电焊机，应调整相等后才可并联使用。

6) 电焊机的二次侧，其把线、地线应有良好的柔性和绝缘性，导电能力要与焊接电流相匹配，且不宜过长，也不宜卷成盘状，否则影响焊接电流。

7) 多台焊机同时使用时，当需要拆除其中的某一台时，应先断电，并对其一次侧的电压、电流进行测试，确认其没有电压、电流后方可拆除。

8) 所有交流电焊机、直流电焊机的金属外壳都必须采取接地或接零保护，电阻值应小于4Ω。

9) 对金属设备、容器等进行焊接时，被焊接件应有良好的接地或接零保护，电焊机的二次绕组禁止进行接地或接零。

10) 多台焊机的接地、接零线不得通过串接的方式接入同一个接地体上，每台电焊机均应设置独立的接地或接零保护，其接点应使用压接接头进行连接，并压紧、压实。

11) 每台电焊机均须设置专用的断路开关，并有与电焊机相匹配的过流保护装置。一次线与电源间的接点不宜采用插销连接，其长度不得大于5m，且须进行双层绝缘。

12) 电焊机二次侧的把线、地线需接长使用时，应保证搭接面积，接点处应使用绝缘胶带包裹好，接点不宜超过两处，二次线不宜大于30m；严禁长距离使用管道、轨道及建筑物的金属结构或其他金属物体串接起来作为导线使用，如发现导线外皮损坏时，必须及时进行处理或更换。

13) 电焊机的一次、二次接线端应设有防护罩，且一次接线端需用绝缘带包裹严密；二次接线端应使用线卡子压紧牢固，焊钳手柄应有良好绝缘，焊接时应戴绝缘手套。

14) 电焊机应放置在干燥和通风的地方（水冷式除外），露天使用时，其下方应进行防潮处理，且应高于周围地面；电焊机的上方应搭设防雨棚，施焊部位附近不得放置汽油、柴油或其他易燃易爆危险物品。

15）闪光对焊机的机身（或外壳）必须在作好接地、接零后方可使用。使用前，应先行进行测试，当焊机高压侧与外壳间的绝缘电阻不低于 2.5MΩ 时方可合闸通电；对闪光对焊机进行检修时，必须先行切断电源，然后才可以开箱检查。

16）闪光对焊机使用前，应首先进行通水，未按要求进行通水的，严禁进行施焊作业。冷却水的进水压力应在 0.15～0.2MPa 间，水温应在 5～30℃ 间。冬期施焊完成后，必须用压缩空气将管路中的水吹净，以免冻裂水管。

17）闪光对焊机的引线不宜过细、过长，焊接时的电压降不得大于初始电压的 7%，初始电压不能偏离电源电压的 ±10%。

18）操作闪光对焊机时，作业人员应戴绝缘手套、围裙和防护眼镜。闪光对焊机的滑动部分应保持良好润滑，使用结束后，应及时清除设备上的金属溅沫。

19）新安装启用的闪光对焊机在第一次使用 24h 后，应将各部件的螺丝重新紧固一次，尤其要把铜软连线和电极之间的连接螺丝紧固好，以保证接触良好。

20）使用闪光对焊机的作业场地应无严重影响焊机绝缘性能的腐蚀性气体、化学性堆积物及腐蚀性、爆炸性、易燃性介质。

21）施工现场应按照设备的负载持续率要求使用闪光对焊机，不得超载使用。

22）二氧化碳气体保护焊焊机及加热器应可靠接地，电焊机上的各种仪器、仪表应齐全完好，气瓶或者管道气阀门应完好无损，搬运气瓶时，瓶盖需盖好、拧紧。

23）二氧化碳气体保护焊施焊作业时，应及时检查设备的冷却风扇是否正常运行，风路是否畅通无阻，严禁在没有冷却的情况下使用设备。

24）二氧化碳气体保护焊施焊作业时，应按照要求接通检气开关，打开气阀，检查气阀是否完好。

25）二氧化碳气体保护焊连续作业时，焊枪的焊接电流和负载持续率应控制在所用焊枪的额定范围内，电源波动范围不得超过额定输入电压值的 ±10%。

3. 常用气瓶的构造及使用安全技术要点

气瓶是指在正常环境条件下（−40～60℃）可重复进行充气使用，公称工作压力为 1.0～30MPa（表压），公称容积为 0.4～1000L，盛装永久气体、液化气体或溶解气体的移动式压力容器。详见表 6-19。

各类气瓶分类方法及类型   表 6-19

序号	分类方法	类型
1	按结构分	无缝气瓶、焊接气瓶等
2	按材质分	钢质气瓶（含不锈钢气瓶）、铝合金气瓶、复合气瓶等
3	按充装介质分	永久性气体气瓶、液化气体气瓶、溶解乙炔气瓶等
4	按工作压力分	高压气瓶和低压气瓶等

目前，施工现场所使用的钢质气瓶绝大多数是 40L 无缝钢瓶和容积较大的焊接钢质气瓶，一般由瓶体、瓶阀、瓶帽、底座、防振圈等部分组成，焊接钢瓶还设有保护罩。

（1）氧气瓶的构造

氧气瓶是一种储存、运输氧气的高压容器，由瓶体、瓶箍、瓶阀、瓶帽、防震圈等组成。施工现场常用的氧气瓶容积为 40L，在 14.7MPa 的压力下，可以贮存 $6m^3$ 的氧气，如图 6-58 所示。

1）瓶体

瓶体是用合金钢经热压制成的圆筒形无缝容器，其外表涂淡酞蓝色，并用黑漆标注"氧气"字样。气瓶上部应有该瓶容积和质量、制造日期、工作压力、水压试验压力、出厂日期等的标识。

2）氧气瓶阀

① 氧气瓶阀的构造

氧气瓶阀是控制氧气瓶内氧气进出的阀门，根据其构造不同，分为活瓣式和隔膜式两种。其中，隔膜式瓶阀的密封性虽好，但容易损坏，使用寿命较短，施工现场主要使用活瓣式氧气瓶阀。

活瓣式氧气瓶阀主要由阀体、密封垫圈、弹簧、弹簧压帽、手轮、压紧螺母、阀杆、开关板、活门、气门和安全装置等组成，如图 6-59 所示。

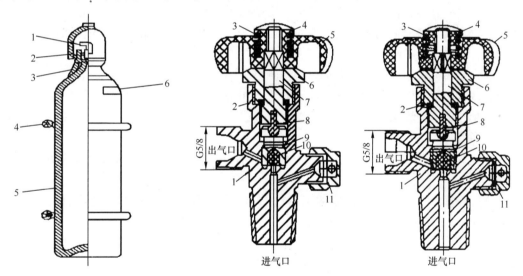

图 6-58　氧气瓶构造示意
1—气阀；2—瓶帽；3—瓶颈护圈；
4—防震圈；5—瓶体；6—钢印

图 6-59　活瓣式氧气瓶阀的构造示意
1—阀体；2—密封垫圈；3—弹簧；4—弹簧压帽；5—手轮；6—压紧螺母；
7—阀杆；8—开关板；9—活门；10—气门；11—安全装置

为使瓶口和瓶阀配合紧密，将阀体和瓶口配合一端加工成锥形管螺纹，以旋入气瓶口内。阀体一侧有加工成 G5/8 的管螺纹，用以连接减压器，它是瓶阀的出气口。阀体的另一侧装有安全装置，由安全膜片、安全垫圈以及安全帽等部件组成。当氧气瓶内压力达到 18～22.5MPa 时，安全膜片即破裂泄压，从而保障气瓶安全。

将手轮按逆时针方向旋转可以开启氧气瓶阀，顺时针方向旋转，则关闭瓶阀。旋转手轮时，阀杆也跟着转动，再通过开关板使活门一起旋转，使活门向上或向下移动。活门向上移动，气门开启，瓶内氧气从瓶阀的进气口进入，出气口喷出。关闭瓶阀时，活门向下压紧，由于活门内嵌有尼龙制成的气门，因此，可使活门关紧。瓶阀活门的额定开启高度为 1.5～3mm。

② 氧气瓶阀的常见故障及排除方法

a. 压紧螺母周围漏气，其排除方法是拧紧压紧螺母或更换密封垫圈；

b. 气瓶阀杆和压紧螺母中间孔周围漏气，其排除方法是更换密封垫圈，也可以将石棉绳在水中浸湿后把水挤出，在气阀的根部绕几圈，再拧紧压紧螺母；

c. 气瓶阀杆空转、排不出气，是由于开关板断裂或方套孔和阀杆的方棱磨损造成的，需要进行更换。

③ 防震胶圈

防震胶圈具有一定的厚度和弹性，是用以防止气瓶受撞击的一种保护装置。

④ 瓶帽

瓶阀上部装有瓶帽，用以防止瓶阀在搬运过程中因撞击而损坏，甚至被撞断后使气体喷出。

（2）氧气瓶使用安全技术要点

1）运输

① 氧气瓶在运输前，需检查喷气嘴阀安全橡胶圈是否齐全；

② 汽车装运应横向码放，妥善固定，不得与易燃物品、油脂和带有油污的物品同车装运；

③ 强烈阳光下运输时，应采取遮盖防晒措施；

④ 装卸时，瓶嘴阀门朝同一方向，防止互相碰撞；

⑤ 禁止用起重设备的吊索直接拴挂氧气瓶。

2）使用

① 气焊与气割用的压缩纯氧是强氧化剂，不得与矿物油、油脂或细微分散的可燃物接触；

② 操作时严禁使用粘有油脂的工具、手套接触瓶阀、减压器，一旦被油脂类污染，应及时用二氯化烷或四氯化碳去油擦净；

③ 使用前应检查瓶阀、接管螺纹、减压器及胶管是否完好，发现瓶体、瓶阀存在问题时应及时处理，禁止使用没有安装减压器的氧气瓶；

④ 检查瓶阀时，只允许使用肥皂水检验，严禁使用明火检验；

⑤ 开启瓶阀和减压器时，人要站在侧面，开启的速度要缓慢，瓶阀手轮反时针方向旋转则瓶阀开启，减压器与瓶阀连接的螺口要拧紧，并不少于 4～5 扣；

⑥ 冬期施工作业时，如气瓶的瓶阀、减压器和管系发生冻结，严禁用力敲击或明火烘烤，应用温水解冻化霜。

3）储存与保管

① 氧气瓶的使用环境温度不得超过 60℃，严禁受日光暴晒，距离热源、明火的距离不小于 10m，并不得靠近热源和电气设备；

② 氧气瓶内要始终保持正压，不得将气用尽，瓶内至少应留有 0.3MPa 以上的压力；

③ 对氧气瓶要妥善固定，防止滚动、倾倒，不宜平卧使用，应将瓶阀一段垫高或直立；

④ 现场严禁将氧气瓶用于通风换气，严禁用于气动工具的动力气源，严禁用于吹扫

容器、设备和各种管道；

⑤ 氧气瓶不得改用充装其他气体；

⑥ 氧气瓶储存处周围 10m 内，禁止堆放易燃易爆物品和动用明火，同一储存间严禁存放其他可燃气瓶和油脂类物品，氧气瓶应码放整齐，直立放置时，要有护栏和支架，以防倾倒。

（3）乙炔瓶的构造

乙炔瓶是一种贮存和运输乙炔用的焊接钢瓶，其主要部分是用优质碳素钢或低合金钢轧制而成的圆柱形无缝瓶体。但它既不同于压缩气瓶，也不同于液化气瓶，其外形与氧气瓶相似，但比氧气瓶略短、直径略粗，由瓶体、瓶帽、填料、易熔塞和瓶阀等组成，如图 6-60 所示。

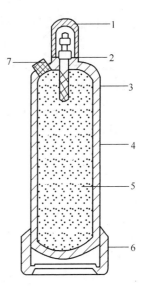

图 6-60　乙炔气瓶构造示意
1—瓶帽；2—瓶阀；3—分解网；
4—瓶体；5—微孔填料（硅酸钙）；
6—底座；7—易熔塞

1）瓶体

乙炔瓶的主体部分是用优质碳素钢或者低合金钢轧制而成的圆柱形无缝瓶体，外表漆成白色，并印有"乙炔气瓶"、"不可近火"等红色字样。

2）瓶帽

乙炔瓶瓶阀上部装有瓶帽，用以防止瓶阀在搬运过程中被撞击而损坏，甚至因撞断而使气体喷出。

3）填料

乙炔瓶内装有多孔而轻质的固态填料，如活性炭、木屑、浮石及硅藻土等合成物，目前已广泛应用硅酸钙，由它来吸收液体物质丙酮，而丙酮用来溶解乙炔。

乙炔瓶阀下面的填料中心部分长孔内装有石棉，用以帮助乙炔从多孔性填料内的丙酮中分解出来，而丙酮仍然留在瓶内。

4）易熔塞

为保证安全使用，在靠近收口处装有易熔塞，一旦气瓶温度达到 100℃ 左右时，易熔塞熔化，瓶内气体外逸，起到泄压作用。

5）瓶阀

乙炔瓶阀是控制乙炔瓶内气体进出的阀门，主要由阀体、阀杆、密封圈、压紧螺母、活门和过滤件等几部分组成，如图 6-61 所示。乙炔瓶阀体由低碳钢制成，阀体下端加工成 $\phi27.8\times14$ 牙/英寸螺纹的锥形尾，以使旋入瓶体上口。

乙炔阀门上没有手轮，活门开启和关闭靠方孔套筒扳手完成。当方形套筒按逆时针方向旋转阀杆上端的方形头时，活门向上移动则开启阀门，反之则关闭阀门。

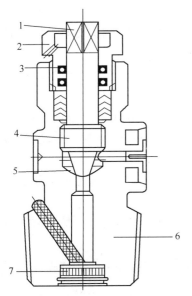

图 6-61　乙炔瓶阀的构造示意
1—阀杆；2—压紧螺母；3—密封圈；
4—活门；5—尼龙垫；6—阀体；
7—过滤件

由于乙炔瓶阀的出气口处没有螺纹，因此，使用减压器时必须使用夹紧装置与瓶阀相结合。

（4）乙炔瓶使用安全技术要点

1）运输

① 乙炔瓶在运输、使用及储存时，环境温度一般不得超过40℃；超过时，应采取有效降温措施，禁止敲击、碰撞；

② 吊装搬运乙炔瓶时，应使用专用夹具，严禁用电磁起重机和链绳吊装搬运，严禁与氯气瓶、氧气瓶及易燃物品同车运输，装运乙炔气瓶的车辆禁止烟火。

2）使用

① 作业时，与氧气瓶之间的距离不得少于5m，与明火之间距离一般不小于10m（高空作业时，应是与垂直地面处的平行距离）；

② 瓶阀冻结，严禁用火烘烤，必要时可使用40℃以下的温水解冻；

③ 使用时要注意对瓶体进行固定，防止倾倒，严禁卧放使用；

④ 乙炔瓶上必须装设专用的减压器、回火防止器；开启时，操作者应站在阀口的侧后方，动作要轻缓。使用压力不得超过0.15MPa，输气流速不应超过$1.5\sim2.0m^3/h$，乙炔瓶内必须留有不低于规定的预压；

⑤ 对已侧卧的乙炔气瓶，不准直接开气使用，使用前必须立牢静置15min，再接减压器使用，工作地点频繁移动时，应装在专用焊车上，在用汽车、手推车运输乙炔气瓶时，应轻装轻卸，严禁抛、滑、滚、碰。

3）储存及保管

① 乙炔气瓶的漆色必须保持完好，不得任意涂改；

② 不得靠近热源和电器设备，夏季要防止暴晒；

③ 严禁铜、银、汞金属等及其制品与乙炔接触，必须使用铜合金器具时，合金中的含铜量应低于70%；

④ 严禁将乙炔瓶放置在通风不良及有放射性射线的场所，且不得放置在橡胶等绝缘体上；

⑤ 使用乙炔瓶的现场，其储存量不得超过5瓶；超过5瓶但不超过20瓶时，应在现场或车间内用非燃烧体或难燃烧体材料隔成单独的储存间；超过20瓶时，应设置乙炔瓶库；

⑥ 储存间应有良好的通风、降温等设施，要避免阳光直射，要保证运输道路通畅，在其附近应设有消火栓和干粉灭火器或二氧化碳灭火器；

⑦ 乙炔瓶储存时，一般要保持直立位置，并应有防止倾倒的措施。严禁与氧气瓶、氯气瓶及易燃物品同间储存；

⑧ 储存间应有专人管理，在醒目位置设置"乙炔危险"、"严禁烟火"的标志。

（5）液化石油气瓶

液化石油气瓶主要由上封头、下封头、阀座、护罩、瓶阀、筒体和瓶帽等部分组成，如图6-62所示。

液化石油气瓶的容量一般为15kg、20kg、25kg、40kg及50kg等多种；一般民用气瓶大多为15kg。施工现场气割作业中最常用的液化石油气瓶主要有YSP-10型和YSP-15

型两种。气瓶的最大工作压力为 1.6MPa，水压试验为 3MPa。钢瓶表面涂灰色，并标有红色的"液化石油气"字样。

1）瓶体

液化石油气瓶的瓶体由上、下封头组成，中间有一条焊缝，焊缝为带垫板（或缩口）的单面自动焊，其材质采用优质碳素钢或16Mn 钢。

为保护钢瓶外壳，钢瓶表面涂有一层油漆或喷涂上一层环氧树脂粉末，油漆或粉末经加热后固化在钢瓶表面上。

2）阀座

阀座焊接在上封头上，用以装配瓶阀。

3）护罩

护罩与上封头采用焊接连接，即不可拆卸连接。护罩的作用一是保护瓶阀，二是便于提携。护罩上刻有钢字，标明钢瓶的制造

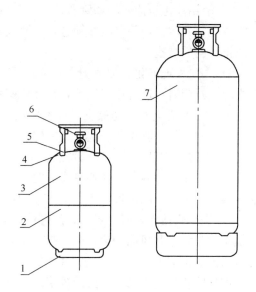

图 6-62 液化石油气瓶
1—底座；2—下封头；3—上封头；4—阀座；
5—护罩；6—瓶阀；7—筒体

厂名、编号、重量、容量、制造日期、试验日期、工作压力、试验压力等内容，并标有制造厂检查部门的钢印。

4）底座

底座焊接在下封头上。底座的作用是使钢瓶稳定直立。底座上钻有小孔，便于排除积水，防止底座和下封头腐蚀生锈。底座应有一定高度，以便使瓶底与地平面保持一定的距离。钢瓶座直立，如不直立，瓶内液面会倾斜，致使液体直接从瓶阀流出，迅速气化，并造成事故。

5）瓶阀

瓶阀的主要材质为黄铜。

（6）液化石油气瓶使用安全技术要点

1）运输和储存时，环境温度不得高于 60℃；严禁受日光暴晒或靠近高温热源；与明火距离不得小于 10m。

2）液化石油气瓶的使用环境温度以 20℃为宜，冬期使用时，为保证气化速度，宜将气瓶放在有保温设备的房间内，或用 40℃的温水加热，也可以将几个气瓶并联，以保证用气量。

3）点火时必须先点燃引火物，然后开启气阀，不得颠倒次序。

4）气瓶运输及使用过程中必须正立，严禁卧放、倒置。气瓶上须安装专用减压器，使用耐油性强的橡胶导管和衬垫，防止因腐蚀作用而引起漏气。

5）瓶内气体严禁用尽，必须留有 0.1MPa 以上的压力。瓶内残液严禁倾倒，防止大量挥发，造成火灾或爆炸事故。

6）用液化石油气的场所和贮存气瓶的库房，其室内地面应平整，严禁有与外界相通的地沟、电缆沟和管道孔洞，以防石油气窜入，地面集水口须有水封措施。

7）使用液化石油气的场所和贮存气瓶的库房，应通风良好，并加强低处通风。空瓶与实瓶应分开放置，并有明显标志，气瓶放置应整齐，应保持直立放置，妥善固定，且应有防止倾倒的措施。

8）一旦发现液化石油气泄漏，应严禁一切明火并避免可能的金属碰撞和电器火花，须立即打开门窗，进行自然通风，并且要密切注意低洼处是否仍有石油气聚集。

4. 焊接作业防火、防爆安全技术要点

（1）防止焊、割火花引起火灾或爆炸

1）焊接与切割火花有三个特点：一是降温时间较长；二是具有一定的自重力；三是会不规则飞溅，尤其是气体切割作业时，由于使用压缩空气或氧气流的喷射，使火花、金属熔滴和熔渣飞溅的更远，焊、割火花的这些特点更增加了潜在的火灾危险性。

2）进行焊接作业时，可燃、易燃物料与焊接作业点的距离不应小于10m，大风天气，要注意风力大小和风向变化，防止把火星吹到易燃物上，应派专人监护，焊接作业时，如附近墙体或地面上留有孔、洞、缝隙等，应采取封闭或屏蔽措施。

（2）防止焊接与切割回路故障引起火灾或爆炸

1）电弧焊、割的能量是依靠电缆线输送的，对电缆线的选型不当，连接错误，以及绝缘老化等都会使电缆线本身燃烧或造成其他火灾。

2）进行焊接作业前，应对焊机及焊机接线进行检查，电焊机应有良好的隔离防护装置，电焊机的绝缘电阻不得小于1MΩ。

焊接时，焊机位置、线路敷设和操作地点应符合防火要求，严禁将焊机导线搭在氧气瓶、乙炔瓶、煤气、液化气等易燃易爆设备上，焊接导线要有足够截面积，导线与电焊机应压接紧密，导线无破皮、老化、腐蚀等现象。

（3）防止热传导引发火灾

焊接与切割的对象是金属，由于热传导的作用，热量会由焊、割点传递到附近相接触的可燃构件和物体上，从而引发火灾。

（4）防止氧气瓶使用、维护不当引起爆炸

1）氧气瓶是高压容器，同时还要承受搬运时的振动、滚动和碰撞冲击等外力作用。瓶装氧气是强氧化剂，一旦出现燃烧爆炸事故，其破坏力相当大。

2）氧气充装应适量，严禁过量充装，氧气瓶本身应符合质量要求，在使用氧气瓶时应防止出现高处坠落、剧烈膨胀等造成密封不严、瓶阀损坏的事件，氧气瓶应远离热源，不得在阳光下暴晒，禁止快速打开氧气瓶瓶阀，冬期氧气瓶解冻时严禁使用明火。气瓶压力过低，导致氧气瓶内窜入可燃气体也是导致氧气瓶爆炸的一个不可忽视的因素。

（5）防止乙炔瓶使用不当引起爆炸

1）乙炔瓶在存放及使用过程中如采取卧放方式，容易发生回火，并引起乙炔瓶的爆炸，且卧放时，乙炔瓶易滚动，瓶与瓶、瓶与其他物体易受到撞击，形成激发能源，这些都会导致乙炔瓶的爆炸。

2）乙炔瓶在运输时严禁野蛮装卸，要避免在运输过程中受到敲击、振动、暴晒或烘烤，使用前应检查瓶体、瓶阀、连接管等是否有泄露情况，发现泄露时应及时处理；乙炔瓶上应安装回火防止器，与氧气瓶的距离不应小于5m，乙炔瓶体温度不允许超过40℃，在充装时应适量，严禁过量充装。

3）乙炔软管、氧气软管不得错装。点火时，焊枪口不得对人。正在燃烧的焊枪不得放在工件或地面上。焊枪带有乙炔和氧气时，不得放在金属容器内，以防止气体逸出，发生燃爆事故。

4）点燃焊炬或割炬时，应先开乙炔阀点火，再开氧气阀调整火。关闭时，应先关闭乙炔阀，再关闭氧气阀。

5）作业过程中，当氧气软管着火时，不得折弯软管断气，应迅速关闭氧气阀门，停止供氧。当乙炔软管着火时，应先关闭焊（割）炬，可折弯前面一段软管将火熄灭。

6）焊割现场及高空焊割作业下方，严禁堆放油类、木材、氧气瓶、乙炔瓶、保温材料等易燃、易爆物品。

7）焊接车间或者工作现场，必须配有足够的水源、干砂、灭火工具和灭火器材，存放的灭火器材应该齐全有效；焊接工作完毕后，应及时清理现场，彻底消除火种，经专人检查确认完全消除危险后，方可离开现场。

8）发生火灾时，应保持冷静，及时报告并采取阻止火焰蔓延的隔离措施。同时，施工现场应经常性地组织消防演练，提高现场的防火意识和防火能力。

5. 预防触电事故安全技术要点

（1）对作业人员的要求

1）建筑电气焊（切割）工属于特种作业，施工现场应按照要求，作好对焊接与切割作业人员的安全知识和安全技能培训，确保持证上岗。

2）作业人员实施作业时，必须严格遵守安全操作规程和安全制度，提高安全意识，增强自我保护意识。

（2）绝缘

绝缘是保证焊接设备和线路正常工作的必要条件，也是防止触电事故的重要措施。焊接设备及线路的绝缘必须与所采用的电压等级相匹配，与周围环境和运行条件相适应，要防止各种因素造成焊机系统绝缘层的破坏。

1）电焊机的各导电部分之间应有良好的绝缘，绝缘性能应能满足说明书的要求。使用焊机前，必须按照产品说明书或有关技术要求进行检验。

施工现场应定期检测电焊机的绝缘电阻，电焊机的一次线圈与二次线圈之间、带电部分与机壳、机架之间的绝缘电阻值不应小于 $2.5M\Omega$，其他各部分的绝缘电阻不应小于 $1M\Omega$。

2）电焊机的一、二次侧接线柱应无松动或烧伤现象。电焊机应放在通风良好的干燥场所，不得放在高湿度（相对湿度超过90%）、高温度（周围空气温度超过40℃）以及有腐蚀性气体等不良场所。使用时，应设有防雨、防潮、防晒的操作棚，底部应垫放干燥木板等绝缘材料。

3）焊钳应有良好的绝缘和隔热能力。焊钳握柄的绝缘层和绝热层必须性能良好，握柄与导线连接应牢固牢靠，橡胶包皮应有一段深入到钳柄内部，使导体不外露。现场不得使用破损的焊钳，操作人员不得用胳膊夹持焊钳，禁止将热的焊钳浸入水中冷却。

4）焊接作业中断后，应把焊钳放在安全的地方，防止焊钳与焊件之间产生短路而烧毁焊机、焊钳及把线，或降低其绝缘性能。

5）焊接电缆应具有良好的导电能力和绝缘外层，应保证焊接电缆线的绝缘性能良好，不得使用破损、老化及导线裸露的焊接电缆。焊接电缆应轻便、柔软，应能任意弯曲和扭转，便于操作。

6）焊接电缆应尽可能地使用整根电缆，使用设备耦合器与电焊机连接，电缆的中间一般不得有接头，如确需用短线接长时，接头不应超过2个，接头处可采用电缆耦合器（俗称快换接头），接头应坚固、可靠，接触良好，防止因接触不良而产生高温。

7）严禁使用结构钢筋、金属结构、轨道、管道或其他金属物搭接起来代替焊接电缆而引发触电事故，或因接触不好，产生火花，而引发火灾事故。

8）电焊机与开关箱间的电源线，应保证其具有良好的绝缘性能，其长度不应超过3~5m。

9）现场不得将焊接电缆放在电弧附近或炽热的焊缝金属旁，避免高温烧坏绝缘层。同时，应尽量避免电缆的碾压和磨损，不得浸泡在水中。

10）在金属容器、管道、金属结构及潮湿地点等不良环境下实施焊接与切割作业时，除必须采取安装电焊机自动断电保护装置的措施外，还应采用加"一垫一套"的方法来防止触电事故的发生，即在焊工脚下加绝缘垫，停止焊接时，取下焊条，在焊钳上套上"绝缘套"。

（3）隔离防护

焊接设备应有良好的隔离防护装置，避免作业人员与带电体接触。

1）电焊机的绕组或线圈引出线穿过设备外壳时，应设绝缘板；穿过设备外壳的接线端（如铜螺栓接线柱），应加设绝缘套和垫圈，并用防护罩盖好，防止人体意外触及带电体；如果防护罩是金属材料，必须防止防护罩和接线端口的接线柱、金属导线碰触或连接，以免防护罩带电。

2）有插销孔接头的焊机，插销孔的导体应隐蔽在绝缘板平面内。

3）设备的一次线应设置在不易接触的地方，当确需接长电源线时，应沿墙壁或立柱用瓷瓶隔离布置，其高度必须距地面2.5m以上。各设备间以及设备与墙壁间至少要留有1m宽的通道。

4）焊接电源启动后，必须有一定的空载运行时间，观察其工作、声音是否正常。调节焊接电流及极性开关时，应在空载下进行。采用连接片改变焊接电流的焊机，在调节焊接电流前应先切断电源。

5）现场更换焊条、焊件时，转移工作地点时或移动焊机时，更换保险丝时，焊接作业过程中突然停电时，焊接与切割设备发生故障需要检修时，以及作业结束后，必须切断电源。切断电源过程中，必须戴绝缘手套，同时头部需偏斜，严禁正对开关箱。

6）在一些特殊场所施焊时，其照明应满足以下要求：

① 比较潮湿或灯具离地面高度低于2.5m等场所的照明，电源电压不应大于36V；

② 潮湿和易触及带电体场所的照明，电源电压不得大于24V；

③ 特别潮湿场所的照明电压不得大于12V。

（4）采用电气保护装置

采用电气保护装置是防止触电事故的重要手段，如在电焊机上加设空载自动断电保护装置、二次降压保护装置等。

（5）加强个人安全防护

1) 焊接与切割作业时，作业人员必须正确佩戴安全防护用具和用品。手工电弧焊作业时，作业人员应穿帆布工作服，氩弧焊作业时，作业人员应穿着毛料或皮料工作服，作业人员佩戴的绝缘手套和绝缘鞋应保持干燥，严禁露天冒雨从事电焊与切割作业。

2) 使用空载电压和焊接电压较高的用电设备实施焊接与切割操作，以及在潮湿的工作场所作业时，应使用干燥的橡胶衬垫，并确保使其与焊件保持绝缘。同时，作业人员不得靠在焊件和工作台上，夏天炎热天气由于身体出汗及衣服潮湿时，尤其应予注意。

3) 现场更换焊条或焊丝时，作业人员须戴好绝缘手套，且应避免身体与焊件、焊条或焊丝接触。

4) 在金属容器内或狭小工作场地焊接或切割金属构件时，必须采取专门的安全防护措施，如采用绝缘橡胶衬垫、穿绝缘鞋、戴绝缘手套等，以保证作业人员的身体与带电体保持绝缘。同时，现场须安排两人轮流操作，其中一人负责监护，确保在一旦发生紧急情况时，能立即切断电源，并实施救护。

(6) 焊接与切割设备保护接零

焊接与切割设备的外壳、电气控制箱外壳等应按照现《施工现场临时用电安全技术规范》JGJ 46—2005 的要求设置保护接零装置，以避免因漏电而发生触电事故。

6. 登高焊（割）作业安全技术要点

1) 登高焊接作业应根据作业高度及环境条件划定危险范围。一般将地面周围 10m 半径范围划定为危险区，禁止在作业下方及危险区内存放可燃、易燃物品，禁止闲杂人员在危险范围内停留。工作过程中应设警戒线，安排专人监护。

2) 登高焊割作业人员必须戴好安全帽，使用带有防火性能的安全带，安全带的长度不应超过 2m，安全带应按照高挂低用的原则使用。

3) 登高焊割作业人员应正确使用梯子，梯脚需采取防滑措施，与地面夹角应小于 60°，上、下端均应放置牢靠。使用人字梯时，要有限跨钩，不准两人在同一梯子上作业。登高作业的操作平台应带有护栏，不得使用有腐蚀或者机械损伤的木板或铁木混合板制作。操作平台应有一定宽度，平台的坡度不得大于 1∶3，板面要钉防滑条。使用的安全网不准有破损。

4) 登高焊割作业所使用的焊条等物品应装在工具袋内，不得在高处向下抛掷物料。

5) 现场实施登高焊割作业时，不得使用带有高频振荡器的焊接设备，禁止把焊接电缆、气体胶管及钢丝绳等混绞在一起，或缠在焊工身上。

6) 登高焊割作业时，现场应安排专人进行监护，密切注意焊工动态，遇有危险，可立即组织抢救。

7) 登高焊割作业结束后，应整理好作业场所的工具及物件，防止坠落伤人。此外，还应检查工作地点及下方地面上是否留有火种，确认无隐患后，方可离开现场。

8) 患有高血压、心脏病、精神病、癫痫病者以及医生认为不宜登高作业的人员，应禁止进行登高焊割作业。

9) 禁止在 6 级以上大风、大雨、大雪、大雾等气候条件下实施登高焊割作业。

7. 职业病防治安全技术要点

电焊弧光、电磁波、热辐射及放射线等物理有害因素，以及电焊烟尘和有害气体等化学有害因素是焊割作业中影响人体健康的主要有害因素。

1）为消除电焊弧光、电磁波等焊割伴随物对人体健康的危害，施焊人员应按照规定使用焊接滤光片，焊接滤光片的规格与质量应符合《职业眼面部防护》GB/T 3609 的规定。

2）为消除电焊烟尘、有害气体对人体健康的危害，应加强焊接工作场所的通风除尘，包括狭窄工作区间的通风换气及焊接工位的抽烟排尘等。

3）加强个人劳保防护用品的使用，如佩戴防尘口罩、防毒面具等。

4）推广焊割作业机械化和自动化，从而消除或减少作业人员接触焊割作业的几率。

5）扩大埋弧焊的使用范围，减少焊条的使用，减少作业人员对焊割伴随物等有害气体的接触。

6）大力推广应用搅拌摩擦焊和激光焊接等新技术、新材料。

（三）常见隐患及防范整改措施

1. 焊割作业人员违章作业

整改及防范措施：

1）焊接与切割工人应经过安全教育，并接受专业安全理论和实际训练，经考试合格，持有有效证书后方可上岗作业。

2）从事焊割作业的人员，应了解所操作焊割设备、设施的结构和性能，严格执行安全操作规程，正确使用防护用品，并掌握现场急救相关知识和技能。

3）焊割作业前，须按照规定办理动火证，有专人进行监护，配备足够的消防器材。

4）从事焊割作业的人员应按照规定正确佩戴并使用安全防护用品、用具，确保作业安全。

5）焊割作业场所应有良好的天然采光或局部照明。

6）在狭窄和通风不良的地沟、坑道、检查井、容器、地下室等部位实施焊割作业时，应采取通风措施，并安排专人进行监护。

7）应采取适当的安全技术措施，防止由于焊割作业的热能传到结构或设备中，使工程中的易燃保温材料，或滞留的易燃爆气体发生着火、爆炸。

8）登高焊接、切割，应根据作业高度和环境条件，定出危险区的范围，禁止在作业下方及危险区内存放可燃、易爆物品和停留人员。

9）焊割作业现场禁止把焊接电缆、气体胶管、钢绳混绞在一起。

10）焊割作业时，焊割作业点距离可燃、易燃物料的距离不应小于 10m。

11）焊割作业时，如附近墙体和地面上留有孔、洞、缝隙以及运输皮带连通孔口等部位留有孔洞，都应采取封闭或屏蔽措施。

2. 焊接作业所使用的电缆线存在接头多、绝缘保护层破损现象

整改及防范措施：

除按规定穿戴防护工作服、防护手套和绝缘胶鞋，保持作业环境干燥和清洁，手工电弧焊机正确使用二次降压保护器装置外，现场操作过程中，还应注意以下问题：

1）焊接作业前，应首先检查电焊机和其他焊接工具是否完好、可靠。如焊钳和焊接电缆的绝缘是否损坏、电焊机接地、接线是否良好。

2）在狭小空间、容器和管道内施焊作业时，必须穿绝缘鞋，脚下垫有橡胶板或其他绝缘衬垫，应两人轮换工作，监护人员应随时注意操作人的安全情况，遇有危险情况时，

应能立即切断电源，并进行抢救。

3）身体出汗或衣服潮湿时，施焊人员不得靠在带电的钢板或工件上，以防触电。

4）工作地点潮湿时，地面上应按规定铺设橡胶板或其他绝缘材料。

5）施焊人员更换焊条时必须戴绝缘手套，不得赤手操作。

6）带电情况下，施焊人员不得在将焊钳夹在腋下时搬运被焊工件或将焊接电缆线缠在或挂在身体上。

7）现场推拉闸刀开关时，脸部不允许直对电闸，以防止短路造成的火花烧伤面部。

8）严禁利用已有的金属机构、管道、轨道或其他金属搭接起来作为导线使用。

9）现场在改变焊机接头、更换焊件、改接二次回路、更换保险装置、检修焊机、搬动焊机、工作完毕或临时离开工作现场等情况时必须切断电源。

3. 焊割作业过程中存在发生火灾事故隐患

整改及防范措施：

1）严格落实焊割作业动火审批制度，焊接作业时，应按照规定指派专人现场监护，配备必要的消防器材，焊割作业结束后，应确认无复燃可能后方才可离开。

2）焊割作业前，要清除周围的可燃易燃物品。如不能清除时，则必须与其保持一定的安全距离，也可用水浇湿或盖上石棉板、石棉布、湿麻袋等方法，以隔绝火星。

3）高空焊割作业时，要把下方的可燃物清理干净，必要时用薄铁板、石棉板等非燃材料作为接火盘，并在盘中铺上一层湿沙子。

4）大风天气下实施焊割作业时，要设置风挡，防止火星飞溅引起火灾。当焊割输送、贮存易燃物品的管道和设备时，应将正在运转的设备相连通的管道拆除或堵死隔绝，以防易燃物品进入焊割作业处。

5）电焊机和电源线的绝缘应可靠，导线要有足够的截面。电焊线残破时应及时更换或处理，电焊地线不能利用与易燃易爆生产设备有联系的金属构件，如管道、容器等。

6）电焊和气焊如在同一地点操作时，电焊的导线与气焊的管线不应敷设在一起，应保持 10m 以上距离，以免互相影响发生危险。

4. 氧气瓶、乙炔瓶等气瓶管理不当

整改及防范措施：

1）搬运氧气瓶时，应注意避免气瓶受到剧烈振动和冲击。装在车上的气瓶要妥善地加以固定，防止气瓶跳动或滚动；气瓶必须戴有瓶帽和防震圈；装卸气瓶应做到轻装轻卸，不得采用抛装，滑放或滚动的装卸方法。

2）氧气瓶运输时不得长时间在烈日下曝晒，夏季用车辆运输或在室外使用气瓶时，要有遮阳设施，避免阳光曝晒。运输气瓶时要严禁烟火，气瓶库房和气瓶在使用时，都应远离高温、明火和可燃易爆物质等。

3）使用氧气瓶时，首先要对气瓶进行外观检查，重点看瓶阀、接管螺纹、减压器等是否有缺陷。如发现有漏气、滑扣、表针不灵现象时，应禁止使用，并及时报请维修，不准随意处理，严禁带压拧紧阀杆，调整垫料。检查漏气时应用肥皂水，不得使用明火。

4）开启氧气瓶阀门时要慢慢开启，防止加压过速产生高温，开阀时不能用钢扳手敲击气瓶，以防产生火花。氧气瓶的瓶阀及其附件禁止沾染油脂，焊工不得用粘有油脂的工具、手套或油污工作服去接触氧气瓶阀、减压器等。气瓶使用到最后时应留有适量余气，以防混入其他气体或杂质，造成事故。

5）使用乙炔瓶前，应仔细观看气瓶肩部球面部分的标志。特别是注意"下次试压时间"，并在使用过程中按照要求定期对气瓶作技术检验，不得使用超过应检期限的气瓶。

6）使用乙炔瓶时，首先要作外部检查，检查重点是瓶阀、接管螺纹、减压器等。如果发现有漏气、滑扣、表针动作不灵或"爬高"等，应及时维修，切忌随便处理。禁止带压拧紧阀杆，调整垫料。检查漏气时应用肥皂水，不得使用明火。

7）冬期使用乙炔瓶时，瓶阀或减压器可能出现结霜现象，或用热水或蒸汽解冻，严禁用火烘烤或用铁器敲击瓶阀，也不能猛拧减压器的调节螺丝，以防气体大量冲出造成事故。

8）乙炔瓶存放和使用时只能直立，不能横躺卧放，以防丙酮流出引起燃烧爆炸。乙炔瓶直立靠牢后应静候15min左右，才能装上减压器使用。开启乙炔瓶的瓶阀时，不要超过一圈半，一般只开3/4圈。

9）存放乙炔瓶的室内场所应注意通风换气，防止泄漏的乙炔气滞留。

10）现场必须用合格的乙炔专用减压器和回火防止器，使用时不能超过0.15MPa，放气流量不得超过$0.05m^3/$（h·L），严禁在乙炔瓶上电弧引火。

【事故案例】

2006年12月，某工地发生一起因电焊作业引燃防水涂料的火灾事故，造成1名工人死亡、1名工人受伤。

1. 事故经过

当天，施工作业人员李×接到班组长陈×的指令，让其到该工地三楼西侧割除剪力墙上的穿墙螺杆，并安排张某在现场实施动火监护。接到指令后，李×与张×一同到项目专职安全生产管理员姜×处开具了《动火作业证》，随后，二人将氧气瓶、乙炔瓶等切割工具搬至现场，开始了穿墙螺杆切割作业。

大约1h后，切割作业中的熔珠溅落到了-2层刚刚施工完成的剪力墙防水涂料上，引发大火。引发的大火顺势而上，引燃了搭设在距基坑2.5m处的工人生活区板房（其临时板房系采用聚苯板材料加工制作）。燃起的大火及滚滚浓烟遮蔽住了现场的逃生路线，致在生活区休息的1名工人当场死亡，另1名工人由此受伤。

2. 事故原因

1）实施气割作业的李×未取得建筑电（气）焊作业资格证书，却从事现场气割作业，无证操作，导致事故发生。

2）班组长陈×明知李×无建筑电（气）焊作业资格，却依然安排其从事气割作业，明知故犯，导致事故发生。

3）项目专职安全生产管理人员姜×在未对现场认真勘察，未对现场所存在的危险危害因素明确了解、掌握的情况下，贸然开具《动火作业证》，纵容违章行为的实施，导致事故。

4）监护人员张×在对实施现场动火监护过程中，擅离职守，未能及时发现隐患的存在，导致事故发生。

5）项目施工管理人员韩×未在现场动火作业前及时进行安全技术交底，对现场动火作业所存在的风险及一旦发生事故后的应急措施等未预先进行告知，导致事故发生。

3. 事故处理

事故发生后，公安消防部门依法向当地检察院提起公诉，对当日实施气割作业的李

×、现场动火监护人员张×、违规开具《动火作业证》的姜×及施工管理人员韩×等提起公诉，经法院审理认定，李×、张×、姜×及韩×等承当责任，依法被判刑3～5年。另外，项目经理尹×、总监理工程师燕×、分包单位负责人奚×等也依法受到处理。

九、现场防火安全技术要点

（一）基础知识

1. 防火间距

防火间距是防止着火建筑在一定时间内引燃相邻建筑，便于消防扑救的间隔距离，应根据建筑的耐火等级、外墙的防火构造、灭火救援条件及设施的性质等因素确定，当建筑相邻外墙采取必要的防火措施后，其防火间距可适当减少。

2. 临时消防设施

临时消防设施是设置在建设工程施工现场，用于扑救施工现场火灾、引导施工人员安全疏散等的各类消防设施，包括灭火器、临时消防给水系统、消防应急照明、疏散指示标识、临时疏散通道等。

3. 消防水源

消防水源是指开展消防工作时所需要的水源，是设置临时消防给水系统的基本条件，可采用市政给水管网或天然水源。临时消防用水量应为临时室外消防用水量与临时室内消防用水量之和。临时室外消防用水量应按临时用房和在建工程的临时室外消防用水量的较大者确定，相关用水量的要求见表6-20～表6-22所示。

临时用房的临时室外消防用水量　　　　　　表6-20

临时用房的建筑面积之和	火灾延续时间 （h）	消火栓用水量 （L/s）	每支水枪最小流量 （L/s）
$10000m^3 <$面积$\leqslant 50000m^3$	1	10	5
面积$> 50000m^3$		15	5

在建工程的临时室外消防用水量　　　　　　表6-21

在建工程（单体）体积	火灾延续时间 （h）	消火栓用水量 （L/s）	每支水枪最小流量 （L/s）
$10000m^3 <$体积$\leqslant 30000m^3$	1	15	5
体积$> 30000m^3$	2	20	5

在建工程的临时室内消防用水量　　　　　　表6-22

建筑高度、在建工程体积 （单位）	火灾延续时间 （h）	消火栓用水量 （L/s）	每支水枪最小流量 （L/s）
$24m <$建筑高度$\leqslant 50m$ $30000m^3 <$体积$\leqslant 50000m^3$	1	10	5
体积$> 30000m^3$	1	15	5

4. 室内消防竖管

室内消防竖管是在建工程室内消防给水的干管，其数量不应少于 2 根，管径不小于 DN100。

5. 阻燃安全网

阻燃安全网是指续燃、阴燃时间均不大于 4s 的安全网。

6. 动火作业

动火作业指在施工现场进行明火、爆破、电气焊等可能产生火焰、火花和赤热表面的临时性作业。

7. 重点防火部位

施工现场的动火作业场所、临时发电机房、变配电房、易燃易爆危险品存放库房和使用场所、可燃材料堆放场及其加工场、宿舍、食堂等场所。

8. 建筑施工现场常用灭火器

建筑施工现场常用灭火器按灭火介质分为三类：干粉灭火器即碳酸氢钠和磷酸铵盐灭火剂，具有易流动性、干燥性，由无机盐和粉碎干燥的添加剂组成，可有效扑救初起火灾；二氧化碳灭火器主要依靠窒息作用和部分冷却作用灭火；泡沫灭火器。

施工现场应根据不同火灾类型选择手提式灭火器：A 类火灾（木材、棉、麻、包装纸等物质引起的火灾）适用于水型、泡沫、干粉式手提灭火器；B 类火灾（汽油、煤油、甲醇、沥青等液体或可溶化固体所引起的火灾）适用于泡沫、二氧化碳、干粉式手提灭火器；C 类火灾（煤气、天然气、甲烷、乙烷、丙烷、乙炔、氢气等物质燃烧引起的火灾）适用于二氧化碳、干粉式手提灭火器；D 类火灾（钾、钠、镁、钛、锂、铝镁合金等金属燃烧引起的火灾）适用于干沙或金属火灾专用干粉灭火器；E 类火灾（物体带电燃烧引起的火灾）适用于二氧化碳、干粉式手提灭火器。

(二) 管理要求和技术要点

1. 施工现场出入口

施工现场出入口设置应满足消防车通行的要求，并宜布置在不同方向，其数量不宜少于 2 个。当确有困难只能设置 1 个出入口时，应在施工现场内设置满足消防车通行的环形道路。

2. 固定动火作业场

固定动火场所应布置在可燃材料堆场及其加工场、易燃易爆危险品库房等全年最小频率风向的上风侧；宜布置在临时办公用房、宿舍、可燃材料库房、在建工程等全年最小频率风向的上风侧，与在建工程的防火间距不应小于 10m。

3. 易燃易爆品库房

易燃易爆危险品库房应远离明火作业区、架空电力线下、人员密集区和建筑物相对集中区，与在建工程的防火间距不应小于 15m。

1）分类、专库储存，库房内应通风良好，并应设置"严禁明火"标志。

2）建筑构件的燃烧性能等级为 A 级，层数为 1 层，建筑面积不应大于 $200m^2$。单个房间的建筑面积不应超过 $20m^2$。

4. 可燃材料堆场及其加工场

可燃材料堆场及其加工场应远离架空电力线下，与在建工程的防火间距不应小于 10m。

5. 临时消防车道

临时消防车道是为满足和保证火灾救援时，消防车能够到达需救援部位而设置的车道。

1) 与在建工程、临时用房、可燃材料堆场及其加工场的距离，不宜小于 5m，且不宜大于 40m；施工现场周边道路满足消防车通行及灭火救援要求时，施工现场内可不设置临时消防车道。

2) 车道宜为环形，如设置环形车道确有困难，应在消防车道尽端设置尺寸不小于 12m×12m 的回车场。

3) 临时消防车道的净宽度和净空高度均不应小于 4m。

4) 临时消防车道的右侧应设置消防车行进路线指示标识。

5) 临时消防车道路基、路面及其下部设施应能承受消防车通行压力及工作荷载。

6) 建筑高度大于 24m 的在建工程、建筑工程单体占地面积大于 $3000m^2$ 的在建工程、超过 10 栋，且为成组布置的临时用房还应设置环形临时消防车道。

6. 临时救援场地

1) 临时消防救援场地应在在建工程装饰装修阶段设置。

2) 临时消防救援场地应设置在成组布置的临时用房场地的长边一侧及在建工程的长边一侧。

3) 场地宽度应满足消防车正常操作要求且不应小于 6m，与在建工程外脚手架的净距不宜小于 2m，且不宜超过 6m。

7. 办公室、宿舍

1) 为防范临时用房的火灾事故，施工现场办公室和宿舍的建筑构件燃烧性能等级为 A 级。材料的燃烧性能等级应由具有相应资质的检测机构按照现行国家标准《建筑材料及制品燃烧性能分级》GB 8624—2012 检测确定。金属夹芯板（彩钢板）芯材的燃烧性能等级达到 A 级。

2) 宿舍前后应设开启式窗户，保证通风良好。严禁在尚未竣工的建筑物内设置宿舍。

3) 室内净高不应低于 2.5m，通道宽度不应小于 0.9m。

4) 宿舍冬期应有取暖设施，不得用电炉子、煤气炉子、电褥子等易引发火灾事故的取暖产品。

8. 在建工程作业场所的临时疏散通道

1) 临时疏散通道，其净宽度不应小于 1.5m；可利用在建工程施工完毕的水平结构、楼梯作临时疏散通道；用于疏散的爬梯及设置在脚手架上的临时疏散通道，其净宽度不应小于 0.6m。

2) 临时疏散通道为坡道时，且坡度大于 25°时，应修建楼梯或台阶踏步或设置防滑条。

3) 临时疏散通道不宜采用爬梯，确需采用爬梯时，应有可靠固定措施。

4) 临时疏散通道的侧面为临空面时，必须沿临空面设置高度不小于 1.2m 的防护栏杆。

5) 临时疏散通道应设置明显的疏散指示标识及照明设施。

消防疏散指示图可参见图 6-63。

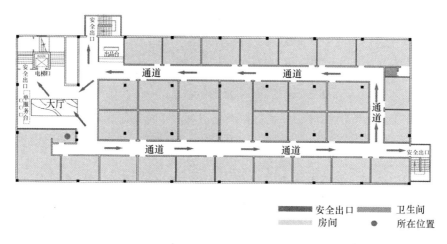

图 6-63 消防疏散指示图

9. 应急照明

1）施工现场的下列场所应配备临时应急照明：

自备发电机房及变、配电房、水泵房；无天然采光的作业场所及疏散通道；高度超过 100m 的在建工程的室内疏散通道；发生火灾时仍需坚持工作的其他场所。

2）作业场所应急照明的照度不应低于正常工作所需照度的 90%，疏散通道的照度值不应小于 0.5lx。

3）临时消防应急照明灯具宜选用自备电源的应急照明灯具，自备电源的连续供电时间不应小于 60min。

10. 灭火器配置

1）灭火器的类型应与配备场所可能发生的火灾类型相匹配，可参见表 6-23。

灭火器选型与火灾类型一览表　　　　表 6-23

火灾类型	灭火器类型
A 类（固体可燃物）	水型、干粉、泡沫灭火器
B 类（液体可燃物）	干粉、泡沫、二氧化碳灭火器
C 类（气体可燃物）	干粉、二氧化碳灭火器
D 类（可燃金属）	金属火灾专用干粉、粉装石墨灭火器和干沙
E 类（电气火灾）	二氧化碳灭火器

2）灭火器的最低配置标准应符合表 6-24 的要求。

灭火器最低配置标准　　　　表 6-24

项目	固体物质火灾		液体或可燃固体物质火灾、气体火灾	
	单具灭火器最小灭火级别	单位灭火级别最大保护面积（m²/A）	单具灭火器最小灭火级别	单位灭火级别最大保护面积（m²/B）
易燃易爆危险品存放及使用场所	3A	50	89B	0.5

续表

项目	固体物质火灾		液体或可燃固体物质火灾、气体火灾	
	单具灭火器最小灭火级别	单位灭火级别最大保护面积（m²/A）	单具灭火器最小灭火级别	单位灭火级别最大保护面积（m²/B）
固定动火作业场	3A	50	89B	0.5
临时动火作业点	2A	50	55B	0.5
可燃材料存放、加工和使用场所	2A	75	55B	1.0
厨房操作间、锅炉房	2A	75	55B	1.0
自备发电机房	2A	75	55B	1.0
变配电房	2A	75	55B	1.0
办公用房、宿舍	1A	100	—	—

11. 室外消火栓

1）应沿在建工程、临时用房及可燃材料堆场及其加工场均匀布置，距在建工程、临时用房及可燃材料堆场及其加工场的外边线不应小于 5m。

2）消火栓的间距不应大于 120m。

3）消火栓的最大保护半径不应大于 150m。

12. 室内消火栓接口及消防软管接口

消火栓接口及软管接口应设置在位置明显且易于操作的部位，确保多层建筑间距不大于 50m，高层建筑间距不大于 30m，前端应设置截止阀，不得埋、压、圈、占，必须配备长度不少于 30m 的水龙带和高压水枪。室内消火栓如图 6-64 所示。

13. 临时中转水池

高度超过 100m 的在建工程，应在适当楼层增设临时中转水池，有效容积不应少于 10m³，在该水池无补水的最不利情况下，其水量可满足 2 支（进水口径 50mm，喷嘴口径 19mm）水枪同时工作不少于 15min。上、下两个中转水池的高差不宜超过 100m。

14. 消防泵房

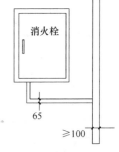

图 6-64　现场室内消火栓示意

1）现场消防泵房采用 A 级不燃材料建造，位置应合理、便于操作，设专人进行管理。

2）采用专用消防配电线路，线路从总配电箱的总断路器上端接入，且保证不间断供电。

3）消火栓泵不应少于 2 台，且互为备用，宜设置自动启动装置，保证消防应急需求。给水压力应满足消防水枪充实水柱长度不小于 10m。

4）给水压力不能满足要求时，应设置加压水泵，

5）加压泵出水管段应设置液体压力传感器，液体压力传感器与变频器、加压泵变频电机配合，实现现场消防给水系统压力持续处于基本恒定状态。

6）消防泵房应配置启动流程及应急照明灯。

（三）常见隐患排查及整改措施

1. 氧气、乙炔瓶使用时不符合规范要求

整改措施：严禁使用无减压器的氧气瓶和无乙炔专用减压器、回火防止器的乙炔瓶；气瓶直立，有防倾措施，乙炔瓶严禁横躺卧放；严禁碰撞、敲打、抛掷、滚动气瓶；气瓶应分类储存，库房内通风良好；空瓶和实瓶同库存放时，应分开。使用前应检查气瓶状态；两瓶工作间距不应小于 5m，与明火作业点的距离不应小于 10m，采取防暴晒措施；严禁用火烘烤或用铁器敲击瓶阀，严禁猛拧减压器的调节螺丝；氧气瓶内剩余气体的压力不应小于 0.1MPa。

2. 动火作业未配备监护人、无可靠防火措施

整改措施：动火作业应办理动火许可证；现场确认无误再签发；动火操作人员持证上岗；动火作业配备灭火器材，专人监护；五级（含五级）以上风力时，禁止动火作业；动火作业后复查，确认无隐患后离开。

3. 消防器材缺失或失效

整改措施：加强日常巡视，及时更换，及时排查消火栓内水袋和水枪的配置情况和水泵正常在用情况；专人管理；更换下来的消防器材及时收归仓库，避免再次出现在施工现场。

4. 临时消防给水系统无人检修和保养

整改措施：消火栓箱门应随时可开启，消火栓箱不能伪装。消火栓箱内的各种设备应保持齐全、完好、干燥、无锈蚀，并经常对转动部位加注润滑油；室内消火栓应专人巡视，填写维护记录。每半个月进行一次全面检查维修，及时修复。

5. 易燃易爆危险品未分类储藏在专用库房，未采取防火措施

整改措施：分类储藏，应远离明火作业区、架空电力线下、人员密集区和建筑物相对集中区；常用树脂类防腐材料都是易燃液体材料，应在储运、使用过程中远离火种、禁烟、防止阳光直射，通风阴凉；油漆稀料、汽油、油漆等易燃材料必须设库存放、容器加盖。

6. 消防配电线路未自施工现场总配电箱的总断路器上端接入

整改措施：消火栓泵应采用专用消防配电线路。专用消防配电线路应自施工现场总配电箱的总断路器上端接入，且应保持不间断供电。

7. 宿舍私拉乱接、违规使用大功率电器

整改措施：采用宿舍智能配电系统，智能限电模块通过与漏电保护器的组合对电源插座及设备进行智能限电管理，照明采用 36V 安全电压。

【事故案例】

1. 事故经过

4 名无证焊工在一幢公寓 10 层电梯前室北窗外进行违章电焊作业，由于未采取保护措施，焊渣引燃下方 9 层位置脚手架防护平台上堆积的聚氨酯硬泡保温材料碎块，聚氨酯迅速燃烧形成密集火灾，由于未设现场消防措施，4 人不能将初期火灾扑灭，并逃跑。燃烧的聚氨酯又引燃了附近的尼龙防护网和脚手架上的毛竹片。尼龙防护网是全楼相连，整体火势便由此开始以 9 层为中心蔓延，同时引燃了各层室内的窗帘、家具、煤气管道的残余气体等易燃物质，造成火势的急速扩大。事故共造成 58 人死亡，71 人受伤。

2. 事故原因

1）焊接人员无证上岗。

2）焊接人员违规操作，未采取有效防护措施，焊渣溅到聚氨酯硬泡保温材料上，未能及时扑灭，导致大火迅速蔓延至整栋大楼。

3）工程中所采用的聚氨酯硬泡保温材料不合格或部分不合格。

十、季节性施工安全技术要点

（一）基础知识

季节性施工是指在工程建设中按照季节特点进行相应的施工建设，考虑到自然环境所具有的不利于施工的因素存在，应采取措施，避开或者减弱其不利影响，从而确保施工安全。

建筑施工行业施工周期相对较长，不同季节下会伴有不同的环境、气候、温度等差异。现场施工，必须针对不同的季节作出相应的调整，规避不利于施工安全的外部条件。在不同的季节环境下，一味按照常规方式开展各项施工作业，不仅会增加安全管理难度，而且会产生恶劣后果，如在高温气候条件下，按照以往的作息时间安排施工，不但会降低施工效率，也会引发中暑等职业健康危害。因此，建筑施工中应该针对季节性施工的特点，根据现场实际情况制定相应的安全技术措施。在我国，季节性施工通常包括雨期施工、高温季节施工、冬期施工及台风季节施工。

（二）雨期施工安全技术要点

1. 定义

雨期施工是指在一年中降水相对集中的季节，一般指降水量超过年平均降水量 50%以上的季节进行的施工。在我国，南方雨期为 4～9 月，北方为 6～9 月。

2. 安全技术要点

雨期具有天气潮湿、雨水较多的特点，大量的降水会改变土壤结构，使其松软化，进而失去自稳性而导致坍塌类事故的发生。此外，雨期多雷，因此针对露天高处金属物、室外作业人员应做好防雷工作。雨期易发生触电事故，施工现场在雨期应加强对临时用电的安全管理。

建筑施工单位应建立天气预警机制，与地方上级主管部门进行信息联动，实现气象信息与在建工地信息的共通互享，对暴雨等灾害性天气作到提前防范，降低由于气象原因引发安全事故的风险。项目部应参考地区的年降雨量表，采取必要的针对性措施。

（1）防坍塌安全技术要点

1）基坑工程、土方开挖作业

雨期降水量较多，易对土壤结构造成影响，引发坍塌事故，因此对于建筑施工、市政工程施工来说，基坑工程、土方开挖作业应做好排水及周边的防护工作。

基坑的上、下部和四周必须设置排水系统，流水坡向应明显，不得积水。基坑底部应设置集水坑。基坑工程必须设置专门的爬梯或其他通道，严禁在雨天从基坑边坡行走，避免雨天滑倒造成伤害。挡土墙的设置必须满足设计要求，需经过计算以保证土体稳定。

土方开挖作业应尽量避免在雨期进行施工，如需要在雨期施工时，要采取可靠的防护措施，对开挖部位周边的地质结构要做好观测工作。在发生大雨、雷电、浓雾、水位暴涨及山洪暴发等情况时应立即停止土方开挖作业。

2）临时设施

建筑施工工程中的临时设施，在办公区、职工宿舍的前期规划中应当避免在地势低、土质松软地块选址，不得在可能发生山体滑坡、泥石流、洪水等自然灾害的山脚、软弱围岩地质区域附近选址。

办公区、生活区周圈应设有完善的排水系统，并定期对其通畅性进行检查，避免大雨过后发生堵塞导致积水。围墙外侧应对地面进行硬化，并进行找坡，避免由于积水导致围墙底部塌陷引起围墙倒塌。

大雨过后应对围墙进行检查，发现墙体出现裂缝、倾斜问题应当及时进行修复，严重的需拆除重砌，围墙拆除前应执行作业审批制度。

3）脚手架、模板工程

雨期施工中，各类脚手架基础的排水措施要及时进行检查，确保排水通畅。落地式脚手架、模板支架的基础应进行硬化，立杆底部应设置底座或垫板，防止由于雨水较多导致土壤松软、地面下沉，进而对架体稳定性产生破坏。

4）机械设备

雨期施工中应加强对机械设备基础的检查，防止长期积水导致基础下沉。

大型机械设备基础应有排水措施，可在基础附近设置集水坑以便抽水。基础外周圈应设置挡水台，以防止外部积水流向设备基础。

（2）防雷安全技术要点

1）设备设施的防雷措施

施工现场内的脚手架、大型机械、龙门架等设施设备，以及正在施工的在建工程的外露金属结构，若在相邻建筑物、构筑物的防雷装置的保护范围外，且在表6-25规定范围之内时，应安装防雷装置。

施工现场的防雷装置一般由避雷针、接地线和接地体三部分组成。避雷针装于高出建筑物的机械设备、钢管脚手架等的顶端。机械设备上的避雷针（接闪器）长度应当为1～2m。接地线可采用铜制导线，也可以利用该设备的金属结构体，当利用金属构架做引下线时应保证构件之间的电气连接。接地体一般可采用角钢、钢管或光面圆钢，不得采用螺纹钢。防雷装置的冲击接地电阻值不得大于30Ω。塔式起重机可不另设避雷针（接闪器）。

施工现场内金属设施需安装防雷装置的规定　　　　　　　表6-25

地区年平均雷暴日（d）	金属设施高度（m）
≤15	≥50
>15，<40	≥32
≥40，<90	≥20
≥90，及雷害特别严重地区	≥12

2）人员避雷措施

雨期施工中，尤其是雷雨天气下，除在设施、设备使用中采取避雷措施外，施工人员也应注意自身的防雷击措施。

在接到雷雨、雷暴天气预警后，项目部应提前告知现场施工人员，采取应急措施。塔式起重机司机、屋面及楼面施工人员应到楼下、室内躲避，远离门窗及室内金属管线。雷雨天气不应在作业面、楼面等易遭受雷击的位置使用手机、对讲机等通信工具。雷雨天气下，不得高出脚手架进行室外作业，不得手持金属杆件、管件等在室外高处行走。塔式起重机司机如无法立即转移躲避，应停留在驾驶室内，不得在驾驶室外行走。

（3）防触电安全技术要点

雨期施工中，施工现场临时用电管理必须加大对漏电保护器的检查频次，保证漏电保护装置齐全有效；电焊机、加工机械等应采取防雨、防潮措施，室外配电箱应设置防雨棚；施工现场室外电缆要做好防护措施，可采用架空、埋地、穿管或设置绝缘线盒等措施，同时，要及时更换绝缘外套有破损或老化的电缆线。

项目部需设置专人（电工）维护管理用电设施，作业中绝缘鞋、绝缘手套需佩戴齐全。对于各级配电箱的管理中，配电箱箱门必须关闭，防止进水。

暴雨或持续强降雨天气下，项目部可采取对施工现场断电的措施以保证安全，但应保留专用的应急电路，以保证在防汛应急等工作中保持电力供应。

（4）应急要点

施工现场雨期施工的应急工作应重点关注防坍塌、防触电、防雷击等事故的发生。

项目部要针对施工现场实际情况，编制切实可行的防汛应急预案。对可能发生的坍塌、触电类事故要编制专项应急预案并严格执行审核、审批制度。

应急预案的制定中，应按照地方实际情况选择定点医院，并制定在暴雨天气下最可靠、可行的行车路线。施工现场的主要通道应设有排水设施，道路应保持畅通，以便紧急情况下外部救援车辆能迅速通过，抵达救援区域。

应急物资的准备中，应考虑到雨期可能发生的断电情况，备好柴油发电机等物资。应急小组成员要进行分工，确定值班人员及通信方式。常见应急物资清单可参见表6-26。

常见应急物资清单表　　　　　　　　　　　　表 6-26

序号	名称	序号	名称
1	担架	12	雨鞋
2	强光灯	13	水泵
3	LED 手提式充电手电	14	电箱 380V
4	扶梯	15	电箱 220V
5	编织袋（沙）	16	汽车吊
6	铁锹	17	应急车辆
7	太平斧	18	五芯电缆线
8	柴油发电机	19	喊话喇叭
9	急救箱	20	铁丝
10	防汛防台物应急仓库	21	警戒灯
11	雨衣	22	消防水带

3. 常见隐患及防范整改措施

（1）基坑发生变形、塌陷

整改防范措施：项目部应定期对基坑边坡进行变形监测，对检测记录定期检查，边坡位移超过设计要求的，应采取加固措施。土方开挖作业中应检查是否按方案要求组织施工。

（2）脚手架、模板支架基础沉降

整改防范措施：如发生脚手架基础沉降，应第一时间停止架体使用，对沉降区域架体进行拆除，对基础位置进行加固后重新搭设。

（3）大型机械设备基础泡水

整改防范措施：基础部位应设置排水措施，外侧可设置集水坑，定点安装抽水设备，定期进行抽水保证基础干燥。

（4）电缆线拖地、泡水，漏电保护器失灵

整改防范措施：雨期应加强对漏电保护器的检查频次，保证性能良好。对拖地、泡水的电缆线要及时架空。

（三）高温季节施工安全技术要点

1. 定义

高温天气是指地市级以上气象主管部门所属气象台站向公众发布的日最高气温 35℃以上的天气。高温天气作业是指用人单位在高温天气期间安排劳动者在高温自然气象环境下进行的作业，需要采取一定的温控措施以保证施工安全。

中国气象学上，气温在 35℃以上时可称为"高温天气"，如果连续几天最高气温都超过 35℃时，即可称作"高温热浪"天气。

一般来说，高温通常有两种情况，一种是气温高而湿度小的干热性高温；另一种是气温高、湿度大的闷热性高温。

2. 安全技术要点

人长期暴露在高温环境下会产生中暑等职业健康危害，高温天气下食物变质速度加快，易导致食物中毒等危害。高温季节伴随着阳光暴晒，压力容器在高温下会内压增大，易发生爆炸危险。

（1）防暑安全技术要点

施工现场应合理安排作息时间，"做两头、歇中间"，避开高温时间段。

国家安全生产监督管理总局 2012 年发布的《关于印发〈防暑降温措施管理办法〉的通知》（安监总安健〔2012〕89 号）要求：

1）日最高气温达到 40℃以上，应当停止当日室外露天作业。

2）日最高气温达到 37℃以上、40℃以下时，用人单位全天安排劳动者室外露天作业时间累计不得超过 6h，连续作业时间不得超过国家规定，且在气温最高时段 3h 内不得安排室外露天作业。

3）日最高气温达到 35℃以上、37℃以下时，用人单位应当采取换班轮休等方式，缩短劳动者连续作业时间，并且不得安排室外露天作业劳动。

中暑可分为热射病、热痉挛和日射病，在临床上往往难以严格区别，而且常以混合式出现，统称为中暑。

热射病是指因高温引起的人体体温调节功能失调，体内热量过度积蓄，从而引发神经器官受损。热射病在中暑的分级中就是重症中暑，是一种致命性疾病，病死率高。对于高温同时伴有高湿的天气，施工单位应重视热射病的病发，对中暑与热射病人员要及时区分，一旦发现热射病人要立即送医。

高温季节施工应重点加强室外高处作业人员、机械操作人员、密闭空间内作业人员的高温防暑工作。高处作业施工中，如发生中暑昏迷则极易引发高处坠落等伤害。塔式起重机司机、大型起重车辆司机、施工电梯司机等人员长期处于半封闭空间，需在驾驶室设置空调等降温措施并配备足量饮水。

施工现场应配备足够的饮用水并及时发放给施工人员，或者准备绿豆汤、茶水、淡盐水等，必要时供应冰冻饮料。配置藿香正气水、风油精等防暑降温药品，确保在发生紧急情况时，能够采取有效措施对中暑人员进行救治。

（2）防食物中毒安全技术要点

高温季节中，食物变质速度加快，且蚊蝇较多易对食材造成污染，在对食堂的管理中，应采取以下措施：

1）配备与制作的食品品种、数量相适应的设备或者设施，设置相应的消毒、更衣、洗手、采光、照明、通风、防尘、防鼠、防虫、洗涤以及处理废水、存放垃圾和废弃物的设备或者设施。

2）保证食堂干净整洁，及时消除蚊蝇，可通过设置灭蝇灯等设施进行防范。食材分类冷藏，防止食物霉变。集体食堂应设置备用电源，以防停电状态下影响食物保鲜。

3）项目部应定期对食堂的卫生状况、食材的储存状况进行检查。制定食品留样制度，以便必要时进行检验。

4）集体食堂应禁止提供凉拌菜，避免由于人员操作造成食物卫生状况不达标进而引发食物中毒的事故。

（3）防爆安全技术要点

施工现场在高温季节阳光暴晒天气下，应杜绝气瓶使用过程中露天放置，应设置专用的危险品仓库进行储存。运输过程中在地上踢滚等严重违章行为，防止气瓶爆炸伤人。施工现场应配备足够的消防器材，摆放在施工现场主要部位（现场大门口、出入通道口和楼层进出口、库房、车间等），并有醒目标识。

（4）应急措施

1）发生人员中暑、中毒后，项目部人员第一时间应针对人员病况作出判断，采取必要的紧急救护措施，情况严重的应紧急送医。对于食物中毒事件，在查明情况之前对可疑食物应立即停止食用。

2）对于火灾、爆炸类事故，项目部人员要第一时间启动应急预案并在保证自身安全的情况下进行救援，对于气瓶爆炸类事故，应紧急将周边其余易燃易爆品进行转移，防止次生事故的发生。

3. 常见隐患及防范整改措施

（1）气瓶等压力容器露天放置

整改防范措施：高温季节对于气焊、气割作业等采用的气瓶应设置专门的仓库进行分类储藏，危险品仓库应保证通风，在阴凉处设置。

（2）防暑降温措施不到位

整改防范措施：合理安排作息时间，避开高温时间段。大型机械驾驶室内空调等降温设施应提前进行配备，防暑药品的配备应定期进行检查。项目部应对施工人员的作业时常进行监控。

（3）食堂卫生条件差、食品变质

整改防范措施：项目部应定期对食堂的卫生条件，食材新鲜程度进行取样检查，对于冷藏设备要确保正常使用。

（四）冬期施工安全技术要点

1. 定义

当在室外日平均气温连续 5d 稳定低于 5℃，或日最低气温低于 -3℃ 的天气下进行施工作业称为冬期施工。

2. 安全技术要点

冬期降雪较多，室外温度低易结冰，人体长期在低温环境中会发生反应迟缓的情况，因此应注意人员的保暖、地面采取防滑措施。寒冷气候会给建筑施工尤其是混凝土浇筑作业带来诸多不便，在混凝土保温工作中易发生煤气中毒事故。此外，冬期生活区取暖易引发消防事故，应引起重视。

（1）防滑安全技术要点

脚手架马道要有防滑措施，及时清理积雪，避免人员在架体上滑倒、摔伤；楼面、屋面临边位置应及时将积雪、冻冰进行清除，避免在临边位置行走时滑倒导致出现高处坠落事故的发生。电梯口、楼梯口位置应设置防滑垫，避免在人员上下楼时发生意外。施工现场主要道路应避免积水，防止结冰打滑。

（2）保温及消防安全技术要点

工人生活区应在冬期施工来临之前提前进行取暖设施的安装，保证集中供暖，严禁在宿舍内使用高温加热型取暖设施（如电炉子、小太阳取暖器）。宿舍区内应设置足量的灭火器、消火栓等设施；生活区板房应采用岩棉等阻燃性较好的材质进行安装。

生活区、施工现场的消防水系统应在冬期来临前对管道采取保温措施，以避免气温过低导致消防管结冰，一般可采用橡塑材料进行保温或设置电伴热进行保温。冬期施工期间应针对现场劳务工人进行专项安全教育及交底，室外工作人员衣物着装应能保证自身取暖需求；施工现场严禁生火进行取暖。

（3）混凝土作业安全技术要点

混凝土结构工程冬期施工养护应符合以下要求：

1）室外温度不低于 -15℃ 时，应优先采用蓄热法进行保温养护。

2）室外温度低于 -15℃ 时，可采用暖棚法、蒸汽法、电加热法进行保温养护。浇筑层下方必须具备通风条件，并设置一氧化碳报警装置，防止保温值班人员煤气中毒，并保证消防安全措施到位。

（4）应急措施

项目部要针对施工现场实际情况编制切实可行的冬期施工应急预案，并严格执行审核、审批制度，定期组织演练。

冬期施工中的应急措施应从施工人员冻伤、摔伤、一氧化碳中毒等的医护措施、火灾的发生等方面进行制定。项目部在应急演练中应开展对皮外伤、骨折类等伤害、窒息类事故的紧急救护方式进行培训。

项目部制定的消防应急预案应有专门针对冬期施工阶段采取的措施，应急要点应关注生活区、仓库等可能发生火灾的重点部位，在组织消防演练时也应对上述位置重点培训。

3. 常见隐患及防范整改措施

（1）生活区使用大功率用电器

整改防范措施：冬期气温较低，工人生活区除提前采取取暖措施外，日常安全巡查中应加大对大功率用电器的检查，严禁私自配备大功率取暖设施，谨防火灾事故的发生。

（2）消防管道冻结

整改防范措施：消防设施的保温措施应提前做好准备，对于室外的消防管提前设置电伴热或其他保温措施，定期对消防水的供应进行检查。

（3）行人通道结冰

整改防范措施：冬期气温较低，工作面、行人通道等位置易结冰，应及时清理，在日常巡查中对临边洞口位置的防护措施要定期检查。

（五）台风季节施工安全技术要点

1. 定义

指在台风频发季节进行施工。通常每年5～9月，是台风影响我国东南沿海地区的集中期。

2. 安全技术要点

台风来临前往往伴随大风天气，常常会发生脚手架、大型机械、临建设施、广告牌倒塌等事故，因此对于受风面积较大、重心较高的大型设施应加强拉结、固定措施。对于零散材料则应及时清理、转移，避免风吹移动发生危险。

易受台风灾害地区的施工企业，应专门针对防台工作设置紧急集合点。紧急集合点的设置应满足人员数量要求，应设置在相对空旷的场所，方便紧急情况下人员能够迅速集中和撤离。易受台风影响的地区应密切关注气象部门的台风预警，对台风路径进行了解，提前做好各项准备工作。

台风预警等级分为Ⅰ、Ⅱ、Ⅲ、Ⅳ四个级别，分别代表 特别重大（Ⅰ级，红色预警）、重大（Ⅱ级，橙色预警）、较大（Ⅲ级，黄色预警）及一般（Ⅳ级，蓝色预警）。接收到红色预警信息后，施工单位应立即停产停业，组织人员撤离。

（1）脚手架安全技术要点

台风天气应立即停止脚手架作业。外架脚手板、竹笆和围网要绑扎牢固，外架与结构的拉结要定期检查，同时外架上的零星材料和零星垃圾要及时清理干净。

附着在外脚手架上的广告宣传类展板不宜过大，否则会大大增加受风面积，进而增大外架承受的风荷载。易受台风影响的地区，上述宣传类展板应单独与结构采取拉结措施，以减少架体风荷载。

（2）大型机械安全技术要点

大型机械设备的使用中，对于起重臂根部铰点高度大于 50m 的塔机，必须配备风速仪。当风速大于工作极限风速时，应能发出停止作业的警报。风速仪应设在塔机顶部的不挡风处。

台风频发地区的施工升降机、物料提升机在确定安装位置时，应尽可能选择建筑物的背风面，并应设置电缆线护圈以防止大风天气下电缆线位置偏移。

当现场风速达到 6 级风时，塔式起重机、施工电梯必须停止作业。施工电梯轿厢、室外吊篮等必须降至地面，塔式起重机吊钩应收至最上端，吊臂应确保能 360° 自由回转。台风过后应对起重机械设备进行检查，验收通过后方可进行使用。台风来临前，施工现场应立即暂停所有建筑施工起重机械设备的使用，全面检查设备基础、地锚及附墙装置、井架缆风绳等紧固连接。

（3）材料堆放安全技术要点

市政施工、室外建筑工程施工中，材料堆放一般在室外，堆放高度不宜过高。大型材料堆场在选址时，应尽量选择主体工程的挡风面。工作面上有零散材料的，要采取覆盖或及时移置到地面的措施，防止大风吹落伤人。

（4）临时设施安全技术要点

台风季节要加强对围墙围挡、加工棚设施的检查，及时加固或拆除存在问题的围墙，避免对路边人员或公共设施造成影响。易发台风地区，临建板房屋面需纵横向设置杆件、绳索等，并向下与地面作好牢固连接，连接件需在地面硬化之前进行预埋。新砌筑尚未与构造柱、圈梁连接的墙体，要进行加固，防止风大导致墙体垮塌造成人员伤害。

（5）应急措施

项目部要针对施工现场实际情况编制切实可行的防台风应急预案，对台风过境前人员撤离、疏散的路线，地点及撤离的方式进行明确，并定期进行演练。

项目部接到台汛预报后，应立即根据台风预警等级启动应急预案，组织检查防汛抗台各项工作的准备情况，协调解决及明确有关应急事项。

接收到台风红色预警后，项目部应立即组织人力对施工现场全体人员进行清场，确保台风过境时，全部人员安全撤离至紧急避险点，并妥善安置。台风过境后对施工现场进行全面隐患排查，确保无后续隐患后方可安排人员返回。

3. 常见隐患及防范整改措施

（1）广告展板直接与外脚手架连接，增大风荷载

整改防范措施：受风面积较大的广告类展板应单独与结构进行拉结，不得与外脚手架连接。

（2）大型机械设施回转锁死

整改防范措施：台风季节下，塔式起重机停止作业后要保持回转保持打开状态，保证风速仪正常工作。

（3）临时设施加固措施不到位

整改防范措施：台风季节中对临时设施应组织定期检查，尤其是板房等临建设施的防台风加固措施，必须符合使用要求。

（4）紧急集合点设置不合理

整改防范措施：施工现场应保证在就近原则的基础上，选择相对开阔的地点如体育场

等设置紧急集合点，利于台风过境情况下人员的紧急避险。

十一、模板支撑工程、脚手架工程、土方基坑工程等施工现场安全检查巡查及制止违章违纪行为

模板支撑、脚手架、土方基坑等危险性较大的分部分项工程是建筑施工现场安全管理的重点，建筑施工群死群伤事故的发生，多半是由于安全管理措施不到位造成的，本节重点讨论检查巡查的主要内容及制止违章违纪行为。

（一）模板支撑工程施工现场安全检查巡查

1. 安全检查的主要内容

1）是否按照规定编制了模板支架工程专项施工方案，是否按照规定进行审核、审批。

2）是否对滑模、爬模、飞模等工具式模板工程及超过一定规模的高大模板支撑工程的专项施工方案，组织进行了专家论证。

3）模板支架材料进场验收前，是否按规定组织进行了验收。

4）支架系统的立柱材料材质和规格是否符合设计和安全要求。

5）模板支架搭设、拆除前，是否向现场施工作业人员进行了安全技术交底。

6）模板支架搭设基础是否坚实平整，是否符合设计承载力要求。支架底部纵横向扫地杆的设置是否符合规范要求。

7）模板支架是否按专项施工方案设置纵横向水平杆和剪刀撑；立杆伸出顶层水平杆中心线至支撑点的长度是否符合规范要求；可调托撑顶部螺杆伸出长度是否符合规范要求。

8）模板支架搭设、拆除等工作是否严格按照专项施工方案组织实施，相关管理人员是否进行了现场监督。

9）为保证立杆的整体稳定性，在安装立柱的同时，是否加设水平支架、剪刀撑及连墙件。

10）立柱的间距是否符合专项施工方案的要求，按照施工方案的规定设置。

11）模板支架搭设完毕是否组织人员进行验收，是否验收合格，进入下一道工序施工。

12）混凝土浇筑的顺序是否按照专项施工方案规定进行，是否按照专项施工方案规定对模板支架进行监测。

13）现浇混凝土结构模板及其支架拆除时的混凝土强度是否符合设计和规范要求。

14）拆除的顺序和方法是否根据专项施工方案的要求进行。

2. 日常安全巡查的主要内容

1）安装和拆除模板时，操作人员应佩戴安全帽、系安全带、穿防滑鞋。操作人员未接受安全技术交底的严禁参与搭设。

2）模板支架构配件的规格、型号、材质是否符合专项方案要求；钢管不应有严重的弯曲、变形、锈蚀。

3）立杆底部基土未回填夯实，垫木设置不符合方案要求严禁搭设。

4）纵横向剪刀撑、连墙件的设置符合要求。

5）模板工程安装高度超过一定高度，搭设脚手架，除操作人员外，脚手架下不得站人。

6）作业时，模板和配件不允许随意堆放，模板应放平放稳，严禁滑落。脚手架或操作平台上临时堆放的模板不得超过 3 层，脚手架或操作平台上的施工总荷载不得超过其设计值。

7）工具和连接件是否放在箱盒或工具袋中，不得散放在脚手架上。

8）施工人员上下通行是否借助马道、施工电梯或上人扶梯等设施，不允许攀登模板、斜撑杆、拉条或绳索等上下，不允许在高处的墙顶、独立梁或其模板上行走。

9）混凝土浇筑时，是否按照专项施工方案规定的顺序进行，发现架体存在坍塌风险时，应当立即组织作业人员撤离现场。

10）遇到大雨、大雾、沙尘、大雪或 6 级以上大风等恶劣天气时，必须暂停露天高处作业。

（二）脚手架工程的安全检查巡查

1. 脚手架工程安全检查的主要内容

1）是否按照规定编制了脚手架工程专项施工方案，是否按照规定进行审核、审批。

2）是否对下列超过一定规模的脚手架工程组织进行了专家论证：①搭设高度 50m 及以上落地式钢管脚手架工程；②提升高度 150m 及以上附着式整体和分片提升脚手架工程；③架体高度 20m 及以上悬挑式脚手架工程。

3）脚手架工程搭设、拆除人员是否取得建筑施工特种作业人员操作资格证书。

4）附着式升降脚手架安装拆除单位是否具备规范要求的资质。

5）脚手架搭设、拆除前，是否向管理人员和作业人员进行安全技术交底。

6）脚手架材料进场使用前，是否按规定进行了验收，未经验收或验收不合格的严禁使用。

7）脚手架搭设、拆除是否严格按照专项施工方案组织实施，相关管理人员是否在现场进行监督。

8）落地式脚手架基础是否平整、夯实，并设有排水措施，架体底部是否按要求设置垫板和底座，架体扫地杆设置是否符合专项方案要求。

9）悬挑脚手架悬挑钢梁是否经设计计算，钢梁锚固处结构强度、锚固措施是否符合设计和规范要求，钢梁外端是否设置钢丝绳或钢拉杆与上层建筑结构拉结。

10）脚手架是否按专项施工方案设置剪刀撑和连墙件。剪刀撑是否随立杆、纵向和横向水平杆等同步设置，斜杆下端支架必须设置在垫块或垫板上。

11）脚手架外侧以及悬挑式脚手架、附着升降脚手架底层是否封闭严密。脚手架作业层是否按要求铺设脚手板，里排架体与建筑物之间是否采用脚手板或安全平网封闭，作业层脚手板下是否采用安全平网兜底，每隔 10m 且不大于两层是否采用安全平网封闭。

12）附着式升降脚手架升降设备和防坠落装置与建筑结构固定方式符合设计和规范要求，防倾覆装置安装正确，技术性能符合规范要求；架体构造和附着支座是否符合规范要求。

13）脚手架立杆接长是否符合下列要求：①除顶层顶步可采用搭接外，其余必须采用对接扣件连接，立杆上的对接扣件应交错布置，两根相邻立杆的接头不应设置在同步内；②搭接应采用不少于 2 个旋转扣件固定。

14）脚手架搭设是否分阶段组织验收，按要求验收合格后投入使用。脚手架应在下列阶段应进行检查和验收：①脚手架基础完工后，架体搭设前；②每搭设完 6～8m 高度后；③作业层上施加荷载前；④达到设计高度后或遇有六级及以上的风或大雨后；⑤冻结地区解冻后；⑥停用超过一个月等。

15）脚手架定期检查的主要内容包括：①杆件的设置与连接，连墙件、支架、门洞桁架的构造是否符合要求；②地基是否积水，底座是否松动，立杆是否悬空，扣件是否松动；③高度在 24m 以上的双排、满堂脚手架，高度在 20m 以上的满堂支架，其立杆的沉降与垂直度的偏差是否符合技术规范要求；④架体安全防护措施是否符合要求；⑤是否有超载使用现象。

16）脚手架拆除是否符合要求：①由上而下逐层进行；②连墙件逐层拆除。

2. 脚手架工程日常安全巡查的主要内容

1）安装和拆除脚手架时，操作人员应佩戴安全帽、系安全带、穿防滑鞋。操作人员未持架子工证件、未接受安全技术交底的人员严禁参与搭拆作业。

2）脚手架构配件材质，型钢、钢管、构配件规格材质应符合施工方案要求；型钢、钢管弯曲、变形、锈蚀应在规范允许范围内。

3）脚手架搭设、拆除严格按照专项施工方案组织实施，发现不按照专项施工方案施工的，应当要求立即整改。

4）落地式脚手架架体基础是否积水、沉降及立杆悬空，底部垫板和底座设置是否符合要求；悬挑脚手架悬挑钢梁尺寸、截面形式、锚固端长度、锚固处结构强度、锚固措施、与结构拉结及间距设置是否符合要求。

5）脚手架是否设置纵、横向扫地杆，设置高度、连接形式、扣件选择是否符合专项方案要求。

6）是否符合脚手架剪刀撑和连墙件的设置形式要求，开口形脚手架的两端必须设置连墙件，两端必须设置横向斜撑。

7）在脚手架使用期间，严禁拆除主节点处的纵、横向水平杆，纵、横向扫地杆和连墙件。

8）是否符合脚手架防护要求：①作业层是否按方案要求设置防护栏杆、挡脚板；②脚手板铺设是否严密、牢固，铺设符合要求；③作业层以下是否按要求设置水平防护，架体外侧密目式安全网封闭，网间连接是否符合要求；④悬挑脚手架底层是否进行封闭。

9）搭拆脚手架时，地面应设围栏和警戒标志，并应派专人看守；搭拆作业人员作业时各构配件严禁直接抛扔至地面；临街搭设脚手架时，外侧应有防止坠物伤人的防护措施。

10）当遇六级及以上强风、浓雾、雨或雪天气时应停止脚手架搭设与拆除作业。雨、雪后上架作业应有防滑措施，并应扫除积雪。

11）作业层上的施工荷载是否符合作业要求，严禁在脚手架上超载堆放材料，严禁将模板支架、缆风绳、泵送混凝土和砂浆的输送管等固定在架体上。脚手架严禁悬挂起重设备。

12）脚手架搭设和拆除必须由上而下逐层进行，严禁上下同时作业。拆除脚手架时连墙件应随脚手架逐层拆除，严禁先将连墙件整层或数层拆除后再拆脚手架，分段拆除高差不应大于2步，如高差大于2步，应增设连墙件加固。

（三）土方基坑工程的安全检查巡查及制止违章违纪行为

1. 土方基坑工程安全检查的主要内容

1）是否按照规定编制了土方基坑工程专项施工方案、基坑工程应急救援预案及基坑监测方案，基坑支护是否进行专项设计，是否按照规定进行审核、审批。

2）是否对下列深基坑工程组织专家进行了论证：①开挖深度超过5m（含5m）的基坑（槽）的土方开挖、支护、降水工程；②开挖深度虽未超过5m，但地质条件、周围环境和地下管线复杂，或影响毗邻建筑（构筑）物安全的基坑（槽）的土方开挖、支护、降水工程。

3）是否对影响较大的D级爆破工程编制爆破设计书，并对爆破方案组织专家论证。

4）基坑工程施工企业是否具有相应的资质和安全生产许可证，资质范围是否符合要求；爆破工程是否具有相应爆破资质和安全生产许可证的企业承担，爆破作业人员是否取得资格证书，并持证上岗；爆破工程作业现场是否由具有相应资格的技术人员指导施工。

5）基坑施工前，施工技术管理人员是否向现场管理人员和作业人员进行安全技术交底，特种作业人员是否持证上岗，机械操作人员是否经专业技术培训，是否擅自离岗或将机械设备交给其他无证人员操作，操作人员是否疲劳或酒后作业，是否建立交接班制度。

6）施工机械设备是否具有出厂合格证书，是否存在超载和扩大使用范围作业，是否定期进行维修保养。

7）基坑支护施工是否严格按照专项施工方案组织实施，相关管理人员是否在现场进行监督。

8）基坑施工是否采取有效措施保护基坑主要影响区范围内的建（构）筑物和地下管线安全。

9）基坑周边施工材料、设施或车辆载荷是否超过设计要求的地面载荷限值。采用机械多台阶同时开挖时，是否验算边坡的稳定，挖土机离边坡是否保持一定的安全距离，以防坍塌，造成翻机事故。

10）基坑周边是否按要求采取临边防护措施，是否设置畅通的作业人员上下专用通道，设置数量是否符合要求。

11）是否采取基坑施工内外地表水和地下水控制措施；汛期施工，是否对施工现场排水系统进行检查和维护。

12）基坑施工是否做到先支护后开挖，严禁超挖，及时回填；采取支撑的支护结构拆除时是否达到拆除条件。

13）是否按照规定对基坑工程实施施工监测和第三方监测，是否指定专人对基坑周边进行巡视，出现危险征兆时是否立即报警。

14）土方施工过程中，是否发现古墓、古物等地下文物或其他不能辨认的液体、气体及异物。

15）配合机械施工的作业人员，是否在机械设备的回转半径以外作业。

16）是否出现填挖土土体不稳定，地面涌水冒浆、陷车和坡道打滑。

17）夜间作业时，是否有足够照明；机械设备照明装置是否完好。

18）作业结束后，机械设备是否停在安全地带。

19）有爆破施工的场地，是否设置了人员安全撤离的通道和庇护场所。

20）基坑临边、临空位置、堆积物高度超过1.8m及周边危险部位，是否设置明显的安全警示标识，并应安装可靠围挡和防护。

21）是否在基坑支护结构达到设计强度后开挖下层土方，是否有设备或重物碰触支撑、腰梁、锚杆等基坑支护结构。

22）夜间施工是否设置了足够的照明措施和安全警示标志。

23）基坑开挖完毕后，是否组织验收合格后使用。

24）在暴雨、冰雹、台风等灾害天气，是否对基坑安全进行现场检查。

25）主体结构施工时，是否损坏基坑支护结构。

26）基坑周围破裂面以内是否建造临时设施，必须建造临时设施是否经设计复核。

27）基坑周围地面是否产生裂缝并采取措施封闭裂缝。

2. 土方基坑工程日常安全巡查的主要内容

1）是否按照土方基坑专项施工方案组织实施，发现不按照专项施工方案施工的，应当要求立即整改。

2）特种作业操作人员持证件上岗，未接受安全技术交底的人员严禁参与作业。

3）施工机械设备是否随设备携带出厂合格证书，是否存在超载和扩大使用范围作业，是否定期进行维修保养。

4）保护基坑主要影响区范围内的建（构）筑物和地下管线安全措施是否到位。

5）是否存在基坑周边施工材料、设施或车辆载荷超过设计要求的地面载荷限值。挖土机离边坡是否保持一定的安全距离，以防坍塌，造成翻机事故。

6）基坑周边临边防护措施是否完整有效，作业人员上下专用通道是否畅通。

7）基坑施工内外地表水和地下水控制措施是否到位。

8）基坑工程施工监测和第三方监测是否按照规定开展，基坑周边是否出现危险征兆。

9）土方施工过程中，发现古墓、古物等地下文物或其他不能辨认的液体、气体及异物应立即停止作业，作好现场保护。

10）机械设备的回转半径内是否有作业人员。

11）现场照明是否足够，机械设备照明装置是否完好。

12）作业结束后，机械设备的停放是否符合要求。

13）有爆破施工的场地，人员安全撤离的通道和庇护场所是否有效。

14）现场安全警示标示、围挡和防护是否设置齐全有效。

15）设备或重物严禁碰触支撑、腰梁、锚杆等基坑支护结构。

16）基坑开挖完毕后，未经组织验收合格前是否擅自使用。

17）主体结构施工时，是否存在基坑支护结构损坏。

18）基坑周围地面是否存在裂缝。

（四）制止违章违纪行为

1. 施工现场的违章违纪

施工现场的违章违纪主要是针对施工现场人员违章指挥、违章操作和违反劳动纪律。

1）违章指挥主要是指违反安全生产方针、政策、法律、条例、规程、制度和有关规定指挥生产的行为。

2）违章作业主要是指现场操作工人违反操作岗位的安全规章和制度，如安全生产责任制、安全操作规程、工人安全守则、安全用电规程、交接班制度等以及安全生产通知、决定等作业行为。

3）违反劳动纪律主要是指施工人员违反施工单位的工作劳动纪律，以及与工作紧密相关的其他过程中必须共同遵守的单位要求。

2. 施工现场常见的违章违纪行为

1）不遵守安全生产规程、制度和安全技术措施或擅自变更安全工艺和操作程序。

2）指挥者未经培训上岗，使用未经安全培训的劳动者或无专门资质认证的人员。

3）指挥工人在安全防护设施或设备有缺陷、隐患未解决的条件下冒险作业。

4）发现违章不制止。

5）不遵守施工现场的安全制度，进入施工现场不戴安全帽、高处作业不系安全带和不正确使用个人防护用品。

6）擅自动用机械、电气设备或拆改挪用设施、设备。

7）随意攀爬脚手架和高空支架。

8）忽视安全、忽视警告。

9）冒险进入危险场所。

10）在起吊物下作业、停留、通行。

11）在机器运转时进行检查、维修、保养等工作。

12）对易燃易爆等危险物品处理错误。

13）不遵守上下班时间、生产与工作纪律、奖惩制度、其他纪律等。

3. 违章违纪行为的处理

（1）制止

安全检查人员发现违章、违纪或不安全行为，应立即要求其停止违章、违纪、不安全行为。

（2）安全教育

安全检查人员发现违章、违纪或不安全行为，在进行制止后，可以由检查人员或违章违纪人员的单位对违章违纪人员进行安全教育，以防止再次违章违纪。多次违章的作业工人、作业班组，要组织针对性的安全教育，结合安全教育体验馆、VR安全教育体验等方法加强教育效果。

（3）要求整改

安全检查人员发现违章、违纪或不安全行为，进行制止后还可向责任单位下发整改通知书并要求整改，该责任单位应制定相应的整改措施，在限定的时间内整改完成，并向检查人员反馈整改情况。

（4）停止施工

检查人员如遇到可能发生的危险情况，有权力要求现场停止正在实施的工程，直到违章违纪的行为得到改正。

（5）禁止违章违纪人员入场

检查人员对出现的违章违纪行为，可以视情节严重程度要求违章违纪人员离开现场，并在规定的时间内不得进入现场。

（6）禁止违章违纪人员所在单位进入现场

检查人员对出现的违章违纪行为，对违章违纪人员驱逐出场以外，假如上述违规行为涉及面广，违章违纪人员所在单位在工作过程中未积极进行安全管理或弄虚作假。检查人员还可以视情况要求违章违纪人员所在单位的所有人员不得进入现场。

（7）并处罚款或经济索赔

检查人员对施工现场出现的违章违纪行为，除违章违纪行为人及其单位进行上述处理以外，还可以依相关合同或规章制度并处罚款；如果违章违纪行为对施工现场或相关人员造成损失的，还应对其进行经济索赔。

十二、施工现场安全隐患排查、报告及监督落实整改情况

（一）安全隐患排查

1. 隐患排查目的

在企业日常安全生产管理工作中，隐患排查是安全检查的一种方式，隐患排查应与企业日常安全生产管理工作相结合，隐患排查是企业贯彻落实"安全第一、预防为主、综合治理"方针的重要手段，同时也是发现安全隐患，堵塞安全漏洞，强化安全管理，搞好安全生产的重要措施之一。通过隐患排查能发现施工现场在管理和生产过程中存在的危险因素，并采取措施加以整改，提出预防控制措施，保证施工现场安全生产顺利进行。

隐患排查作为安全管理程序中的一个重要部分，其目的是查找施工现场存在及潜在的危险，确定危害的根本原因，对危害源实施监控，最终采取纠正措施，确保企业安全、健康、稳定发展，

2. 安全隐患的分类

安全隐患是指违反安全生产法律、法规、规章、标准、规程和安全生产管理制度的规定，或者因其他因素在生产经营活动中存在可能导致事故发生的物的危险状态、人的不安全行为和管理上的缺陷，又称为事故隐患。

按照可能造成事故的危害大小，事故隐患通常可分为一般事故隐患和重大事故隐患。一般事故隐患是指危害和整改难度较小，发现后能够立即整改排除的隐患。重大事故隐患是指危害和整改难度较大，应当全部或者局部停工，并经过一定时间整改治理方能排除的隐患，或者因外部因素影响致使自身难以排除的隐患。

按照安全管理的内容，事故隐患又可分为三类，即人的不安全行为隐患、物的不安全状态隐患（环境缺陷包括其中）、管理缺陷隐患。

3. 安全隐患形成原因

　　建设工程安全隐患包括四个部分的不安全因素：人的不安全因素、物的不安全状态、环境因素和组织管理上的不安全因素。其中人的不安全因素包括个人的不安全因素（心理上的不安全因素、生理上的不安全因素、能力上的不安全因素）和人的不安全行为。

　　1）人的不安全行为指能造成事故的人为错误，是人为地使系统发生故障或发生性能不良事件，是违背设计和操作规程的错误行为。

　　2）物的不安全状态是指能导致事故发生的物资条件，包括机械设备或环境所存在的不安全因素。

　　3）环境因素是指不良作业环境，是导致事故发生的直接原因，不良的作业环境（如温度、湿度、照明、粉尘、辐射等）可以导致人的不安全行为和物的不安全状态。

　　4）安全管理因素是指管理方面的缺陷，能直接导致"人失误"、"物故障"及不良作业环境，是构成事故隐患的重要因素，进而引发安全生产事故。

　　生产实践中，人的不安全行为可分为 13 类，是导致事故发生的直接原因，人的不安全行为可以导致物的不安全状态。物的不安全状态可分为 4 大类，是导致事故发生的直接原因，物的不安全状态可以造成人的不安全行为和不良的作业环境。安全管理因素可分为 6 大类，可见表 6-27，是导致事故发生的重要原因。

安全隐患形成因素分类表 表 6-27

隐患形成原因	主要内容
人的不安全行为	1. 操作错误、忽视安全、忽视警告； 2. 造成安全装置失效； 3. 使用不安全设备； 4. 手代替工具操作； 5. 物体存放不当； 6. 冒险进入危险场所； 7. 攀、坐不安全位置（如平台护栏、汽车挡板、吊车吊钩）、未及时瞭望； 8. 在起吊物下作业、停留； 9. 机器运转时加油、修理、检查、调整、焊接、清扫等作业； 10. 有分散注意力行为； 11. 在必须使用个人防护用品用具的作业场合中，忽视其使用作用； 12. 不安全装束； 13. 对易燃、易爆等危险物品处理错误
物的不安全状态	1. 防护、保险、信号等装置缺失或有缺陷； 2. 设备、设施、工具、附件有缺陷； 3. 个人防护用品用具缺少或有缺陷； 4. 生产（施工）场地环境不良
安全管理因素	1. 对物质性能控制的缺陷； 2. 对人失误控制的缺陷； 3. 对违反安全人机工程原理控制缺陷； 4. 工艺过程缺陷； 5. 用人单位缺陷； 6. 风险管理缺陷

4. 安全隐患排查的方式和内容

在企业日常安全生产管理工作中，隐患排查应与企业日常安全生产检查相结合。及时排查治理隐患，从源头上防范事故至关重要，施工企业应根据自身的施工特点，结合实际情况制订排查频率。其中安全隐患排查类型可分为日常安全隐患排查、定期安全隐患排查、季节性（节假日前后）安全隐患排查、专业性安全隐患排查、专项安全隐患排查、不定期排查、开复工排查等。隐患的排查通常采用安全检查表法，安全检查表依据有关法律法规及标准规范、施工现场具体情况和特点、已有的安全管理资料、项目管理制度文件等进行编制，依据这些文件资料，编制针对性较强的安全检查表，对现场进行隐患排查（表6-28）。

安全隐患排查方式内容表　　　　　　　　　　　　　　　　表 6-28

排查类型	检查频率	主要排查内容
定期排查	每项每周至少1次	1. 危险作业许可管理情况； 2. 安全专项方案、交底、验收等执行情况； 3. 安全防护、机械设备、临时用电、消防等情况是否完好； 4. 安全教育、人员持证等情况； 5. 安全费用投入是否足额到位； 6. 安全生产责任制的落实情况等
专项排查	每项每月至少1次	文明施工、消防、临电、大型机械、临时设施、深基坑、高大模板等
节假日排查	法定节假日前后	消防、保卫、安全防护设施等
季节性排查	冬期、雨期、高温	1. 冬期的防冻、防火、防滑、防中毒等； 2. 雨期的防汛、防雷等； 3. 高温的人员防暑降温、火灾事故预防等
日常排查	每天至少2次	1. 危险作业审批和过程监督、安全防护、"三违"、文明施工； 2. 安全设施及防护用品投入、工人劳防用品佩戴情况

5. 组织开展安全隐患排查

（1）建立隐患排查工作领导小组

企业应建立隐患排查领导小组，确定巡查小组成员，明确各部门、岗位职责分工，并制定巡查领导小组规章制度。

（2）安全隐患排查准备

确定排查对象，明确排查目的和任务，根据隐患排查对象的预测可能发生的危险危害情况，编制排查计划、方案并将检查内容表格化，准备必要的检测工、器、具，根据排查目的和任务选择参与检查的人员组成并进行培训。

（3）实施安全隐患排查

安全隐患排查通过访谈、查阅文件和记录、现场观察、仪器测量等方式获取信息。通过与现场人员谈话来检查安全意识和规章制度执行情况；检查设备文件、作业规程、安全措施、责任制度、操作规程等是否齐全有效；查阅相应记录，判断上述文件是否被执行；对作业现场的生产设备、安全防护设施、作业环境、人员操作等进行观察，寻找不安全因素、事故隐患、事故征兆等；利用一定的检测检验仪器设备，对在用的设施、设备、器材状况及作业环境条件进行测量来查找隐患。

(二) 安全隐患的报告

1. 逐级报告

发现隐患一般采用逐级报告的形式，即员工报班组、班组报项目、项目报企业，特殊情况报告人可越级上报。发现一般事故隐患，应及时逐级报告至项目负责人；发现重大事故隐患，应由项目负责人报告至企业安全管理部门，必要时报告至企业负责人。

2. 报告形式

报告分为书面报告和口头报告两种。在书面报告中，报告内容应包括隐患地点、隐患内容、拟采取措施建议、报告人信息等。重大事故隐患报告内容还应包括隐患的现状及其产生原因、隐患的危害程度和整改难易程度分析、隐患的治理方案等。

(三) 安全隐患的监督整改落实

1. 安全隐患整改

1) 施工企业对排查出的事故隐患，应当按照"登记-整改-复查验证-销项"的流程处置，建立隐患整改销项清单，实现闭环管理。隐患整改销项清单可参考表 6-29。

隐患整改销项清单（样表）　　　　　　　　　　　　　　表 6-29

序号	问题/隐患描述	存在部位	责任部门	检查时间	整改要求及期限	检查人	复查时间	复查结果	复查人	是否销项	备注
1											
2											
3											
4											
5											
6											
7											

在企业安全管理工作中，可将建筑施工安全信息化管理运用在安全生产和事故的预防、救援、处理中。通过建筑施工安全信息化平台的应用，能够高效率地收集、存储和处理大量信息资料，大大提高管理信息的质量和效能，能够及时准确地掌握和迅速地传递信息，实现对管理系统的有效沟通和适时管理；能够提高现代管理技术水平，提高预测、决策和计划的质量与效率。

2) 对于一般事故隐患施工企业应当立即组织整改治理。对于难以做到立即整改的，则应下发"隐患整改通知"限期整改。

3) 对于重大事故隐患施工企业主要负责人应当组织制定并实施事故隐患整改治理方案，做到责任落实、措施落实、资金落实、时限和预案落实。涉及复杂、疑难技术问题的应当组织专家进行论证。重大事故隐患整改治理方案应包括以下内容：基本情况、目标和任务、方法和措施、经费和物资、治理的机构和人员、治理时限、安全措施和应急预案。

4）在重大隐患治理过程中，应当采取可靠的安全防范措施，当无法保证安全时，应当先撤出作业人员，并疏散可能危及的其他人员，设置警戒标志，暂时局部或全部停工；对暂时难以停工或者停止使用的设施、设备，应当加强监测与维护，防止意外事故发生。

5）重大隐患治理完成后，应对治理情况进行验证和效果评估。

2. 整改销项

隐患排查治理完成后，应对整改情况进行验收，并予以销项。对一般事故隐患，经项目负责人签字确认，即可销项。重大事故隐患，应由企业负责人签字确认，即可销项。

3. 责任追究及奖惩

施工企业应建立隐患排查治理工作的奖惩制度，将隐患排查治理工作纳入工作绩效考核体系。对隐患排查治理工作完成良好，以及能够及时发现、报告和排除事故隐患的单位和个人给予奖励；对隐患排查治理工作不力、治理措施不落实，以及瞒报谎报事故隐患的，要追究相关责任人的责任并给予处罚。

第七章 事故应急救援和事故报告、调查与处理

建设工程生产安全事故具有突发性、紧迫性的特点，容易导致生命、财产损失和不良的社会影响。因此，建立事故应急救援体系，组织及时有效的应急救援行动，已成为防止事故扩大、降低危害程度的关键环节。

一、事故应急救援预案的编制、演练和实施

建筑施工企业应当根据有关法律、法规和国家其他有关规定，结合本单位的危险源状况、危险性分析情况和可能发生的事故特点，制定相应的应急救援预案。

（一）事故应急救援预案的编制

1. 事故应急救援预案的类别

一般而言，应急预案可分为综合应急预案、专项应急预案和现场处置方案。应急预案的层次如图 7-1 所示。

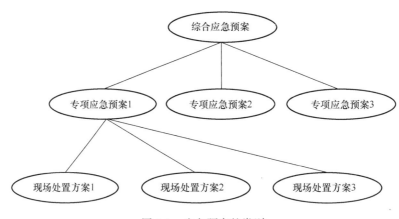

图 7-1　应急预案的类别

综合应急预案是从总体上阐述事故的应急方针、政策，应急组织结构及相关应急职责，应急行动、措施和保障等基本要求和程序，是应对各类事故的综合性文件。

专项应急预案是针对具体的事故类别（如基坑坍塌、高处坠落等事故）、危险源和应急保障而制定的计划或方案，是综合应急预案的组成部分，应按照应急预案的程序和要求组织制定，并作为综合应急预案的附件。专项应急预案应制定明确的救援程序和具体的应急救援措施。

现场处置方案是针对具体的装置、场所或设施、岗位所制定的应急处置措施。现场处置方案应具体、简单、针对性强。现场处置方案应根据风险评估及危险性控制措施逐一编

制，做到事故相关人员应知应会，熟练掌握，并通过应急演练，做到迅速反应、正确处置。

2. 事故应急救援预案的分级

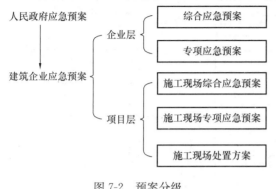

图 7-2　预案分级

根据紧急情况的影响范围、事故损失的严重程度以及应急响应的主体等三个方面的因素，应急救援预案可分为政府层级的应急预案和企业层级的应急预案。

企业层级的应急预案应与政府层级的应急预案相互衔接，并纳入政府应急层级的应急预案体系内。同时，建筑施工企业的应急预案又需在企业层级和项目层级分别建立，如图 7-2 所示。

3. 事故应急救援预案的编制要求

应急救援预案的编制应满足下列要求：

1）符合有关法律、法规、规章和标准的规定。

2）结合本单位的安全生产实际情况。

3）结合本单位的危险性分析情况。

4）应急组织和人员的职责分工明确，并有具体的落实措施。

5）有明确、具体的事故预防措施和应急程序，并与其应急能力相适应。

6）有明确的应急保障措施，并能满足本单位的应急工作要求。

7）预案基本要素齐全、完整，预案附件提供的信息准确。

8）预案内容与相关应急预案相互衔接。

4. 事故应急救援预案的编制

企业及项目层级的事故应急救援预案应按照以下程序进行编制，如图 7-3 所示。

（1）成立应急预案编制工作组

建筑施工企业和项目部应结合本单位部门分工和职能，成立以主要负责人（或分管负责人）为组长，相关部门人员参加的应急预案编制工作组，明确工作职责和任务分工，制定工作计划，组织开展应急预案编制工作。

（2）资料收集

应急预案编制工作组应收集与预案编制工作相关的法律法规、技术标准、应急预案、国内外同行业事故资料，同时收集本单位安全生产相关技术资料、周边环境影响、应急资源等有关资料。

（3）风险评估

应急预案编制前应分析企业和项目所存在的危险因素，确定事故危险源；分析可能发生的事故类型及后果，并指出可能产生的次生、衍生事故；评估事故的危害程度和影响范围，提出风险防控措施。

（4）应急能力评估

在全面调查和客观分析企业和项目应急队伍、装备、物资等应急资源状况基础上开展应急能力评估，并依据评估结果，完善应急保障措施。

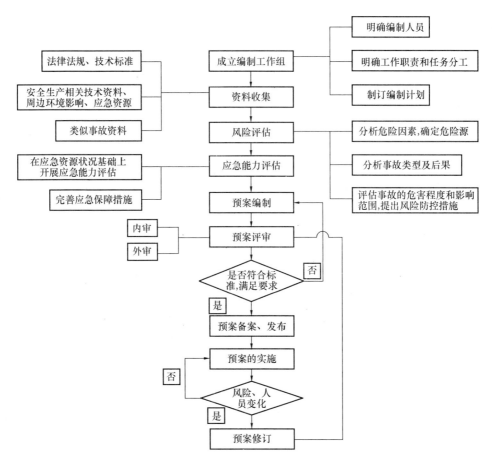

图 7-3　应急预案的编制程序

（5）应急预案编制

依据企业和项目风险评估以及应急能力评估结果，组织编制应急预案。应急预案编制应注重系统性和可操作性，做到与相关部门和上级单位应急预案的相互衔接。

（6）应急预案评审

企业层级的应急预案编制完成后，应组织评审。评审分为内部评审和外部评审，内部评审由企业主要负责人组织有关部门和人员进行，外部评审由企业组织外部有关专家和人员进行评审。

（7）应急预案备案颁布

企业层级的应急预案评审合格后，由主要负责人签发实施，并向主管部门备案。项目层级的应急预案编制完成后，应报企业主管部门进行审核批准后实施。

（8）应急预案修订

随着企业和项目安全生产形势的变化，风险也将随之发生改变，因此，各层级的应急预案也应当随着风险的变化及时进行改进，以满足事故应急救援工作的需要。

5. 综合应急救援预案的内容

（1）总则

应简述应急预案编制的目的；编制所依据的法律、法规、规章、标准和规范性文件以及相关应急预案等；说明应急预案适用的工作范围和事故类型、级别；说明企业应急预案体系的构成情况；说明应急工作的原则。

（2）事故风险描述

应简述企业存在或可能发生的事故风险种类、发生的可能性、严重程度及影响范围等。

（3）应急组织机构及职责

明确企业的应急组织形式及组成单位或人员，可用结构图的形式表示，明确构成部门的职责。应急组织机构根据事故类型和应急工作需要，可设置相应的应急工作小组，并明确各小组的工作任务及职责。

（4）预警及信息报告

应根据企业检测监控系统数据变化状况、事故险情紧急程度和发展势态或有关部门提供的预警信息进行预警，明确预警的条件、方式、方法和信息发布的程序。

同时应明确企业 24 小时应急值守电话、事故信息接收、通报程序和责任人；明确事故发生后向上级主管部门、上级单位报告事故信息的流程、内容、时限和责任人；明确事故发生后向本企业以外的有关部门或单位通报事故信息的方法、程序和责任人。

（5）应急响应

应针对事故危害程度、影响范围和企业控制事态的能力，对事故应急响应进行分级，明确分级响应的基本原则。根据事故级别的发展态势，描述应急指挥机构启动、应急资源调配、应急救援、扩大应急等响应程序。针对可能发生的事故风险、事故危害程度和影响范围，制定相应的应急处置措施，明确处置原则和具体要求。明确现场应急响应结束的基本条件和要求。

（6）信息公开

明确向有关新闻媒体、社会公众通报事故信息的部门、负责人和程序以及通报原则。

（7）后期处置

主要明确污染物处理、生产秩序恢复、医疗救治、人员安置、善后赔偿、应急救援评估等内容。

（8）保障措施

应明确可为企业提供应急保障的相关单位及人员通信联系方式和方法，并提供备用方案。同时，建立信息通信系统及维护方案，确保应急期间信息通畅。明确应急响应的人力资源，包括应急专家、专业应急队伍、兼职应急队伍等。明确企业的应急物资和装备的类型、数量、性能、存放位置、运输及使用条件、管理责任人及其联系方式等内容。根据应急工作需求而确定的其他相关保障措施（如经费保障、交通运输保障、技术保障、医疗保障等）。

（9）预案管理

应明确对企业人员开展的应急预案培训计划、方式和要求，使有关人员了解相关应急预案内容，熟悉应急职责、应急程序和现场处置方案。如果应急预案涉及社区和居民，要做好宣传教育和告知等工作。明确企业不同类型应急预案演练的形式、范围、频次、内容以及演练评估、总结等要求。明确应急预案修订的基本要求，并定期进行评审，实现可持续改进。明确应急预案的报备部门，并进行备案。明确应急预案实施的具体时间、负责制定与解释的部门。

6. 专项应急救援预案的内容

（1）事故风险分析

针对可能发生的事故风险，分析事故发生的可能性以及严重程度、影响范围等。

（2）应急指挥机构及职责

根据事故类型，明确应急指挥机构总指挥、副总指挥以及各成员单位或人员的具体职责。应急指挥机构可以设置相应的应急救援工作小组，明确各小组的工作任务及主要负责人职责。

（3）处置程序

明确事故及事故险情信息报告程序和内容、报告方式和责任等内容。根据事故响应级别，具体描述事故接警报告和记录、应急指挥机构启动、应急指挥、资源调配、应急救援、扩大应急等应急响应程序。

（4）处置措施

针对可能发生的事故风险、事故危害程度和影响范围，制定相应的应急处置措施，明确处置原则和具体要求。

7. 现场应急处置方案的内容

（1）事故危险分析

1）通过危险性分析，列出可能发生的事故类型。

2）事故发生的区域、地点或装置（设备）的名称。

3）事故可能发生的时间段和造成的危害程度。

4）事故发生前可能出现的征兆。

（2）应急工作职责

根据工作岗位、组织形式及人员构成，明确项目应急组织机构及职责。

（3）应急处置

1）事故应急处置程序。根据可能发生的事故及现场情况，明确事故报警、各项应急措施启动、应急救护人员的引导、事故扩大及同企业应急救援预案的衔接的程序。

2）现场应急处置措施。针对可能发生的高处坠落、坍塌、物体打击、火灾、机械伤害等，从人员救护、工艺操作、事故控制、消防、现场恢复等方面制定明确的应急处置措施。

应急处置措施还应包括针对不同的事故类型所采取的相应技术措施、抢救伤员的方式等。

应急处置中应提供信息接收、处理、上报等规范化格式文本，提供关键的路线、标识和图标，还应包括下列内容：警报系统分布及覆盖范围、重要防护目标一览表、分布图、应急救援指挥位置及救援队伍行动路线、疏散路线、重要地点等标识、相关平面布置图纸、救援力量的分布图纸等。

3）明确报警负责人、报警电话及上级管理部门、相关应急救援单位联络方式和联络人员，事故报告基本要求和内容等。

4）应急处置过程中的其他注意事项：

① 佩戴个人防护器具方面的注意事项；

② 使用抢险救援器材方面的注意事项；

③ 采取救援对策或措施方面的注意事项；

④ 现场自救和互救注意事项；

⑤ 现场应急处置能力确认和人员安全防护等事项；

⑥ 应急救援结束后的注意事项；

⑦ 其他需要特别警示的事项。

(二) 事故应急救援预案的演练和实施

1. 应急培训

企业及项目应当组织开展对应急预案、应急知识、自救互救和避险逃生技能的培训工作，使有关人员了解应急预案内容，熟悉应急职责、应急处置程序和措施。应急培训的时间、地点、内容、师资、参加人员和考核结果等情况应当如实记入本单位的安全生产教育和培训档案。

（1）培训计划

企业及项目应制定应急培训计划，采用各种教学手段和方式，如自学、讲课、办培训班等，加强对应急预案的培训，以提高事故应急处理能力。

（2）培训的要求

培训工作应定期组织开展，定期进行考核，培训和考核的情况应有记录，并应作为企业管理的重要内容之一。

2. 应急预案的演练

应急演练是企业应急管理的重要环节，是检验、评价和增强企业应急能力的一个重要手段。企业通过模拟突发事故的发生，可以发现并及时修订应急预案和应急程序中存在的缺陷，弥补应急管理中人力、设备、通信等应急资源配备方面的不足，改善各部门、机构和人员之间的协调，明确岗位与职责，提高应急人员的熟练程度和技术水平，加强企业员工对突发事件的应急意识和处置能力。

（1）应急演练类型

根据应急演练的组织形式、演练内容，可以对应急演练进行分类，便于演练的组织管理和经验交流。

1）按组织方式分类

应急演练按照组织形式及目标重点的不同，可以分为桌面演练和实战演练等。

① 桌面演练

桌面演练是指参演人员利用地图、沙盘、流程图、计算机模拟、视频会议等辅助手段，针对事先假定的演练情景，讨论和推演应急决策及现场处置的过程，桌面演练通常在室内完成，如防台防汛桌面演练。

② 实战演练

实战演练是指参演人员利用应急处置涉及的设备和物资，针对事先设置的突发事件情景及其后续的发展情景，通过实际决策、行动和操作，完成真实应急响应的过程，从而检验和提高相关人员的临场组织指挥、队伍调动、应急处置技能和后勤保障等应急能力。实战演练通常要在特定场所完成，如消防实战演练。两种演练的对比见表7-1。

桌面演练与实战演练对比表 表 7-1

序号	比较项目	桌面演练	实战演练
1	方式	角色扮演	实际行动
2	场地	室内	室外特点场所
3	优点	随时开展，资源消耗少	趋于真实的应急响应
4	缺点	不真实	大量的准备工作，资源消耗多

2）按演练内容分类

应急演练按演练内容，可分为单项演练和综合演练。

① 单项演练

单项演练是指只涉及应急预案中特定应急响应功能或现场处置方案中一系列应急响应功能的演练活动。注重针对一个或少数几个参与单位（岗位）的特定环节和功能进行检验。如心肺复苏急救演练、创伤急救演练等。

② 综合演练

综合演练是指涉及应急预案中多项或全部应急响应功能的演练活动。注重对多个环节和功能进行检验，特别是对不同单位之间应急机制和联合应对能力的检验。如防台防汛综合演练、坍塌事故专项演练等。

3）按目的与作用划分，应急演练按目的与作用可分为检验性演练、示范性演练和研究性演练。

① 检验性演练是指为检验应急预案的可行性、应急准备的充分性、应急机制的协调性及相关人员的应急处置能力而组织的演练；

② 示范性演练是指为向观摩人员展示应急能力或提供示范教学，严格按照应急预案规定开展的表演性演练；

③ 研究性演练是指为研究和解决突发事件应急处置的重点、难点问题，试验新方案、新技术、新装备而组织的演练。

不同类型的演练相互组合，可以形成单项桌面演练、综合桌面演练、单项实战演练、综合实战演练等、示范性专项演练、示范性综合演练。

（2）演练频次

建筑施工企业应当制定本单位的应急预案演练计划，根据本企业的事故风险特点，每年至少组织一次综合应急预案演练或者专项应急预案演练，每半年至少组织一次现场处置方案演练。

（3）应急演练的组织机构

综合演练通常根据预案确定的应急领导机构成立演练领导小组，下设策划组、执行组、保障组、评估组等专业工作组。根据演练规模大小，其组织机构可进行调整。

1）领导小组

负责演练活动筹备和实施过程中的组织领导工作，具体负责审定演练工作方案、演练工作经费、演练评估总结以及其他需要决定的重要事项等。

2）策划组

负责编制演练计划、演练方案、演练脚本、演练安全保障方案或应急预案、宣传报道材料、工作总结和改进计划等。

3）执行组

负责演练活动筹备及实施过程中与相关单位、工作组的联络和协调、事故情景布置、参演人员调度和演练进程控制等。

4）保障组

负责演练活动工作经费和后勤服务保障，确保演练安全保障方案或应急预案落实到位。

5）评估组

负责审定演练安全保障方案或应急预案，编制演练评估方案并实施，进行演练现场点评和总结评估，撰写演练评估报告。

（4）应急演练准备

1）制定演练计划

演练计划由策划组报演练领导小组批准。主要内容包括：

① 确定演练目的，明确举办应急演练的原因、演练要解决的问题和期望达到的效果等；

② 分析演练需求，在对事先设定事件的风险及应急预案进行认真分析的基础上，确定需调整的演练人员、需锻炼的技能、需检验的设备、需完善的应急处置流程和需进一步明确的职责等；

③ 确定演练范围，根据演练需求、经费、资源和时间等条件的限制，确定演练事件类型、等级、地域、参演机构及人数、演练方式等。演练需求和演练范围往往互为影响；

④安排演练准备与实施的日程计划，包括各种演练文件编写与审定的期限、物资器材准备的期限、演练实施的日期等；

⑤ 编制演练经费预算，明确演练经费筹措渠道。

2）设计演练方案

演练方案通常由策划组编写，由演练领导小组批准。主要内容包括：

① 确定演练目标。演练目标是需完成的主要演练任务及其达到的效果，一般说明"由谁在什么条件下完成什么任务，依据什么标准，取得什么效果"。演练目标应简单、具体、可量化、可实现。一次演练一般有若干项演练目标，每项演练目标都要在演练方案中有相应的事件和演练活动予以实现，并在演练评估中有相应的评估项目判断该目标的实现情况。

② 设计演练情景与实施步骤。演练情景要为演练活动提供初始条件，还要通过一系列的情景事件引导演练活动继续，直至演练完成。演练情景包括演练场景概述和演练场景清单。

a. 演练场景概述。要对每一处演练场景的概要说明，主要说明事件类别、发生的时间地点、发展速度、强度与危险性、受影响范围、人员和物资分布、以造成的损失、后续发展预测、气象及其他环境条件等。

b. 演练场景清单。要明确演练过程中各场景的时间顺序列表和空间分布情况。演练场景之间的逻辑关联依赖于事件发展规律、控制消息和演练人员收到控制消息后应采取的行动。

③ 设计评估标准与方法。

演练评估是通过观察、体验和记录演练活动，比较演练实际效果与目标之间的差异，总结演练成效和不足的过程。演练评估应以演练目标为基础。每项演练目标都要设计合理的评估项目方法、标准。根据演练目标的不同，可以用选择项（如：是/否判断，多项选择）、主观评分（如：1—差、3—合格、5—优秀）、定量测量（如：响应时间、被困人数、获救人数）等方法进行评估。

为便于演练评估操作，通常事先设计好评估表格，包括演练目标、评估方法、评价标准和相关记录项等。有条件时还可以采用专业评估软件等工具。

④ 编写演练方案文件。

演练方案文件是指导演练实施的详细工作文件。根据演练类别和规模的不同，演练方案可以编为一个或多个文件。编为多个文件时可包括演练人员手册、演练控制指南、演练评估指南、演练宣传方案、演练脚本等，分别发给相关人员。对涉密应急预案的演练或不宜公开的演练内容，还要制订保密措施。

a. 演练人员手册

内容主要包括演练概述、组织机构、时间、地点、参演单位、演练目的、演练情景概述、演练现场标识、演练后勤保障、演练规则、安全注意事项、通信联系方式等，但不包括演练细节。演练人员手册可发放给所有参加演练的人员。

b. 演练控制指南

内容主要包括演练情景概述、演练事件清单、演练场景说明、参演人员及其位置、演练控制规则、执行人员组织结构与职责、通信联系方式等。演练控制指南主要供演练执行人员使用。

c. 演练评估指南

内容主要包括演练情况概述、演练事件清单、演练目标、演练场景说明、参演人员及其位置、评估人员组织结构与职责、评估人员位置、评估表格及相关工具、通信联系方式等。演练评估指南主要供演练评估人员使用。

d. 演练宣传方案

内容主要包括宣传目标、宣传方式、传播途径、主要任务及分工、技术支持、通信联系方式等。

e. 演练脚本

对于重大综合性示范演练，演练组织单位要编写演练脚本，描述演练事件场景、处置行动、执行人员、指令与对白、视频背景与字幕、解说词等。

⑤ 演练方案评审

对综合性较强、风险较大的应急演练，评估组要对文案组制订的演练方案进行评审，确保演练方案科学可行，以保障应急演练工作的顺利进行。

3）演练动员与培训

在演练开始前要进行演练动员和培训，确保所有演练参与人员掌握演练规则、演练情景和各自在演练中的任务。

所有演练参与人员都要经过应急基本知识、演练基本概念、演练现场规则等方面的培训；对执行人员要进行岗位职责、演练过程控制和管理等方面的培训；对评估人员要进行岗位职责、演练评估方法、工具使用等方面的培训；对参演人员要进行应急预案、应急技能及个体防护装备使用等方面的培训。

4）应急演练保障

① 人员保障

演练参与人员一般包括演练领导小组、演练总指挥、总策划、文案人员、执行人员、评估人员、保障人员、参演人员、模拟人员等，有时还会有观摩人员等其他人员。在演练的准备过程中，演练组织单位和参与单位应合理安排工作，保证相关人员参与演练活动的时间；通过组织观摩学习和培训，提高演练人员素质和技能。

② 经费保障

演练组织单位每年要根据应急演练规划编制应急演练经费预算，纳入该单位的年度财政（财务）预算，并按照演练需要及时拨付经费。对经费使用情况进行监督检查，确保演练经费专款专用、节约高效。

③ 场地保障

根据演练方式和内容，经现场勘察后选择合适的演练场地。桌面演练一般可选择会议室或应急指挥中心等；实战演练应选择与实际情况相似的地点，并根据需要设置指挥部、集结点、接待站、供应站、救护站、停车场等设施。演练场地应有足够的空间，良好的交通、生活、卫生和安全条件，尽量避免干扰公众生产生活。

④ 物资和器材保障

根据需要，准备必要的演练材料、物资和器材，制作必要的模型设施等，主要包括：

a. 信息材料：主要包括应急预案和演练方案的纸质文本、演示文档、图表、地图、软件等。

b. 物资设备：主要包括各种应急抢险物资、特种装备、办公设备、录音摄像设备、信息显示设备等。

c. 通信器材：主要包括固定电话、移动电话、对讲机、传真机、计算机、无线局域网、视频通信器材和其他配套器材，尽可能使用已有通信器材。

d. 演练情景模型：搭建必要的模拟场景及装置设施。

⑤ 通信保障

应急演练过程中应急指挥机构、总策划、执行人员、参演人员等之间要有及时可靠的信息传递渠道。根据演练需要，可以采用多种公用或专用通信系统，必要时可组建演练专用通信与信息网络，确保演练控制信息的快速传递。

⑥ 安全保障

演练组织单位要高度重视演练组织与实施全过程的安全保障工作。大型或高风险演练活动要按规定制定专门应急预案，采取预防措施，并对关键部位和环节可能出现的突发事件进行针对性演练。根据需要为演练人员配备个体防护装备，购买商业保险。对可能影响公众生活、易于引起公众误解和恐慌的应急演练，应提前向社会发布公告，告示演练内容、时间、地点和组织单位，并做好应对方案，避免造成负面影响。演练现场要有必要的安保措施，必要时对演练现场进行封闭或管制，保证演练安全进行。演练出现意外情况时，演练总指挥与其他领导小组成员会商后可提前终止演练。

（5）应急演练实施

1) 演练启动

演练正式启动前一般要举行简短仪式，由演练总指挥宣布演练开始并启动演练活动。

2) 演练执行

① 演练指挥与行动

a. 演练总指挥负责演练实施全过程的指挥控制。

b. 按照演练方案要求，应急指挥机构指挥各参演队伍和人员，开展对模拟演练事件的应急处置行动，完成各项演练活动。

c. 演练控制人员应充分掌握演练方案，按总策划的要求，熟练发布控制信息，协调参演人员完成各项演练任务。

d. 参演人员根据控制消息和指令，按照演练方案规定的程序开展应急处置行动，完成各项演练活动。

② 演练过程控制

执行组人员负责按演练方案控制演练过程。

a. 桌面演练过程控制

在桌面演练中，执行人员以口头或书面形式，部署引入一个或若干个问题，演练活动主要是围绕所提出问题进行讨论。参演人员根据应急预案及有关规定，讨论应采取的行动。

b. 实战演练过程控制

在实战演练中，按照演练方案发出控制消息，执行人员向参演人员传递控制消息。参演人员接收到信息后，按照发生真实事件时的应急处置程序，或根据应急行动方案，采取相应的应急处置行动。

控制消息可由人工传递，也可以用对讲机、电话、手机、传真机、网络等方式传送，或者通过特定的声音、标志、视频等呈现。演练过程中，执行人员应随时掌握演练进展情况，并向总指挥报告演练中出现的各种问题。

③ 演练解说

在演练实施过程中，演练组织单位可以安排专人对演练过程进行解说。解说内容一般包括演练背景描述、进程讲解、案例介绍、环境渲染等。对于有演练脚本的大型综合性示范演练，可按照脚本中的解说词进行讲解。

④ 演练记录

演练实施过程中，一般要安排专门人员，采用文字、照片和音像等手段记录演练过程。文字记录一般可由评估人员完成，主要包括演练实际开始与结束时间、演练过程控制情况、各项演练活动中参演人员的表现、意外情况及其处置等内容，尤其是要详细记录可能出现的人员"伤亡"（如进入"危险"场所而无安全防护，在规定的时间内不能完成疏散等）及财产"损失"等情况。照片和音像记录可安排专业人员在不同现场、不同角度进行拍摄，尽可能全方位反映演练实施过程。

⑤ 演练宣传报道

演练组织按照演练宣传方案做好演练宣传报道工作。认真做好信息采集、媒体组织、广播电视节目现场采编和播报等工作，扩大演练的宣传教育效果。对涉密应急演练要做好相关保密工作。

3）演练结束与终止

演练完毕，由执行组人员发出结束信号，演练总指挥宣布演练结束。演练结束后所有人员停止演练活动，按预定方案集合进行现场总结讲评或者组织疏散。保障组负责组织人员对演练现场进行清理和恢复。演练实施过程中出现下列情况，由演练总指挥按照事先规定的程序和指令终止演练：

① 出现真实突发事件，需要参演人员参与应急处置时，要终止演练，使参演人员迅速回归其工作岗位，履行应急处置职责；

② 出现特殊或意外情况，短时间内不能妥善处理或解决时，可提前终止演练。

（6）应急演练评估与总结

1）演练评估

演练评估是在全面分析演练记录及相关资料的基础上，对比参演人员表现与演练目标要求，对演练活动及其组织过程作出客观评价，并编写演练评估报告的过程。所有应急演练活动都应进行演练评估。演练结束后可通过组织评估会议、填写演练评价表和对参演人员进行访谈等方式，也可要求参演单位提供自我评估总结材料，进一步收集演练组织实施的情况。

演练评估报告的主要内容一般包括演练执行情况、预案的合理性与可操作性、应急指挥人员的指挥协调能力、参演人员的处置能力、演练所用设备装备的适用性、演练目标的实现情况、演练的成本效益分析、对完善预案的建议等。

2）演练总结

演练总结可分为现场总结和事后总结。

① 现场总结。在演练的一个或所有阶段结束后，由演练总指挥、评估组等在演练现场有针对性地进行讲评和总结。内容主要包括本阶段的演练目标、参演队伍及人员的表现、演练中暴露的问题、解决问题的办法等。

② 事后总结。在演练结束后，由文案组根据演练记录、演练评估报告、应急预案、现场总结等材料，对演练进行系统和全面的总结，并形成演练总结报告。演练参与单位也可对本单位的演练情况进行总结。

演练总结报告的内容包括：演练目的，时间和地点，参演单位和人员，演练方案概要，发现的问题与原因，经验和教训，以及改进有关工作的建议等。

3）成果运用

对演练暴露出来的问题，演练单位应当及时采取措施予以改进，包括修改完善应急预案，有针对性地加强应急人员的教育和培训，对应急物资装备有计划地更新等，并建立改进任务表，按规定时间对改进情况进行监督检查。

4）文件归档与备案

演练组织单位在演练结束后应将演练计划、演练方案、演练评估报告、演练总结报告等资料归档保存。对于由上级有关部门布置或参与组织的演练，或者法律、法规、规章要求备案的演练，演练组织单位应当将相应资料报有关部门备案。

5）考核与奖惩

演练组织单位要注重对演练参与单位及人员进行考核。对在演练中表现突出的单位及个人，可给予表彰和奖励；对不按要求参加演练，或影响演练正常开展的，可给予相应批评。

3. 应急预案的评估与修订

建筑施工企业应当建立应急预案定期评估制度，对预案内容的针对性和实用性进行分析，当发现应急预案已无法适用时应进行应急预案的修订。

在下列情形下，应急预案应当及时修订：

1）依据的法律、法规、规章、标准及上位预案中的有关规定发生重大变化的。

2）应急指挥机构及其职责发生调整的。

3）面临的事故风险发生重大变化的。

4）重要应急资源发生重大变化的。

5）预案中的其他重要信息发生变化的。

6）在应急演练和事故应急救援中发现问题需要修订的。

7）编制单位认为应当修订的其他情况。

应急预案修订涉及组织指挥体系与职责、应急处置程序、主要处置措施、应急响应分级等内容变更的，修订工作应当参照应急预案编制程序进行，并按照有关应急预案报备程序重新备案。

4. 应急资源保障

建筑施工企业应当按照应急预案的规定落实应急保障资源，并定期维护、更新使其处于适用状态。应急保障资源包括人力保障资源、资金保障资源、物资保障资源、设施保障资源、技术保障资源、信息保障资源等方面。

（1）人力保障资源

建筑施工企业人力保障资源可分为核心应急人员和辅助应急人员两大类。核心应急人员包括应急管理人员、相关应急专家和专职应急队伍；辅助应急人员包括企业志愿者队伍、临时机动人员等。

（2）资金保障资源

建筑施工企业应设立应急保障专项资金，制定应急保障经费的使用管理制度，以保证有效开展应急救援工作和维护应急管理体系的正常运转。

（3）物资保障资源

建筑施工企业物资保障资源涉及的内容比较广泛，按用途可分为防护救助物资、应急交通物资、动力照明物资、通信广播物资、设备工具和一般工程材料物资以及设备设施等。

（4）设施保障资源

建筑施工企业设施保障资源可分为避难设施、交通基础设施。

1）避难设施

当发生地震、洪水等大规模破坏性事故时，工程项目部应急组织应提前为所属员工规划临时避难的场所，这些设施可设置在就近的体育馆、礼堂、学校等公共建筑，以及公园、广场等开阔地点。

2）交通基础设施

建筑施工企业交通基础设施主要是在工程项目规划时，考虑应急通行的需要设置环通的施工便道，其宽度、强度应符合相应消防技术要求。

（5）技术保障资源

技术保障资源包括科学研究、技术开发、应用建设、技术维护以及专家队伍。通过企业政策、资金等方面的支持，发展事故应急领域的科学研究，将新的知识融入安全生产应急管理体系中，提升整体应急能力，同时加强事故监测、预测、预警、预防和应急处置技术。建筑施工企业应通过自建、联合、委托等方式，建设一支强有力的技术保障队伍，完成事故应急设备、设施的技术管理和维护。

（6）信息保障资源

信息保障资源可分为事态信息、环境信息、资源信息和应急知识。事态信息包括危险源监测数据、事故状况、应急响应情况等与事件和应急活动有关的信息；环境信息包括社会公众动态、地理环境变动、外界异常动向等背景情况信息；资源信息包括人员保障资源、资金保障资源、物资保障资源、设施保障资源、技术保障资源等状态信息；应急知识包括应急案例、应急措施、自救互救知识等。

5. 应急响应

建筑施工企业发生事故时，应当第一时间启动应急预案，组织有关力量进行救援，并按照规定将事故信息及应急响应启动情况报告安全生产监督管理部门和其他负有安全生产监督管理职责的部门。生产安全事故应急处置和应急救援结束后，按照应急预案评估与修订办法进行总结评估。

应急响应程序按过程可分为接警、响应级别确定、应急启动、救援行动、应急恢复和应急结束等几个过程，如图7-4所示。

（1）接警与响应级别确定

建筑施工企业应根据企业的规模大小、事故的类别、人员伤亡、财产损失情况制定企业内部事故响应级别，明确各级别事故的响应人员。

接到事故报警后，按照预案程序，对警情作出判断，初步确定相应的响应级别。如果事故不足以启动应急救援体系的最低响应级别，响应关闭。

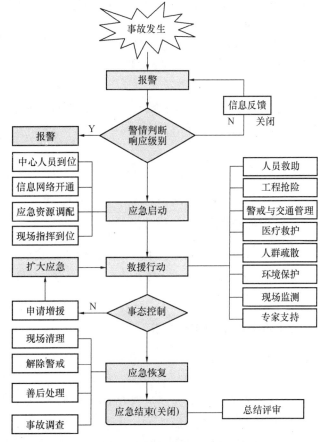

图 7-4 事故应急救援响应程序

建筑施工企业典型的响应级别可分为3级，级别自一级逐渐降低：

1）一级紧急情况

级别最高，一级紧急情况事态发展比较严重，且本企业的力量不够，要外部机构进行增援。

2）二级紧急情况

只需要企业内部两个或更多部门响应的紧急情况。

3）三级紧急情况

只需要利用项目部资源就可以处理的紧急情况。

（2）应急启动

应急响应级别确定后，按所确定的响应级别启动应急程序，如通知应急中心有关人员到位、开通信息与通信网络、通知调配救援所需的应急资源（包括应急队伍和物资、装备等）、成立现场指挥部等。

（3）救援行动

有关应急队伍进入事故现场后，迅速开展事故侦测、警戒、疏散、人员救助、工程抢险等有关应急救援工作，专家组为救援决策提供建议和技术支持。当事态超出响应级别无法得到有效控制时，向应急中心请求实施更高级别的应急响应。

（4）应急恢复

应急救援行动结束后，进入应急恢复阶段。该阶段主要包括现场清理、人员清点和撤离、警戒解除、善后处理和事故调查等。

（5）应急结束

应急结束执行应急关闭程序，由事故总指挥宣布应急结束，事故发生单位应当对应急预案实施情况进行总结评估。

二、事故发生的救援和救护

（一）事故的类型

伤亡事故是指企业职工在生产劳动过程中，发生的人身伤害和急性中毒。建筑施工行业涉及的事故类型主要有：物体打击、车辆伤害、机械伤害、起重伤害、触电、淹溺、灼烫、火灾、高处坠落、坍塌等。

（二）事故救援和救护要求

1. 事故应急救援的基本任务和特点

（1）事故应急救援的基本任务

事故应急救援的宗旨是通过有效的应急救援行动，尽可能地降低事故的后果，包括人员伤亡、财产损失和环境破坏等，其基本任务包括：

1）立即组织营救受害人员

抢救受害人员，组织撤防或者采取其他措施保护危害区域内的其他人员是应急救援的首要任务，应急救援的原则就是以人为中心。

2）迅速控制事态

及时控制住造成事故的危险源是应急救援工作的重要任务，只有及时地控制住危险源防止事故的继续扩展，才能及时有效进行救援。同时也能避免二次事故和次生伤害的发生。

3）消除危害后果，做好现场恢复

针对事故对人体、动植物、土壤、空气等造成的现实危害和可能的危害，迅速采取封闭、隔离、洗消、监测等措施，防止对人的继续危害和对环境的污染，及时清理废墟和恢复基本设施，将事故现场恢复至相对稳定的基本状态。

4）查清事故原因，做好纠正预防措施

查清事故原因，做好纠正预防措施，落实相关人员的教育培训，杜绝类似事故的再次发生。

（2）事故应急救援的特点

事故应急救援是在非常紧急的状况下开展的，事故在发生的时候通常具有不确定性、突发性、复杂性的特点，如果处置不当有可能导致事故的进一步扩大。所以，针对事故应急救援的特点，要采取正确的行动做到如下三点：

1）迅速

争取时间，就能够减少事故损失。

2）准确

针对事故发生的情况，采取一个准确的应对决策，保证应急救援的有效进行。

3）有效

采取应对决策后，要保证应急的人员、设备物资及时有效地到位。

2. 现场救护的基本要求

紧急情况发生后，各种复杂问题可能随时出现，因此施工作业人员和管理人员应学习和了解现场救护中的基本原则和步骤，以便在最短的时间内进行救护。

（1）脱离险区

观察现场情况，判断救护过程中是否会发生次生灾害，如建筑工地发生脚手架倒塌事故，救援人员应迅速冷静地观察现场环境，在保证自身安全的同时迅速将受伤人员转移至安全的地点实施救护。必要时还需要做好防护措施，如佩戴安全帽、防毒面罩，穿戴防护服装等。

（2）初步救护

初步救护包括以下几个方面：检查伤者有无知觉、观察病人的瞳孔是否扩大、保持伤者气道畅通、判断伤者是否有呼吸、检查病人的脉搏、其他体征检查。

（3）求助

现场伤者应及时进行求助，可以通过拨打急救电话和大声叫喊获得帮助。救助人员力量不足时也应及时寻找帮助，但须注意不应将伤者单独留在现场。

（4）进一步评估和救护

在等待专业救护人员时，现场急救人员应安抚好伤者的情绪，通过询问、观察的方式尽可能地确认伤者的受伤部位和严重程度，为专业救护人员创造更好的救护基础。

3. 建筑行业易发事故的救援和救护具体措施

（1）高处坠落和物体打击事故

1）救援措施

① 现场突发高处坠落和物体打击事故时，现场应急突发事故抢险组织负责人要保持

冷静，切不可慌乱，要积极组织抢救，排除险情防止事故扩大，保护好事故现场，并且以最快的通信方法向上级突发事件应急抢险指挥部报告。

② 在发生物体打击和高处坠落事故时，主要任务先救人，再认真检查造成人员坠落的事故点有无再发生其他事故的危险因素，并采取措施防止事故扩大或造成二次事故。

③ 现场突发事件应急抢险组织负责人立即组织将事故区域内施工人员撤离事故现场，安排现场保卫人员保护现场，以供事后分析原因，确定责任人。

④ 善后处理人员迅速查清发生人员坠落地点以及物体打击发生点和人员击伤时的位置，并划出标记或照相，对致人伤害的坠落物、击伤物现场取证封存。

⑤ 发生超出项目部能力范围的重大事故时，应第一时间拨打 110 报警电话请求政府部门援助，并全力协助有关部门作好现场保护、抢险救援、事故调查、善后处理和责任追究等工作。

2）救护注意事项

① 对高处坠落及物体打击的伤员要认真对待，重点是对颅脑损伤、胸部骨折和出血上进行处理。有时虽无外伤，但可能伤其头部造成内伤或内脏伤害，所以对高处坠落和物体打击受伤人员，不论当时伤势如何，即便能立即起来行走也不能掉以轻心，要立即送医院做进一步检查。

② 观察伤者的受伤情况、受伤部位、伤害性质，如伤员发生休克，应先处理休克。遇呼吸、心跳停止者应立即进行人工呼吸；处于休克状态的伤员要让其安静、保暖、平卧、少动。

③ 在移动昏迷的颅脑损伤伤员时，应保持头、颈、胸在一直线上，不能任意旋曲。若伴随颈椎骨折，更应避免头颈的摆动，以防引起颈部血管神经及脊髓的附加损伤。

④ 出现颅脑损伤，必须维持呼吸道通畅。昏迷者应平卧，面部转向一侧，以防舌根下坠或分泌物、呕吐物吸入，发生喉阻塞。有骨折者，应初步固定后再搬运。

⑤ 要注意防止伤者伤口污染。相对清洁的伤口，可用浸有双氧水的敷料包扎。污染较重的伤口，可简单清除伤口表面异物，剪除伤口周围的毛发，但切勿拔出创口内的毛发及异物、凝血块或碎骨片等，再用浸有双氧水或抗生素的敷料覆盖包扎创口。

⑥ 在运送伤员到医院就医时，昏迷伤员应侧卧或仰卧偏头，以防止呕吐后误吸。对烦躁不安者可因地制宜地予以手足约束，以防伤及开放性伤口。脊柱有骨折者应用硬板担架运送，保证伤员平卧姿势，勿使脊柱扭曲，以防途中颠簸使脊柱骨折或脱位加重，造成或加重脊髓损伤。

（2）机械伤害事故

1）救援措施

① 现场突发机械伤害人员事故时，最先发现的人和伤者本人首先考虑的是救人和自救；

② 事故发生后应以最快的速度报告现场突发事故应急组织负责人，组织抢救，防止事故扩大。并以最快的速度报告上级应急抢险组织，并注明是否需要上级应急抢险组织增援处理；

③ 开展救援的方式要得当，首先是切断机械电源，使其停机后方可救人，自救的方式可临时根据处境决定，但不论救人或自救必须防止触电，造成更大的伤害；

④ 抢险人员在救人需移动机械设备时，如时间允许应先拍照、画出标记或录像，时间来不及时可移开设备救人，但人员救出后尽最大努力将设备状况复原，并在事故调查中如实讲明白；

⑤ 禁止无关人员进入事故现场，以防止事故现场破坏。

2）救护注意事项

① 发生轻度外伤，如钝器伤、木刺伤、钉扎伤等，其伤口小而深，应用生理盐水清洗伤口，然后再去医院注射破伤风抗毒素等治疗；

② 碎木屑、碎铁屑射入眼睛，要立即送医院，不要用手、手帕、毛巾、火柴梗及其他东西擦眼睛；

③ 发生断指、断手等严重情况时，对伤者的伤口要进行包扎止血、止痛、进行半握拳状的功能固定；对断手、断指应用消毒或清洁的敷料包好，忌将断手断指浸入酒精消毒液中；以防细胞变质，将包好的断指、断手放在无泄漏的塑料袋内，扎紧袋口，在袋的周围放冰块或用冰棍代替，速送伤员去医院抢救；

④ 发生头皮撕裂伤时，必须及时抢救，采取对症措施。用生理盐水冲洗伤口，涂红汞后用消毒大纱布、消毒棉花压迫止血，简单处理后立即送医院进一步治疗；

⑤ 皮肤消毒的禁忌：用碘酒涂擦后，应用酒精脱碘，切忌再使用红汞，以免碘酒与红汞生成毒性较强的碘化汞毒害机体。

（3）触电事故

1）救援措施

现场突发触电事故时，首先工作就是快速正确地断开电源。同时要分析清楚是高压触电还是低压触电，如果高压触电可采用下列方法使触电者脱离电源：

① 立即由对外联络组通知有关部门断电；

② 由高压电工抢险人员带上绝缘手套，穿上绝缘靴，用相应等级电压的绝缘工具按顺序拉开开关；

③ 由高压电工抢险队员抛掷裸金属线使裸线路短路接地，迫使保护装置启动，断开电源。

如果是低压触电，可采用下列方法使触电者脱离电源：

① 如果触电地点附近有电源开关或电源插销，可立即拉开开关，拔出插销，断开电源；

② 如果触电者附近没有电源开关或插销，可用绝缘钳或有干燥木柄的斧头、铁锹立即切断电缆断开电源，或用干燥木板等绝缘物插到触电者身下，以隔离电源；

③ 当电线搭落在触电者身上或压在身下时，用干燥的衣服、手套、绳索、木板、木棒等绝缘物作为工具，拉开触电者或拉开电线，使触电者脱离电源，切忌徒手抢救触电者；

④ 如果触电者的衣服是干燥的，又没有紧缠在身上，可用一只手抓住触电者的衣服，拉离电源，但因触电者是带电的，其鞋绝缘也可能已遭到破坏，所以救援人不得接触触电者的皮肤，也不能抓他的鞋；

⑤ 为防止在高处触电者断电后发生摔伤，可采用拉开水平安全网接人的方法防止摔伤；

⑥ 为防止站立触电者脱离电源后突然倒地加重伤害或被其他物品再次伤害，可采用手拉绝缘绳索或安全网的方法接应倒下的触电者；

⑦ 如果触电事故发生在夜间，要迅速解决照明问题，以利抢救，避免事故扩大；

⑧ 如果触电事故发生在地下室等潮湿场所，抢险人员可利用干燥的木脚手板、方木等绝缘物放在脚下，以防自己触电；

⑨ 发生触电事故时，现场应急救援组织立即赶赴现场，对因救人和防止事故扩大而需移动的设备或设施时要先画出标记或照相、录像。

2）救护注意事项

触电者脱离电源后，由医疗救护人员根据触电者的具体情况，迅速对症救护。对触电者按以下三种情况分别处理：

① 如果触电者伤势不重且神志清醒，但有些心慌、四肢发麻、全身无力或者触电者在触电过程中曾一度昏迷，但已清醒过来，应使触电者安静休息，不要走动，并由医生前来诊治或送往医院；

② 如果触电者伤势较重，已失去知觉，但心脏还有跳动和呼吸，应使触电者舒适安静地平卧，保持周围空气流通，解开触电者的衣服以利呼吸；如果天气寒冷，要注意保温，并速报 120 急救中心或送往医院；

③ 如发现触电者处于呼吸困难、微弱、发生痉挛、呼吸停止或心脏跳动停止状况时，应立即施行心肺复苏，并速报 120 医疗急救中心或直送医院，但途中不得停止抢救。

（4）坍塌事故

建筑施工行业发生的坍塌事故类型主要有：基坑坍塌、脚手架坍塌、模板坍塌、建筑物坍塌等。

1）救援措施

① 突发基坑坍塌事故时，救援时应视坍塌土层的薄厚程度，按先竖向挖后横向铲再用手扒土的顺序进行救人。先扒头部土，同时对上方和两侧的土体和异物认真检查，查看是否有悬土、悬物会造成二次塌方或坠落，来不及清除或处理的立即采取支撑、加固等临时措施。

② 突发脚手架坍塌事故时，救援时要首先断开事故区域内的电源，防止发生抢险中的触电事故，再对挤压在架体下方的人员进行抢救，采取拆除局部架体、支撑或垫高架体等方式救人。对严重倾斜未倒塌的架体，应用钢丝绳加固后视程度进行复位加固或拆除。

③ 突发模板坍塌事故时，救援时首先判定坍塌事故区域下方有无人员使用手持电动工具、有无电缆线、有无机电设备，如有必须先断开电源，以防止被挤压人员和抢险人员触电。能断定人员具体位置的，先清除挤压掩盖材料后再进行救人。判断不了准确位置的做局部临时垫高或支撑后，由四面向中心区域清理找人。禁止不采取任何措施，直接奔向坍塌后受挤压人员的部位，以防加大荷载增加伤情。救援力量有困难的应及时报上级单位增援。

④ 建筑物、构筑物发生坍塌突发事故时，现场应急救援组织必须立即报上级突发事件应急救援组织增援处理，对有可能发生再倒塌的部位进行临时固定支撑等有效处理措施后进入现场救援。对构配件挤压的有人部位，移开有困难时应先用撬棍或钢管撬起加后支撑，防止构配件失稳后造成更加严重的后果。支撑点应尽可能地多设置，也可利用正面或

侧面挖掘或清理的方式将人救出。对需要深入挤压人员构配件下方救人的情况，应采取用钢丝绳吊挂、用钢管做横担等方式采取保险可靠措施后方可救人，切不可对挤压人员上方的构件配件采用大锤砸碎的方式救人，时间条件如允许可由吊车处理。挤压人员救出后，立即送医疗机构抢救。

2）救护注意事项

施工现场各类型的坍塌事故造成的人员伤害情况类似，救护时都应注意：

① 医疗救护人员对坍塌事故救出的伤员应迅速清洁其口、鼻周围的异物，使其呼吸畅通。窒息现象发生时，立即作心肺复苏术抢救，不可延误。如有骨折的严禁不必要的肢体活动，伤部应暴露在空气中，以抑制破伤风、杆菌等厌氧菌的繁殖。

② 伤者的伤口包扎绷带必须先进行清洁，如伤口大量出血，要用折叠多层的绷带止住后用手帕或毛巾（必要可撕下衣服）扎紧，直到流血减少或停止，常规使用急救包。

③ 有轻微的碰伤，可将冷湿布敷在伤处简单处理即可；如是较重的碰伤，应把伤员安置在担架上等待医生处理。

④ 有发生手骨或腿骨折断，应将伤员安放在担架上或地上，用两块长度超过上下两个关节，宽度不小于 10～15cm 的木板或竹片绑缚在肢体外侧，夹住骨折处并扎紧，以减轻伤员的痛苦和伤势。

⑤ 有砸伤头部、胸腹部等严重伤情的伤员，应急送医院或报 120 医疗急救中心。

三、事故报告和配合事故调查处理

为了保证客观、公正、高效开展事故报告和调查处理工作，国家从法律层面上对事故报告和调查处理的组织体系、工作程序、时限要求、行为规范等作出了明确规定，同时也明确了事故发生单位及其有关人员、政府、有关部门以及其他单位和个人在事故报告和调查处理中的责任。

（一）事故报告的总体要求

1. 报告的原则

事故发生后，及时、准确、完整地报告事故，对于及时、有效地组织事故救援，减少事故损失，顺利开展事故调查具有非常重要的意义。建筑施工企业发生事故后，禁止迟报、漏报、谎报、瞒报事故，禁止为了逃避事故责任追究而破坏现场、销毁证据。

2. 报告的时限及程序

（1）施工单位报告时限

事故发生后，事故现场有关人员应当立即向施工单位负责人报告；施工单位负责人接到报告后，应当于 1h 内向事故发生地县级以建设主管部门和有关部门报告。

情况紧急时，事故现场有关人员可以直接向事故发生地县级以上建设主管部门和有关部门报告。

实行施工总承包的建设工程，由总承包单位负责上报事故。

（2）建设主管部门报告时限

建设主管部门接到事故报告后，应当依照下列规定上报事故情况，并通知安全生产监督管理部门、公安机关、劳动保障行政主管部门、工会和人民检察院：

1）较大事故、重大事故及特别重大事故逐级上报至国务院建设主管部门。

2）一般事故逐级上报至省、自治区、直辖市建设主管部门。

3）建设主管部门依照本条规定上报事故情况，应当同时报告本级人民政府。国务院建设主管部门接到重大事故和特别重大事故的报告后，应当立即报告国务院。

必要时，建设主管部门可以越级上报事故情况。

建设主管部门按照本规定逐级上报事故情况时，每级上报的时间不得超过 2h。

随着事故救援的开展，在事故发生之日起 30d 内，如果出现新的情况，如伤亡人数和直接经济损失增加，事故单位应当及时补报。

（二）事故报告的内容

1. 事故报告的主要内容

建筑施工事故报告一般应当包括下列内容：

1）事故发生的时间、地点和工程项目、有关单位名称。

2）事故的简要经过。

3）事故已经造成或者可能造成的伤亡人数（包括下落不明的人数）和初步估计的直接经济损失。

4）事故的初步原因。

5）事故发生后采取的措施及事故控制情况。

事故发生单位负责人接到事故报告后，应当立即启动事故相应应急预案，或者采取有效措施，组织抢救，防止事故扩大，减少人员伤亡和财产损失。同时，还应当妥善保护事故现场以及相关证据，任何单位和个人不得破坏事故现场、毁灭相关证据。因抢救人员、防止事故扩大以及疏通交通等原因，需要移动事故现场物件的，应当作出标记，绘制现场简图并作出书面记录，妥善保存现场重要痕迹、物证，有条件的可以拍照或录像。

6）事故报告单位或报告人员。

7）其他应当报告的情况。

2. 事故报告内容的要求

事故报告应当及时、准确、完整，任何单位和个人对事故不得迟报、漏报、谎报或者瞒报。事故报告后出现新情况，以及事故发生之日起 30d 内伤亡人数发生变化的，应当及时补报。

（三）配合事故的调查和处理

事故调查工作实行"政府领导，分级负责"的原则，即事故调查工作由政府负责的，不管是政府直接组织事故调查还是授权或者委托有关部门组织事故调查，都是在政府的领导下，都是以政府的名义进行的，都是政府的调查行为。发生事故的建筑施工企业，应积极配合政府的事故调查，坚持实事求是、尊重科学的原则，协助调查人员准确地查清事故经过、事故原因和事故损失，查明事故性质，认定事故责任，总结事故教训，提出整改措施，并承担相应的法律责任。

1. 配合事故的调查

事故发生的单位在配合事故调查期间，应保护事故现场，必须根据事故现场的具体情况和周围环境，划定保护区的范围，布置警戒，必要时，将事故现场封锁起来，禁止一切人员进入保护区，即使是保护现场的人员，也不能无故出入，更不能擅自进行勘察，禁止随意触摸或者移动事故现场的任何物品。特殊情况需要移动事故现场物件的，必须同时满足以下条件：移动物件的目的是出于抢救人员、防止事故扩大以及疏通交通的需要；移动物件必须经过事故单位负责人或者组织事故调查的安全生产监督管理部门和负有安全生产监督管理职责的有关部门的同意；移动物件应当作出标记，并作出书面记录；移动物件应当尽量使现场少受破坏。

事故发生单位的负责人和有关人员在事故调查期间不得擅离职守，并应当随时接受事故调查组的询问，如实提供如下有关信息：

（1）事故发生的经过

1）事故发生前，现场生产作业状况。

2）事故发生的具体时间、地点。

3）事故现场状况及事故现场保护情况。

4）事故发生后采取的应急处置措施情况。

5）事故报告经过。

6）事故抢救及事故救援情况。

7）事故的善后处理情况。

8）如实提供专项方案、教育、培训、交底等现场资料。

9）其他与事故发生经过有关的情况。

（2）人员伤亡情况

1）事故发生前，事故发生单位生产作业人员分布情况。

2）事故发生时人员涉险情况。

3）事故当场人员伤亡情况及人员失踪情况。

4）事故抢救过程中人员伤亡情况。

5）最终伤亡情况。

6）其他与事故发生有关的人员伤亡情况。

（3）事故的直接经济损失

1）人员伤亡后所支出的费用，如医疗费用、丧葬及抚恤费用、补助及救济费用、歇工工资等。

2）事故善后处理费用，如处理事故的事务性费用、现场抢救费用、现场清理费用、事故罚款和赔偿费用等。

3）事故造成的财产损失费用，如固定资产损失价值、流动资产损失价值等。

2. 配合事故的处理

生产安全事故常因现场人员违反安全生产法律、法规、标准和有关部门技术规程、规范等人为原因造成。如，企业的作业环境不符合安全生产的规定，安全生产规章制度和操作规程不健全，未对职工进行安全教育和培训，管理人员违章指挥，职工违章冒险作业，事故隐患未及时排除等。事故发生单位应当认真反思，汲取教训，查找安全生产管理方面的不足和漏洞，对事故调查组提出有针对性的防范和整改措施，事故发生单位应不折不扣地予以落实。

事故发生企业在事故处理中，重点应做好如下几项工作：

1）事故发生初期的人员救治上，提供足够的人力、物力，竭尽全力抢救伤员。

2）事故发生后与家属的沟通和安抚，以及和家属商定赔偿协议。

3）分析事故中涉及的各个危害因素，查明导致事故发生的真正原因，并全面排查系统内相关人员的行为及设备、环境的安全状况及制度、体系落实方面是否落实到位。

4）对事故责任者要严格按照安全事故责任追究规定和有关法律、法规的规定进行严肃处理。

5）使事故责任者和广大群众了解事故发生的原因及所造成的危害，使其在生产作业中自觉履行安全生产职责。

6）切实落实防止相同或类似事故发生的预防措施。

（四）企业内部的事故调查和处理

建筑施工企业应建立事故报告和调查处理管理制度，在事故发生后，成立事故调查组开展内部的事故调查和处理。调查组成员应具有事故调查所需要的知识和专长，并与所调查的事故没有直接利害关系。

事故调查组主要任务：查明事故发生的经过、原因及经济损失；分析事故的性质和事故责任；提出对事故责任者的处理建议；总结事故教训，提出防范和整改措施；提交事故调查报告。

1. 先期调查内容

企业事故调查组进驻现场后，首先应调查取证下列内容作为事故分析的基础材料：

1）事故发生的地点、时间。

2）发生事故当天，生产作业环境。

3）事故发生前设备、设施等的性能及质量情况。

4）有关设计和工艺方面的技术文件。

5）相关企业基本情况。

2. 进行事故分析

企业事故调查组应在事故调查取得确凿证据基础上进行事故分析，包括：

1）事故的类型。

2）事故发生的区域、地点或装置的名称。

3）事故发生的可能时间、事故的危害严重程度及其影响范围。

4）事故前可能出现的征兆。

5）事故可能引发的次生、衍生事故。

3. 出具事故调查报告

事故调查组在事故调查与分析的基础上撰写事故调查报告，并报安全生产委员会进行批复，事故调查报告内容包括：

1）事故发生单位概况。

2）事故发生经过和事故救援情况。

3）事故造成的直接经济损失。

4）事故发生的原因和事故性质。

5）事故责任的认定以及对事故责任者的处理建议。

6）事故防范和整改措施。

4. 事故处理

事故发生单位应当按照单位安全生产委员会的批复，对负有事故责任的人员进行处理，并做好防范、整改措施。

5. 资料归档

事故调查结案后，事故调查组应将有关资料归档，资料必须完整，根据情况应有：

1）事故报告。

2）事故调查报告书、事故处理报告书及批复文件。

3）现场调查笔录、图纸、仪器仪表打印记录、资料、照片、录像带等。

4）技术鉴定和试验报告。

5）物证、人证材料。

6）直接和间接经济损失材料。

7）事故责任者的自述材料。

8）发生事故时的工艺条件、操作情况和设计资料。

9）处分决定和受处分人的检查材料。

10）有关事故的通报、简报及成立调查组的有关文件。

11）事故调查组的人员名单，内容包括姓名、职务、职称、单位等。

附录 其他国家建筑施工安全生产管理介绍

一、工作安全分析、作业许可证、安全任务分配

工作安全分析（JSA）、作业许可证（PTW）及安全任务分配（STA）是为防范建筑安全隐患打出的一套组合拳，是美国建筑工程中所采取的一系列安全风险管控程序中的重要组成部分。

（一）工作安全分析（JSA：Job Safety Analysis）

JSA 是一种用于辨识安全隐患的方法。主要应用于新程序编制、个人防护用品及作业工具充分识别、原有程序审查等工作中。

作为一种计划表格，其具有应用简单、系统性强等特点。

通过实施 JSA，有助于提高相关作业人员的安全意识及安全技能，还能使作业人员获得更多与工作有关的知识。

需要进行工作安全分析的作业内容包括：焊接、吊装、受限空间、临时用电、开挖、探伤、脚手架、模板系统、高处作业、钢结构安装、气割作业等。

在分析时要考虑两方面内容：一是工作本身的风险，一是工作场所的风险。分析前要回顾有没有相关的事故和未遂事件报告，用危害清单的形式进行记录。

针对分析出的风险采取有效的措施，降低或消除潜在风险，具体控制方法有：

1）更换工作方式。

2）修改工作程序和步骤。

3）隔离危险（上锁挂牌、监护、通风等）。

4）管理手段控制（培训、教育、强化安全行为、监督等）。

5）使用个人 PPE。

6）使用恰当的工具和设备。

具体实行步骤包括：选定工作内容→确定基本工作步骤（一般 5～10 个步骤）→识别各步骤潜在的危险→制定降低或控制风险的措施→沟通和执行。

以气割作业为例，工作安全分析的具体内容见附表 1。

气割作业工作安全分析表

附表 1

基本工作步骤	各步骤潜在的危险	降低或控制风险的措施
工作准备（PPE/工具/材料/工作许可）	人员伤害，设备损坏	正确佩戴相应的 PPE； 检查工具、线缆是否有损坏，及时更换材料、工具堆放整齐； 作业许可提前开具并经审核确认

基本工作步骤	各步骤潜在的危险	降低或控制风险的措施
氧、乙炔瓶放置在施工现场	气瓶倾覆、着火、爆炸	气瓶运送使用推车； 气瓶在现场时用支架； 气瓶保持安全距离； 使用前检查压力表、减压阀、气管线等
清理易燃物	易燃物着火	清楚附近易燃物； 增加防火覆盖； 设置足够数量的灭火器
设置灭火盆或防火毯、围挡，监火人到位	火星溅落引发火灾、爆炸	设置足够面积的接火斗或防火毯； 及时随气割点的改变更换位置； 全职监火人到位且佩戴有明显标识，经常巡视查看
固定工件	工件飞出伤人	将需要切割的工件固定良好
点燃焊枪	回火，人员烧伤，火灾	使用前检查焊炬； 使用点火器点燃焊炬
切割	回火，人员烧伤，火灾	合格持证人员操作
关闭焊枪	回火，人员烧伤，火灾	注意关闭顺序，先迅速关闭乙炔瓶再迅速关闭氧气瓶
工作结束后清理现场（监控火情）	火灾	监火人及时复查； 管理人员抽查

（二）作业许可证（PTW：Permit To Work）

PTW 通常分为两类：通用作业许可证和特殊作业许可证。

通用作业许可证只有一张，是日常工作中通用的表格。这些在日常普遍进行的工作，往往因为被忽视而引发事故，因此在日常的申请、审批流程中同样需要严格管控。

主要应用于：高处作业、钢结构安装、化学品及易燃物/爆炸物/辐射/有毒物质作业、喷砂、水上作业、测试和调试、已运行设备系统上的作业、项目管理方限制出入区域内的作业及项目管理方确定的其他高风险的作业任务。

特殊作业许可证表格形式多样，涵盖了所有现场可能遇到的特殊危险作业。除了需要由特种作业人员担任外，所有参与人员必须经过安全培训，并配有相应的安全帽贴。

主要应用于：进入受限空间作业、临时用电、脚手架搭设和拆除、挖掘作业、动火作业、吊装作业、放射探伤作业、气压水压试验、夜间作业等特殊作业任务。

PTW 具体执行流程，如附图 1 所示。

详细内容如下：

1. 明确 PTW 工作内容

2. 提出 PTW 申请

PTW 需要由施工单位至少提前 12h 申办。必须在安全分析工作完成后签发。由施工单位现场专业工程师申请，申请时提供以下文件：

1）通用或专项工作许可证。

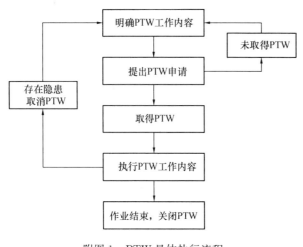

附图1 PTW 具体执行流程

2）批准的安全施工方案或专项施工安全计划（如需要）。

3）相关人员签署的工作安全分析。

4）相关图纸（如需要）。

一个工作许可证的最长期限不得超过 7d。一般情况下，工作许可证的有效时间不得超过一个班次。特殊情况，需要多个班次才能完成时，工作许可证的有效时间可以是多个班次，但必须在"工作安全分析"中确定工作许可证的审查频率，并在证上注明。

工作许可证必须取得项目管理方、监理和施工单位施工经理和安全经理的签字确认。所有许可证经签字确认后，任何人不得随意改动。其中 PTW 审核的两个重要事项：

不批准：立即返还，务必注明原因。

批准：一定要建立在亲自确认措施落实的基础上。

3. 执行 PTW 工作内容

（1）准备工作

开始工作前，工作许可证申请人和所有相关作业人员必须对工作许可证及其所有支持文件进行检查，完成 JSA 的填写并签字确认，同时张贴在作业区。

（2）实施过程中的注意事项

工作许可证申请人须亲自监控作业各阶段，确保按照工作许可证规定条件完成作业。若该工作许可证涉及多个班次的作业时，工作许可证申请人应在每个班次作业前都进行一次安全评估，并在每次作业前，与所有相关人员讨论该班次的作业任务。

若工作许可证申请人需离开作业现场，其必须与工作许可证新责任人完成任务交接。工作许可证新责任人对作业环境进行安全确认后，应在原工作许可证上签字。

作业过程中，若现场出现安全隐患，工作许可证申请人及其他监管人员可以随时取消工作许可证。

若工作许可证被取消，工作许可证申请人应停止相关作业，采取措施确保作业区的安全，并告知施工和安全管理责任人。

工作许可证取消后，不得随意恢复相关作业，工作许可证申请人须按本程序重新申请新的工作许可证，这时申请人和施工单位施工经理和安全经理将重新检查作业区域。

4. 关闭工作许可证

作业结束后，工作许可证申请人必须在许可证上签字，并将许可证返回到施工管理方和施工单位的有关责任人签字，方可视为本工作许可证关闭。

（三）安全任务分配（STA：Safety Task Assignment）

STA 类似于每天早班会上给作业人员进行的安全技术交底（附表 2）。

附表 2

步骤二（作业前填写）
潜在的危险

_____

_____

安全任务分配

步骤三（作业前填写）
预防有关危害的安全工作方法

班组长：_____

_____

日期：_____时间：_____

_____

工作地点：_____

_____

工作内容：_____

_____

_____

_____

_____

5. 是否需要持有证书专业人员
（作业前填写）

☐起重机操作员　☐叉车操作员

☐移动设备的操作员　☐车辆驾
驶员

☐有资格人士（挖掘、脚手架、
大型机械）

其他

1. 安全隐患识别（作业前填写）
查看您进行的作业活动存在的安全
隐患

☐看护人	☐抬起安全
☐大型机械	☐窄、狭点
☐护栏围护	☐材料堆放
☐梯子/脚手架	☐设备检查
☐化学品/易燃易爆品	☐高空作业
☐受限空间	☐焊割/打磨
☐起重机/吊装设备	☐用电
☐高压清洗	☐拆除/破坏
☐挖掘	☐其他_____

2. 作业步骤分解：步骤一（作业前
填写）

综合任务分配

_____

_____

_____

_____

3. 个人防护装备（作业前填写）
衣物

☐反光背心或手提信号装置
眼睛/脸部保护

☐焊接罩　　　☐防护面罩
坠落保护

☐全身安全吊带
足保护

☐钢包头安全鞋☐电绝缘皮鞋
头部保护

☐安全帽

☐其他

_____

4. 是否需要许可/标签/标志/文
件（作业前填写）

☐起重吊装

☐动火作业

☐受限空间

☐挂牌上锁

☐安全防护设施拆除

6. 工人签字处（作业前填写，签字
可附背面）

_____

_____

_____

_____

_____

_____

_____

_____

_____

_____

_____

7. 监督人
值班人员：_____

完成安全任务分配表之后应提交安
全工程师。

　　早班会上，作业班组长根据安全任务分配表的内容，同时依据工作安全分析、作业许可证的要求，告知作业人员具体工作内容及所有潜在的危险，告知作业人员相应的安全程序、个人防护用品以及工作能力要求。结束后，所有人员必须签字确认。

　　通过安全任务分配可以达到如下目的：

　　1）每项工作要考虑安全因素。

　　2）预测可能会发生的事故。

　　3）在伤害发生之前辨识出相应的风险。

　　4）立即纠正不安全的作业行为和条件。

5）事故发生后立即报告。

6）确保工人有合适的工具来完成工作。

7）确保工人遵守相应的安全规定。

8）对现场进行频繁的安全检查。

9）如有需要，咨询相应的安全代表。

10）积极地贯彻落实安全的工作方式。

二、人 性 化 管 理

现代西方企业管理学家提出的"员工也是上帝"是人性化管理理念，认为企业有两个"上帝"：一个是顾客，另一个是员工。

美国建筑业将人性化管理应用于现场安全管理，在安全事故的预防方面，同样取得了显著成效。

某建筑施工现场，为了提高每一位参建人员的幸福感，采用了以下具体做法：

（一）注重安全文化的宣传

现场随处可见安全漫画、安全条幅、事故案例等安全宣传方式，让所有人员在充满安全文化的氛围内耳濡目染。

比如：no one gets hurt（不让任何人受伤害），每个人都能深深地感受到一种暖意。

（二）入场健康体检

严格的入场健康体检，禁止身体不适合施工作业的人员进入施工现场。看似无情的制度，其实是出于对生命的关爱。

（三）制定"新工人关怀计划"

新工人是最容易发生安全事故的一类群体。"新工人关怀计划"的对象不仅指第一次进入现场的工人，凡是第一次进入迪士尼园区的人都称之为"新工人"。

"新工人"入场前虽经总包与业主的双重入场教育，但为了使他们彻底熟悉并遵守现场安全管理规定，在入场后的一个月内必须要签订师徒协议，且严禁单独作业。

（四）注重奖励而非处罚

工地上设立了各种各样的奖项（比如个人行为优秀表现奖、优秀建议奖、月度最佳师傅、月度优秀班组、月度优秀管理人员奖、季度优秀承包商奖等），任何参建的个人或者团队都可参与评奖。

借助简单而丰富的奖励而非一味地处罚，提高了参建各方的安全意识，促进了参建各方参与安全管理的积极性，同时收获了许多宝贵的安全管理经验。

（五）尊重违规者

发现违章的工人，不是当众指责、批评，而是把他引到一边，悄悄地告诉他有何隐患。

（六）舒适的工作及生活环境

生活区内每间宿舍配备空调，配备无线网络，设置图书室、活动室、电视房，配备足量的热水保证工人每天能洗澡，为工人提供舒适的休息环境。

定期开展绘画、唱歌、看电影等丰富多彩的职工业余文化活动。期间，安全工程师及业主走上舞台，为参与活动的人员送上纪念品，同时以各种形式宣传安全知识。比如：对参与人员提出一个安全问题；让参与人员讲解一种手持电动工具的操作要领；请作业人员讲述亲身经历的安全事故等。每位在场的人员在欣赏节目同时，又愉快地接受了一次安全教育。

（七）合理的工作时间

根据季度不同调整上下班时间，夜间加班不得超过 10 点，每天工作时间总量不得超过 11h，每月保证 4d 休息并计入审计结果。

（八）关心身心健康

感冒发烧、受轻伤，只要身体有不适，都可以凭胸卡到医务室接受免费治疗。

工地设置无障碍热线，专门供工人倾诉心声，疏解心理问题。

（九）建立工人维权机制

依托项目工会，成立项目工人委员会，定期召开会议，及时反映工人存在的问题。

通过在生活区设置意见箱、公布受理人电话等方式，接收工人对生活区、工资纠纷等各方面投诉，可及时向相关单位的责任人反馈，有效将事件解决在萌芽状态。

（十）定期发放福利

每月项目经理或项目副经理与工人在食堂一起就餐、沟通。

利用所在国的传统节日与工人开展互动，请所有工人吃饭，并对优秀工人颁发证书及礼品。

（十一）完善的劳务管理体制

严格准照《国际劳工标准》的规定，工人的工资都是按月定时发放，若发现刻意拖欠工资，业主会对承包单位以及班组进行严厉的处罚。

三、可视化管理

安全管理的风险，其根源不在于危险源的多少和大小，而在于工作人员能否第一眼就发现已经存在的危险源。因此，通过充分运用可视化管理，能够很好地让危险源随时暴露在每一位工作人员眼前。

实施可视化管理需要考虑的主要问题包括：

1）在远处是否清楚可见？

2）需要加强管理的部位是否已经标示？

3）如有隐患是否任何人都能指正？

4）是否任何人都能方便使用？

5）是否任何人都能遵守或者存在不合理时能及时纠正？

6）使用可视化道具是否能增添现场的亮点？

7）是否使用耐久性材料制作、设置？

8）可视化内容是否符合相关规定？

重视可视化管理是美国建筑施工安全管理的一大特点。在施工现场，通过大量运用可视化管理，使安全隐患更直观的暴露，同时有利于提高安全检查的效率。常见的可视化安全管理措施有：

（一）安全帽贴

包括：入场安全培训帽贴、高处作业帽贴、起重吊装帽贴等。通过各种安全帽贴，可以清楚地知道作业人员是否具备职业资格并经过的安全培训。

例如一位工人在脚手架上作业，安全帽上没有"高处作业安全培训"帽贴，就属于违章行为，应马上进行纠正。

（二）红黄绿牌

通过悬挂红黄绿牌，来显示脚手架目前的安全状态。

红牌：表示脚手架未经验收或有严重隐患，严禁使用。

黄牌：表示脚手架存在安全隐患，除维修人员外的其他作业人员禁止进入脚手架作业。

绿牌：表示架体通过最终验收，但仍需做好个人防护措施，如系挂安全带方可上架作业。

（三）检查色标

通过不同颜色的检查卡，用以对设备设施的检查，显示该设备设施本月是否已经检查过。

例如：某工地所有施工设备和工具经过检查后，都会贴上安全检查色标。不同月份用于设备安全检查的色标规定如下：

绿色检查标签：1月、4月、7月、10月。

蓝色检查标签：2月、5月、8月、11月。

黄色检查标签：3月、6月、9月、12月。

如在下月发现仍使用上月色标，一律停止使用或没收。

（四）锁定/挂牌

为防止因机器及设备意外通电或启动，造成施工、维修及维护过程中的人员受到伤害，通过锁定/挂牌的方式对机器及设备的启动部位进行禁止操作的防护与警示。

适用于临电管理、设备的检查、检修、维护、调试、标定、润滑、清洁等。

锁定（LOCKOUT）：维修或维护过程中，利用有效方式（如锁具）将能量隔离设施固定在安全位置，防止机器及设备被随意启动。

挂牌（TAGOUT）：放置在能量隔离设施上的标签。用于表示只有当拆去标签后才能操作机器及设备。

另外，通过在作业区张贴安全作业分析单、工作许可证、事故警示教育卡等，提供及时、准确的安全警示，大大提高了工地可视化管理的效力。

四、TBM（Tool Box Meeting）

人的心理有违反指示、省略、无视程序、遗忘等弱点。而且人在学习中的遗忘是有规律的，遗忘的进程很快，而且先快后慢。

韩国将此观点应用于建筑安全管理工作中，引入 TBM。通过反复进行 TBM，可以让作业人员逐渐形成随时思考安全的习惯，有效地解决了作业人员因心理问题带来的安全隐患。

TBM 即"工具箱会议"，源自美国建设业，指作业前监督管理者与作业人员的对话。在韩国被翻译为"危险预知训练"，是指作业班组长和作业人员通过互动讨论的方式提前发现作业中潜在危险因素的训练。类似于对头脑风暴法的应用。

TBM 是早会的一部分，早会时 TBM 的开展流程如下：

1) 班组集合：首先，成员间相互问候并检查劳动防护用品佩戴情况；接着，班组长询问组员身体状况。

2) 布置作业：班组长告知组员天气情况、当日作业内容、工作计划等。

3) 确认安全事项：班组长针对各危险点提问相关作业人员，并采取相应防范措施。

4) 结束：班组长带领大家齐喊"某某工程无灾害"。

早会：指每天早晨由总包管理者组织全体作业人员在固定时间、地点进行的聚会。旨在开展一系列有目的、有规划的活动，内容包括：早操、集体安全教育、TBM 等。

TBM 不仅限于早会时进行，还包括以下内容：

1) 任何分项工程施工前，专业工程师或班组长召集班组成员进行的作业流程、危险因素、注意事项、预防措施、应急预案等内容。

2) 大型机械设备安拆作业前进行的班组安全技术交底等。

开展 TBM 要求思考的主要问题包括：

1) 作业场所周边状况如何？

2) 我要做的工作有哪些危险因素？

3) 我该如何作业才能更安全？

例如，提着工具桶爬扶梯时需要思考：

1) 扶梯是否固定牢固？

2) 提着工具桶爬扶梯是否会增加坠落的危险？

3) 我应该先爬上去，然后用绳子将工具桶提上来更安全。

为了有效开展 TBM，加强与工人之间联系，及时接收工人反馈的信息，TBM 活动开展的形式、内容应丰富多样。如避免重复、注意互动交流、定期开展 TBM 竞赛等。

五、安全设施单位

提到韩国的安全防护设施管理，就必须要提一下"SOP"。SOP（Standard Operating Procedure，标准作业程序），就是将某一事件的标准操作步骤和要求以统一的格式描述出来，用来指导和规范日常的工作。而且要不断地将相关操作步骤进行细化、量化和优化。

韩国建筑业中的"安全设施单位"就是通过充分运用"SOP"来实现对现场安全防护设施的标准化管理。

安全设施单位主要提供：劳保用品、临边洞口防护、通道防护棚安拆、防坠安全网挂设、临电及机械设备防护、环境及职业健康设施搭拆、现场警示宣传图牌制作等服务。有些单位还提供专业安全管理人员。

安全设施单位的主要特点：

1）内部具有完整的管理体系，使管理更加标准化。

2）产品可以提前设计，提前生产，提前进场。

3）专业的研发团队，使产品更具有预防性和通用性。

4）有自己的加工厂，产品可以批量生产、流水化作业，成本低。

5）专业的安装队伍，技术娴熟、效率高，防护及时有效。

6）与其他分包队伍自主协商，确保防护设施安拆合理、及时。

7）注重安全、节能、环保、经济、快捷，符合循环经济、绿色施工的发展理念。

安全设施单位现场主要工作流程，如附图 2 所示。

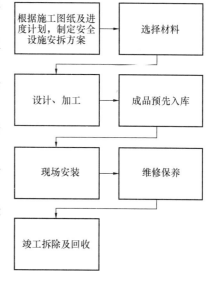

附图 2　安全设施单位
现场主要工作流程

有特色的安全防护设施（附表 3）

1. 临时用电防护设施

各种形式的电缆线挂钩，有的可以直接挂在管道和墙壁上使用。这两种是支腿形式的，高度可以调节。这一种可以卡在梁柱上使用。

2. 洞口防护设施

安全设施公司会根据工程图纸和进度计划提前进行计算所需防护的尺寸和个数，提前进行加工和入库，确保安装的及时性和有效性。

洞口防护后，在安全标志上要标注：洞口尺寸、所处楼层数及安全标语。

某些洞口为便于倒料，在防护上设置折页。

3. 消防设施

施工现场设置不同组合的消防器材和逃生路线图。消防沙箱下部设置万向轮，消防沙全部用编织袋装好，出现紧急情况可轻易搬运。

4. 其他防护设施

各式各样的立杆和支架，设计大多考虑可周转、易操作。固定连接大多使用活性连接，无需借助电动工具，既节能环保又便于操作。其中包括：钢结构生命绳立杆设置、楼梯侧边立柱设置、防坠网固定支架等。

精致、实用的圆盘锯防护罩。

安全防护设施一览表　　　　　　　　　　　　　　　　　附表 3

洞口防护

消防沙箱

火灾逃生路线图

各式立杆

消防设施组合

圆盘锯防护罩

防坠网固定支架

参 考 文 献

[1] 住房和城乡建部工程质量安全监督司. 建设工程安全生产技术(第二版)[M]. 北京：中国建筑工业出版，2008.

[2] 栾启亭，王东升. 建设工程安全生产技术[M]. 青岛：青岛海洋大学出版社，2012.

[3] 建筑施工手册编写组. 建筑施工手册(第四版)[M]. 北京：中国建筑工业出版，2004.

[4] 中国安全生产协会注册安全工程师工作委员会，中国安全生产科学研究院. 安全生产技术(2011版)[M]. 北京：中国大百科全书出版社，2011.

[5] 任宏，兰定筠. 建设工程施工安全管理[M]，北京：中国建筑工业出版社，2005.

[6] 田水承，景国勋. 安全管理学[M]. 北京：机械工业出版社，2009.

[7] 罗云. 现代安全管理[M]. 北京：化学工业出版社，2010.

[8] 陈世杰. 职业健康安全管理体系与安全生产标准化建设融合研究[J]. 中国管理信息化. 2013(14)：99-102.

[9] 张建业. 以职业健康安全管理体系推动安全生产标准化建设探究[J]. 中国安全生产科学技术. 2012，08(9)：186-189.

[10] 余建强，周晓冬. 我国建筑工程安全标准体系的现状分析[J]. 工程管理学报. 2010，24(3)：276-280.

[11] 田元福，李慧民. 我国建筑安全管理的现状及其思考[J]. 中国安全科学学报. 2003，13(12)：13.

[12] 王胜江，冀永进. 企业安全生产责任制的建立与落实研究[J]. 中国安全科学学报. 2009，19(4)：44.